U0008130

編輯成員

總召集 ■ 福田 佳亮
編輯人員 ■ Pinkpearl planning
攝影 ■ 奥谷 仁　成清 徹也
企劃・構成・設計 ■ 寺西 恵里子
做法匯集 ■ 町 実紀子　矢野 千尋　関 亜紀子　永山 映子
作品製作 ■ 森 留美子　出羽 律子　松田 恵子　風間 紀子
橋本 ますみ　関 康子　恒川 和美　大村 綾子
紙型 ■ 奥岡 伸子
版面設計 ■ ふくしまりえ　NEXUS DESIGN
圖形繪製 ■ うすい としお　佐藤 信人　上沢 タカコ
須田 映子　原 千尋

用 零碼布做成廚房小物，

隨意在廚房或餐桌上放幾個布作小物，可使廚房的氣氛變得柔和溫暖……建議使用較清爽或柔和的布來製作。

1
2

做法見第6頁

隔熱手套

配合使用的場合，隔熱手套也有不同的類型，如：刺繡的隔熱手套兼具鍋墊功能，也可防止滑落。

隔熱墊

以瓦楞紙為內襯再貼上布的隔熱墊。可使用不同圖案的布來製作，也可配合心情交替使用喔！

FLOUR
3
4

做法見第6頁

5
6
8m
8m
BRISK

5的做法見第6頁，6的做法見第7頁

廚房收納盒・直式收納盒

將布貼在牛奶盒上製作而成。即使是東西散亂、不容易整理的廚房，只要運用這樣的布作小物，就能整理得井然有序。

餐桌變得熱鬧又繽紛！

12

13

做法見第7頁

餐墊

即使只是零碼布，只要將布拼接起來也能做成大件物品。只要善加運用「花布×素布」的組合，就萬無一失了！

7

8

9

10

11

做法見第84頁

各式杯墊

用零碼布就能做成漂亮的杯墊。若布不夠做成喜歡的尺寸時，可搭配另一款布做成拼布，也別有一番風味！

法國麵包袋

法國人常會將法國麵包直接放入法國麵包袋中，再置於廚房……清爽的花色最適合廚房的氣氛。

袖套

袖套在清理微波爐周圍時非常方便。也可使用舊襯衫的袖子來製作。

14
Couvert de table
15

做法見第84頁

3·4 第4頁 隔熱墊

【材料】

■ No.3
布(棉布)…長45cm寬25cm
瓦楞紙…40cm×20cm
舖棉…長20cm寬20cm

■ No.4
布(棉布)…長50cm寬25cm
瓦楞紙…40cm×20cm
舖棉…長20cm寬20cm

★實物大小紙型見第85頁

■ No.4做法 ■

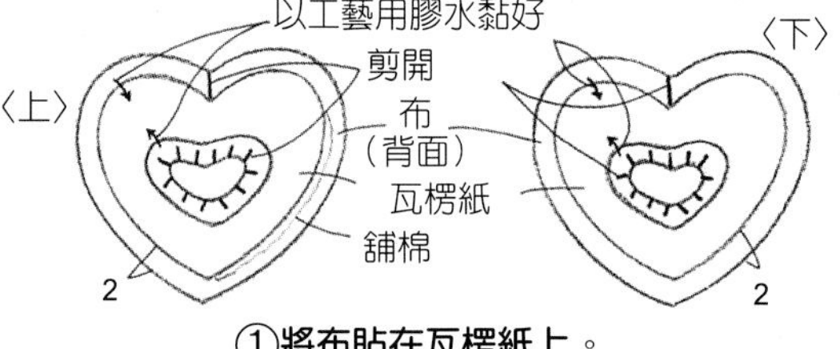

以工藝用膠水黏好
〈上〉
〈下〉
剪開
布
(背面)
瓦楞紙
舖棉
2
2

①將布貼在瓦楞紙上。

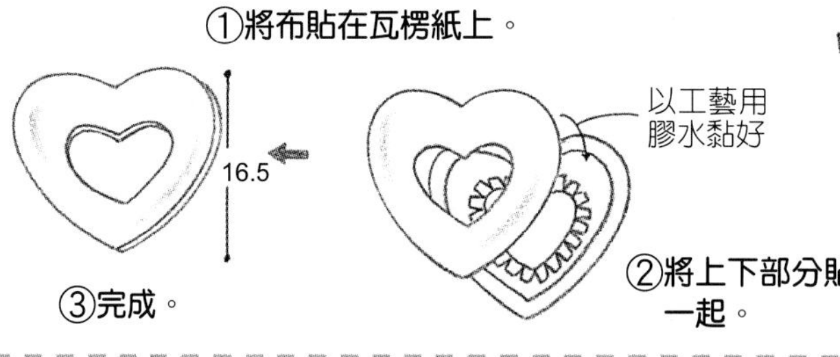

16.5
以工藝用
膠水黏好

②將上下部分貼在一起。

③完成。

■ No.3做法 ■

★瓦楞紙剪裁圖

與No.4隔熱墊的做法相同

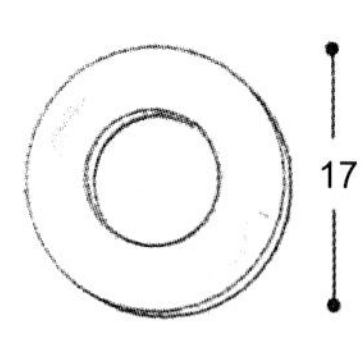

17

1 第4頁 隔熱手套

【材料】

布(刷毛布)…長85cm寬30cm
舖棉…長45cm寬30cm

★實物大小紙型見第85頁

■ 做法 ■

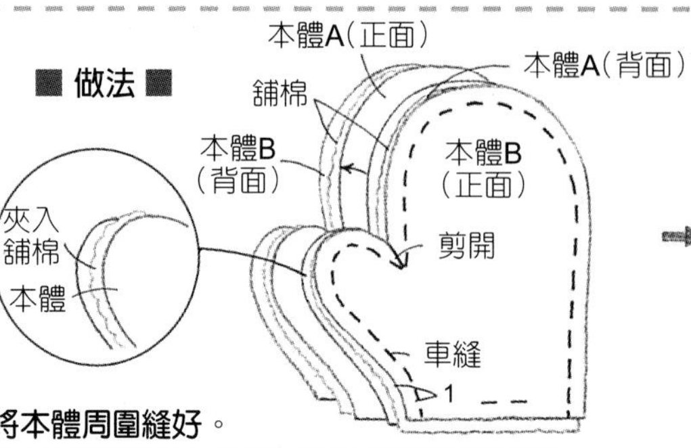

本體A(正面)
本體A(背面)
舖棉
本體B
(背面)
本體B
(正面)
夾入
舖棉
本體
剪開
車縫
1

①將本體周圍縫好。
※將 4 片本體與 2 片舖棉依圖中順序疊好後車縫。

掛耳
布
(正面)
車縫
0.2
8
1
本體A
車縫
1
0.7
掛耳
23

②翻回正面後製作掛耳，夾入掛耳後再處理手套口。

2 第4頁 隔熱墊

【材料】

布(棉布)…長45cm寬20cm
舖棉…長80cm寬20cm

■ 做法 ■

布的剪裁圖
※( )內為縫份尺寸

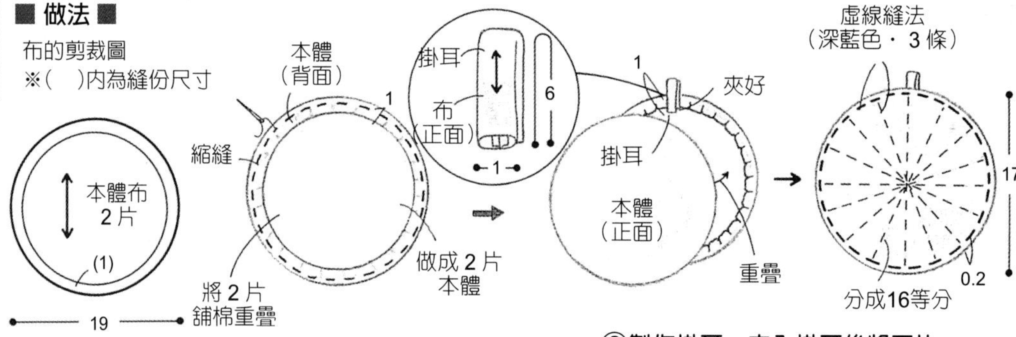

本體布
2片
(1)
19
本體
(背面)
1
縮縫
將 2 片
舖棉重疊
做成 2 片
本體
掛耳
布
(正面)
6
1
1
夾好
掛耳
本體
(正面)
重疊
虛線縫法
(深藍色・3 條)
17
0.2
分成16等分

①製作本體。

②製作掛耳，夾入掛耳後將兩片本體重疊，以虛線縫法壓線。

5 第4頁 廚房收納盒

【材料】

洗衣粉盒…1 個
瓦楞紙…15cm×10cm
布A(棉布)…長70cm寬15cm
布B(棉布)…長40cm寬15cm
舖棉…長30cm寬10cm
鈕扣(飾扣)…1 個

■ 做法 ■

★瓦楞紙剪裁圖

〈盒蓋〉
瓦楞紙
1 張
9.5
15

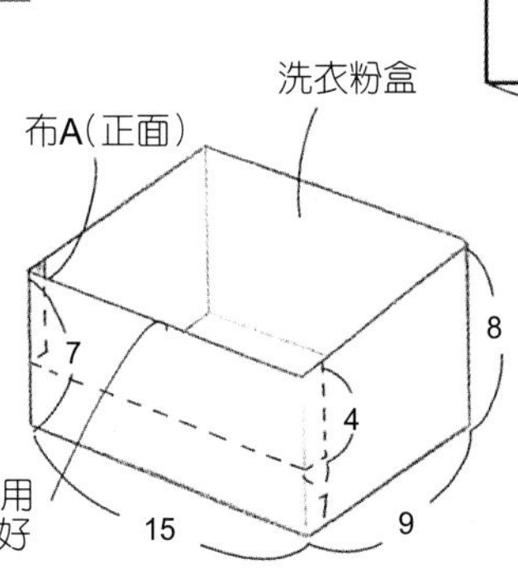

洗衣粉盒
布A(正面)
7
8
4
以工藝用
膠水黏好
15
9

①將洗衣粉盒裁剪好，再於內側貼上布。

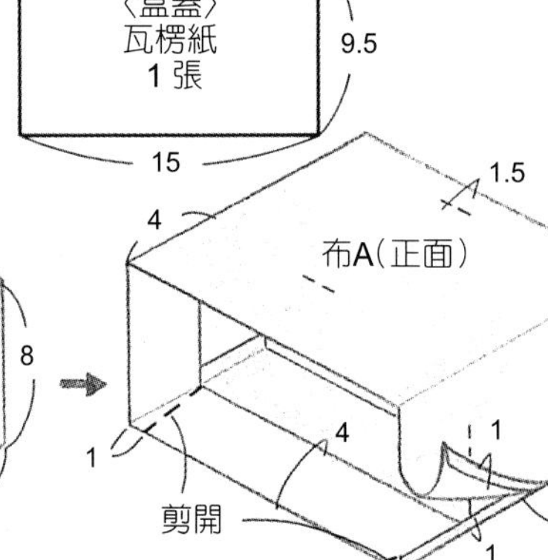

1.5
4
布A(正面)
1
4
1
剪開
1
1

②在盒子表面貼上布。

接第 7 頁

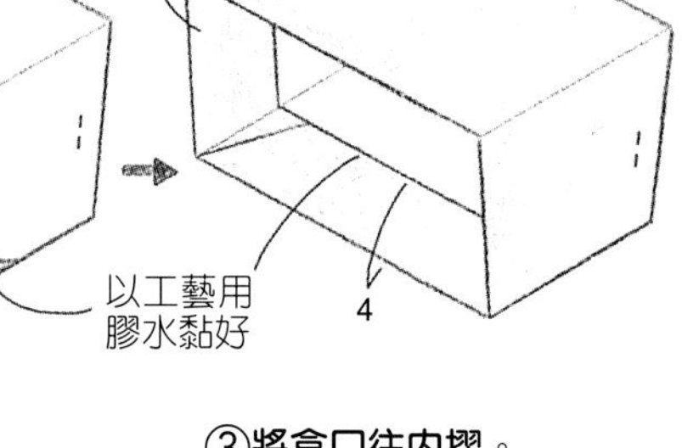

布A(正面)
以工藝用
膠水黏好
4

③將盒口往內摺。

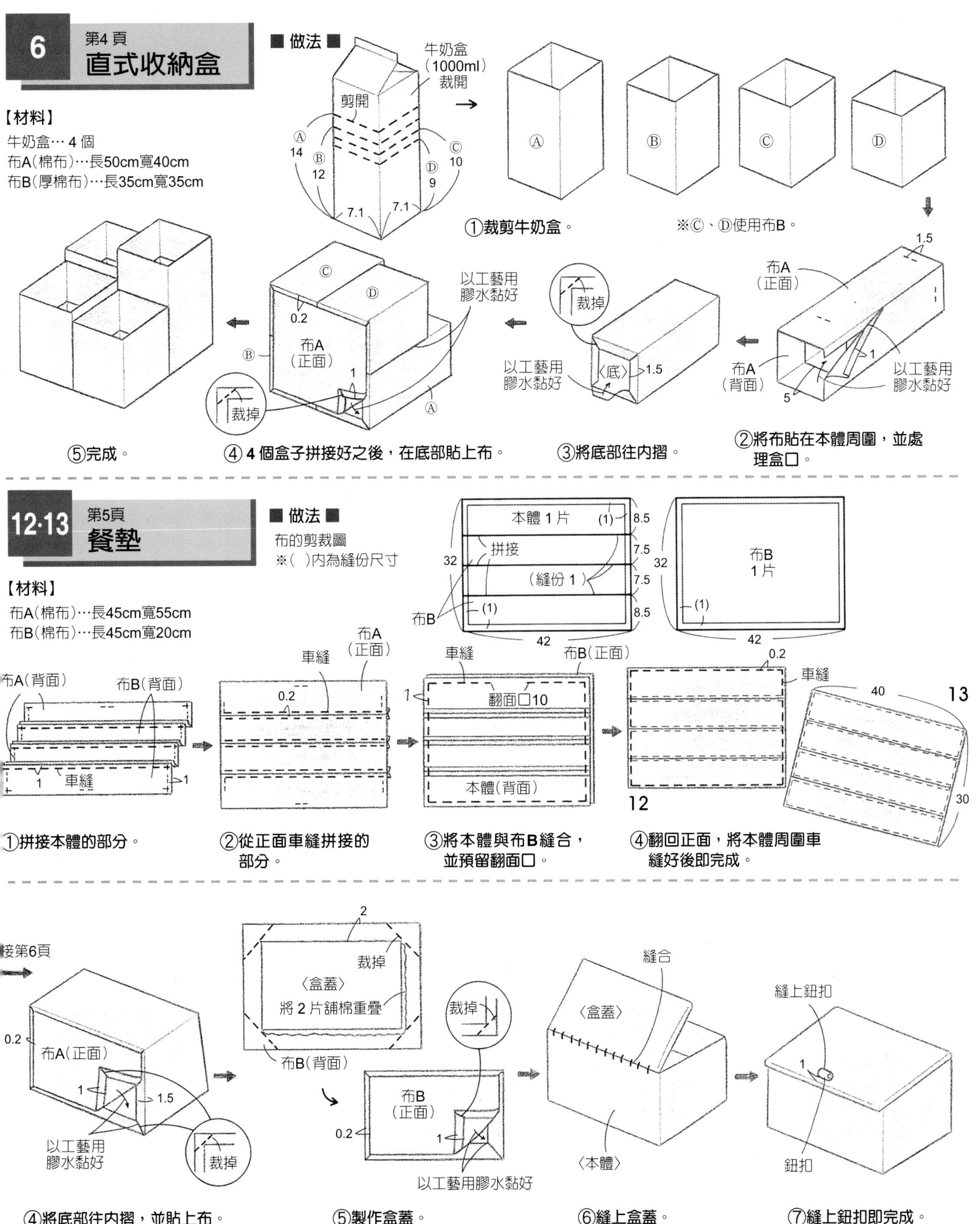
6
第4頁
直式收納盒
【材料】
牛奶盒…4個
布A(棉布)…長50cm寬40cm
布B(厚棉布)…長35cm寬35cm
■ 做法 ■
牛奶盒
(1000ml)
裁開
剪開
①裁剪牛奶盒。
※Ⓒ、Ⓓ使用布B。
布A
(正面)
布A
(背面)
以工藝用
膠水黏好
②將布貼在本體周圍，並處
理盒口。
裁掉
〈底〉
③將底部往內摺。
④4個盒子拼接好之後，在底部貼上布。
⑤完成。
12·13
第5頁
餐墊
【材料】
布A(棉布)…長45cm寬55cm
布B(棉布)…長45cm寬20cm
■ 做法 ■
布的剪裁圖
※( )內為縫份尺寸
本體1片
拼接
(縫份1)
布B
1片
布A(背面)
布B(背面)
車縫
布A
(正面)
布B(正面)
翻面口10
本體(背面)
①拼接本體的部分。
②從正面車縫拼接的
部分。
③將本體與布B縫合，
並預留翻面口。
④翻回正面，將本體周圍車
縫好後即完成。
接第6頁
布A(正面)
以工藝用
膠水黏好
裁掉
〈盒蓋〉
將2片鋪棉重疊
布B(背面)
布B
(正面)
以工藝用膠水黏好
縫合
〈盒蓋〉
〈本體〉
縫上鈕扣
鈕扣
④將底部往內摺，並貼上布。
⑤製作盒蓋。
⑥縫上盒蓋。
⑦縫上鈕扣即完成。

利 用各種做法來製作廚房小物

將零碼布用編織、黏貼或用夾的方式……
製作布小物的技法有許多種，請享受製作的樂趣吧！

廚房用布籃(撕裂編法)

將布撕成布條，再編成三股辮做成編織用的繩子，用這個繩子編出可愛的布籃。籃子裡可擺放糖果或水果。

16

做法見第10頁

隔熱墊

用布撕成的布條所編的完成品相當牢固。布質隔熱墊既不會刮傷桌子，清洗也很方便。

做法見第11頁

17

18

做法見第11頁

19

廚房地墊

將舊浴巾撕成四片，做成四股辮後再編成廚房地墊。使用舊毛巾做成的地墊，材質軟，吸水力又強。

蝶古巴特面紙盒與迷你盒

利用蝶古巴特法(拼貼裝飾藝術)，將布貼在面紙盒以及瓦楞紙盒上。完成品可套在盒裝面紙上使用。附盒蓋的盒子可用來收納小東西。

20

21

做法見第87頁

將布夾在兩個塑膠盒中間，變成迷你籃子

在兩個裝草莓之類的薄塑膠盒間，夾入漂亮的布，再將籃子邊緣用織縫的方式縫合，就變成簡單又可愛的小籃子。

23

22

24

做法見第87頁

16 第8頁 廚房用布籃

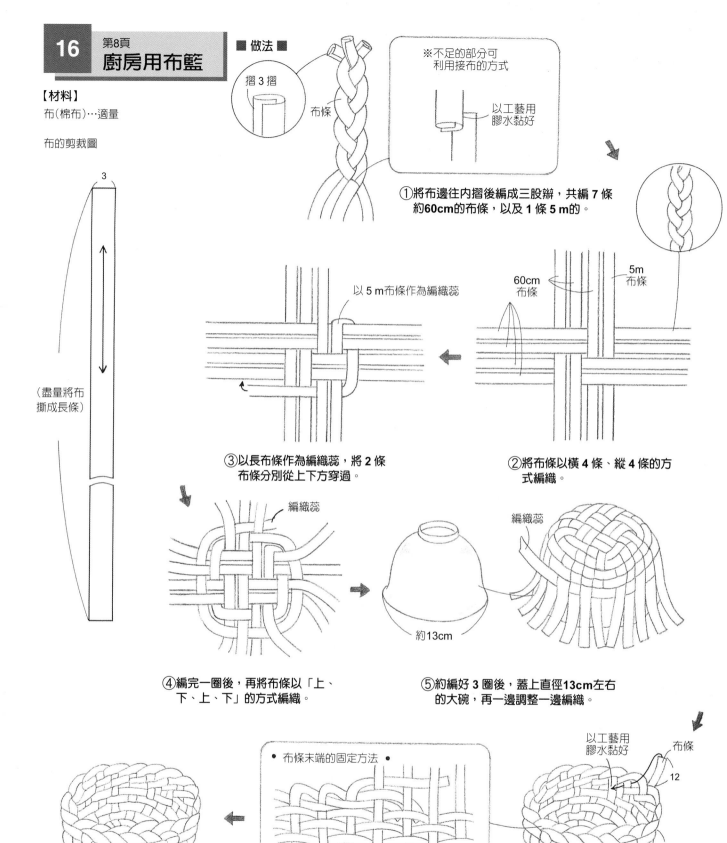

【材料】

布(棉布)…適量

布的剪裁圖

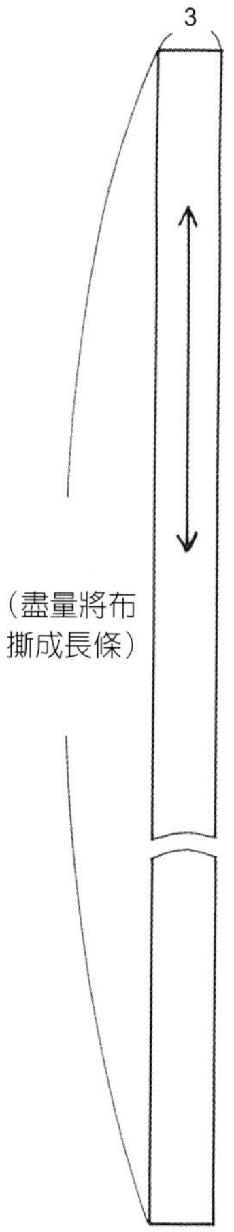

3
(盡量將布
撕成長條)

■ 做法 ■

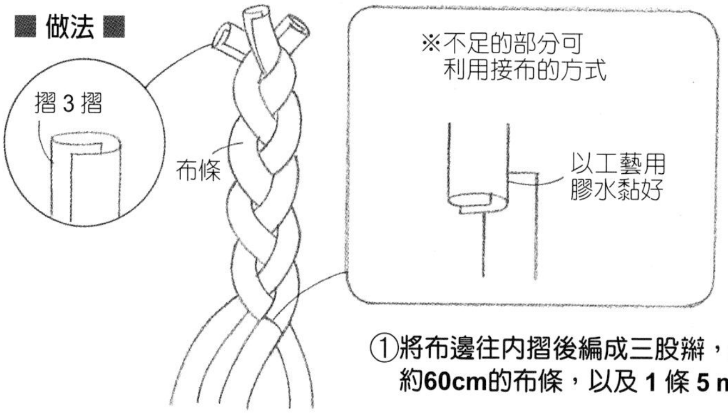

摺 3 摺
布條
※不足的部分可
利用接布的方式
以工藝用
膠水黏好

①將布邊往內摺後編成三股辮，共編 **7** 條約**60cm**的布條，以及 **1** 條 **5 m**的。

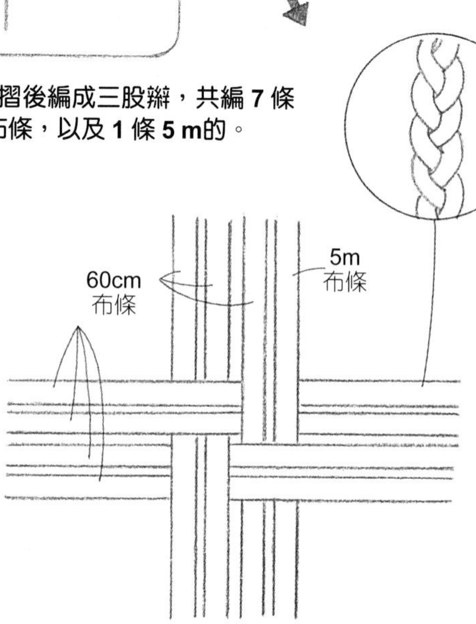

60cm
布條
5m
布條

②將布條以橫 **4** 條、縱 **4** 條的方式編織。

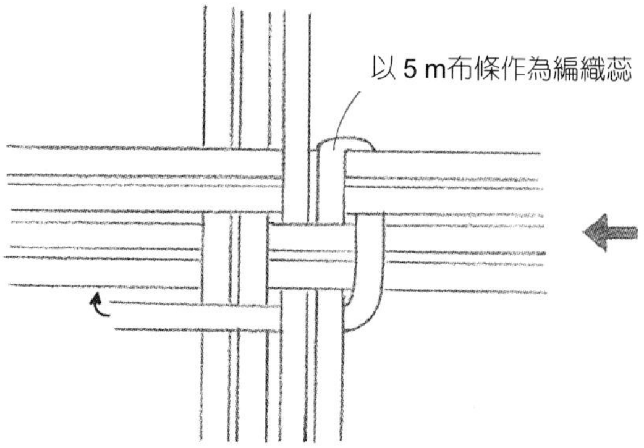

以 5 m布條作為編織蕊

③以長布條作為編織蕊，將 **2** 條布條分別從上下方穿過。

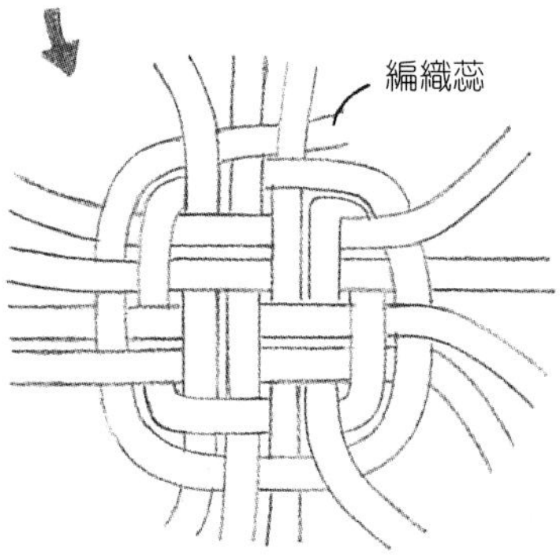

編織蕊

④編完一圈後，再將布條以「上、下、上、下」的方式編織。

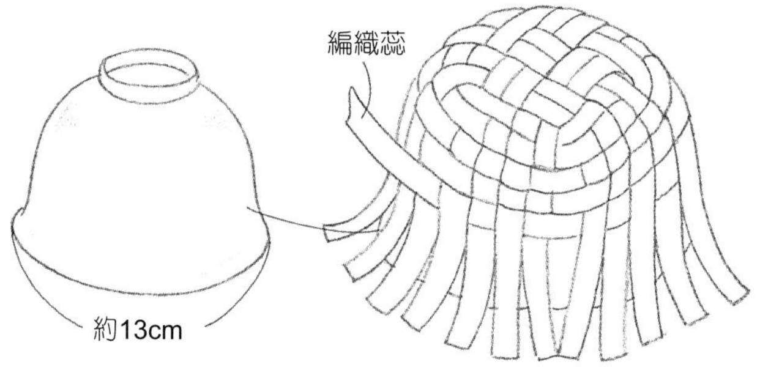

約13cm
編織蕊

⑤約編好 **3** 圈後，蓋上直徑**13cm**左右的大碗，再一邊調整一邊編織。

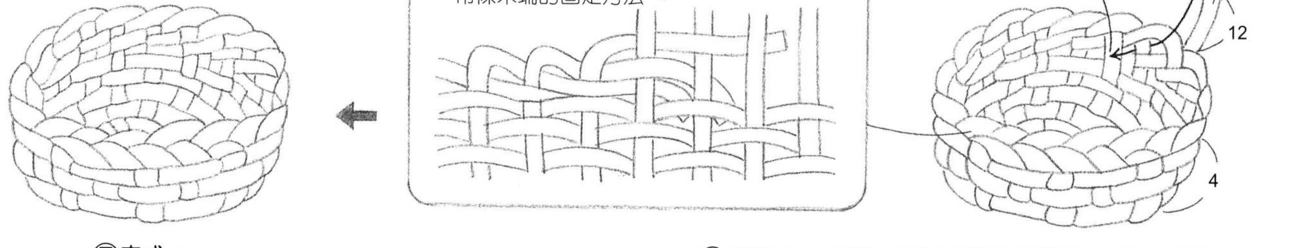

• 布條末端的固定方法 •
以工藝用
膠水黏好
布條
12
4

⑥編到 **4 cm**高時，剪掉多餘的編織蕊，再以工藝用膠水將編織蕊固定至內側。接著將布條剪斷，再插入右邊的布條裡並黏好。

⑦完成！

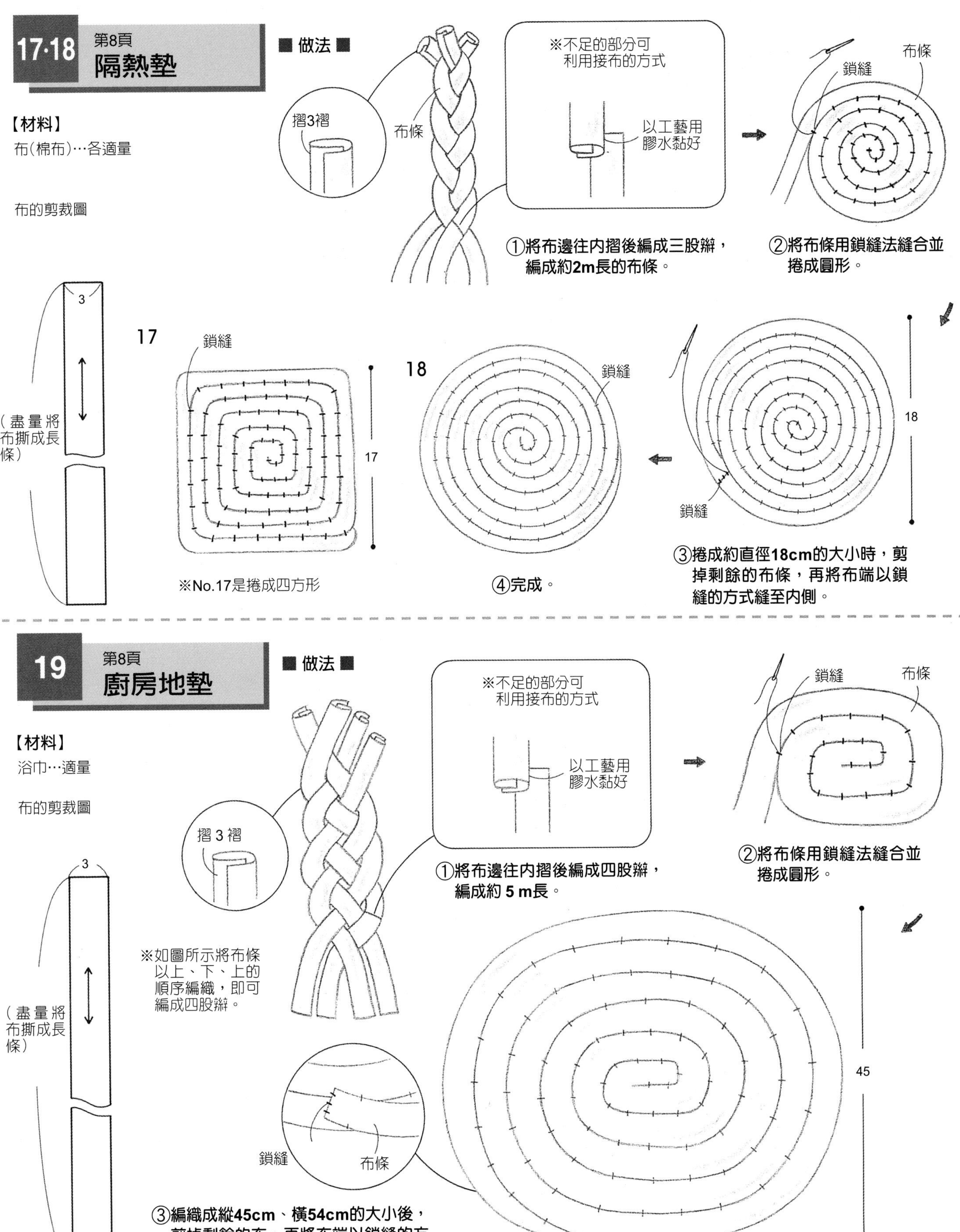
17·18
第8頁
隔熱墊
■ 做法 ■
【材料】
布(棉布)…各適量
布的剪裁圖
3
(盡量將布撕成長條)
摺3褶
布條
※不足的部分可利用接布的方式
以工藝用膠水黏好
①將布邊往內摺後編成三股辮，編成約2m長的布條。
鎖縫
布條
②將布條用鎖縫法縫合並捲成圓形。
17
鎖縫
17
18
鎖縫
18
鎖縫
③捲成約直徑18cm的大小時，剪掉剩餘的布條，再將布端以鎖縫的方式縫至內側。
※No.17是捲成四方形
④完成。
19
第8頁
廚房地墊
■ 做法 ■
【材料】
浴巾…適量
布的剪裁圖
3
(盡量將布撕成長條)
摺 3 褶
※如圖所示將布條以上、下、上的順序編織，即可編成四股辮。
※不足的部分可利用接布的方式
以工藝用膠水黏好
①將布邊往內摺後編成四股辮，編成約 5 m長。
鎖縫
布條
②將布條用鎖縫法縫合並捲成圓形。
鎖縫
布條
45
54
③編織成縱45cm、橫54cm的大小後，剪掉剩餘的布，再將布端以鎖縫的方式縫至內側。

零 碼布做成的小擺飾，把房間點綴得既溫馨又可愛

要不要試著用不同花色的零碼布來做搭配，創作出各種小擺飾呢？
只要擺上這些可愛的裝飾品，就能使屋內的氣氛變得既舒適又溫馨喔！

25

26

做法見第14頁

立式布相框

立式布相框最適合放重要的家人照片。只要在瓦楞紙上纏上舖棉與布，再以工藝用膠水貼好就完成了。

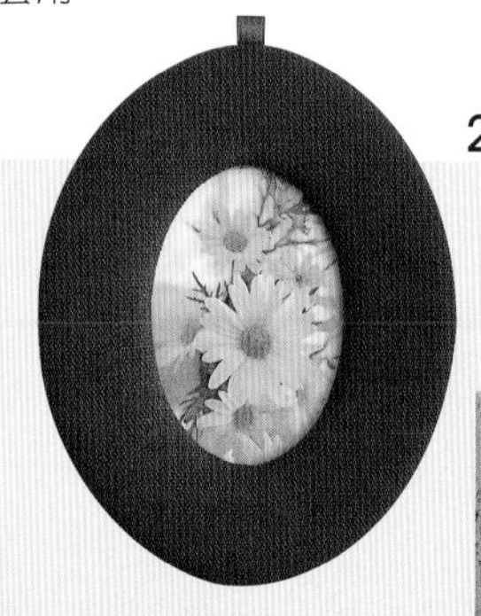

27

做法見第14頁

28

PLAIN WHITE
FLOUR

掛式布相框

由於用布跟瓦楞紙做的相框非常輕，所以任何牆壁都能掛上美麗的照片，相當方便。

做法見第15頁

29

30

花瓶墊

只須縫合兩塊布就可以了。可用車縫或夾入等方式，再加上滾邊或緞帶，來做不同變化。

32

31

做法見第86頁

裝飾盒

將布貼在長方形或圓筒型的罐子上，就大功告成了！可作為文具盒或裝小東西的盒子，用途多多喔！漂亮的裝飾盒是室內的小重點。

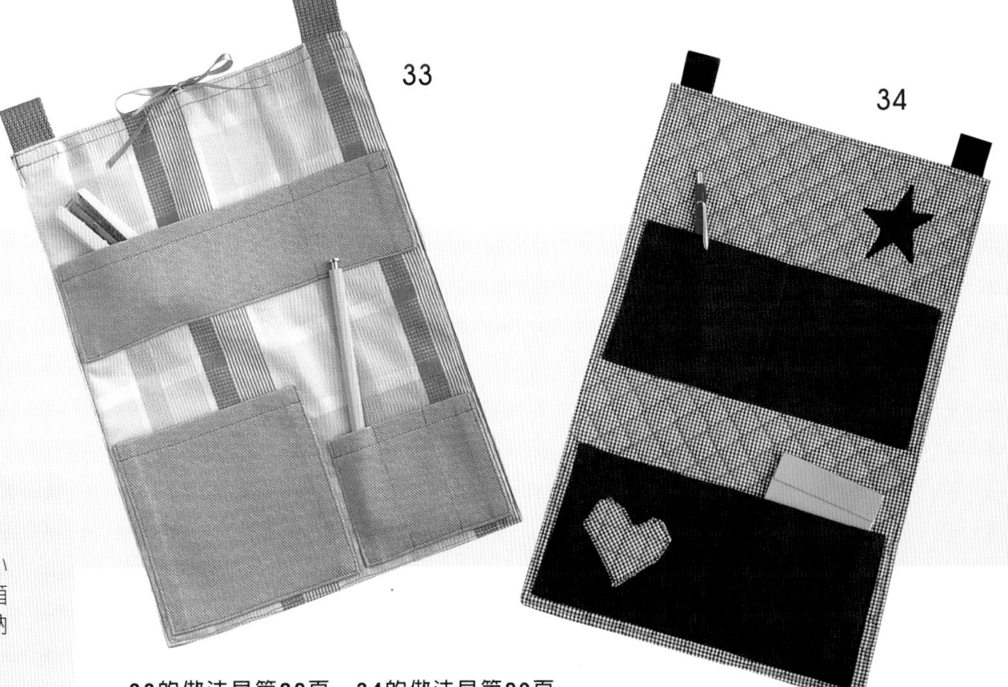
33
34

迷你掛壁式收納袋

要不要試著用零碼布做一個小型掛壁式收納袋？可掛在冰箱或電話旁，是相當方便的收納小物！

33的做法見第88頁，34的做法見第89頁

27·28 第12頁 掛式布相框

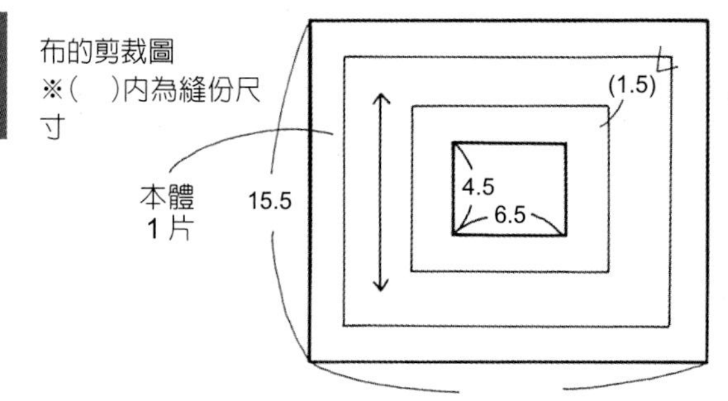

布的剪裁圖
※(　)內為縫份尺寸
本體 1片
15.5
(1.5)
4.5
6.5

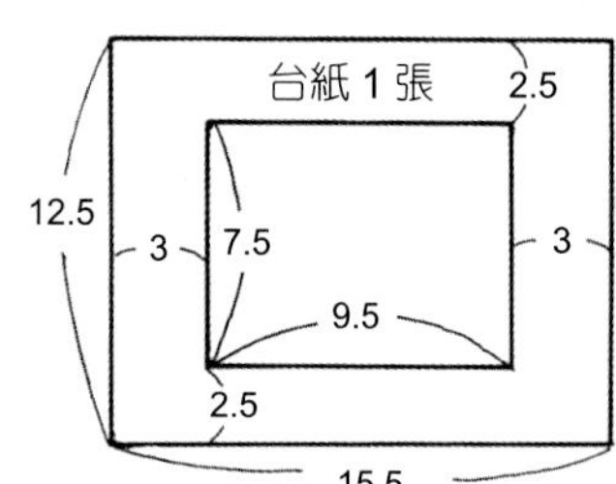

瓦楞紙剪裁圖
台紙 1 張
2.5
12.5
3
7.5
3
9.5
2.5
15.5

【材料】

布(棉布)…No.27長20cm寬25cm，No.28長20cm寬20cm
鋪棉…長15cm寬20cm
0.9cm寬的緞面緞帶…各5cm
瓦楞紙…各15cm×20cm

■ 做法 ■

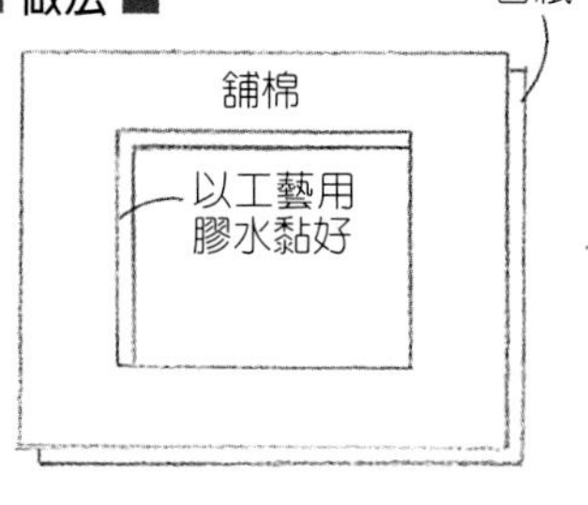

台紙
鋪棉
以工藝用膠水黏好

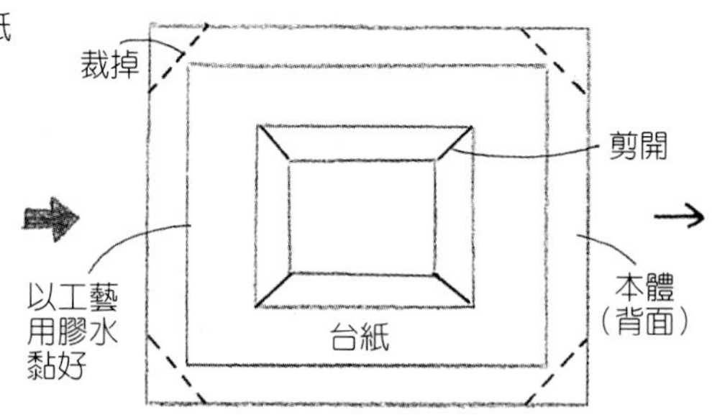

裁掉
剪開
以工藝用膠水黏好
台紙
本體(背面)

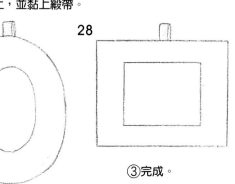

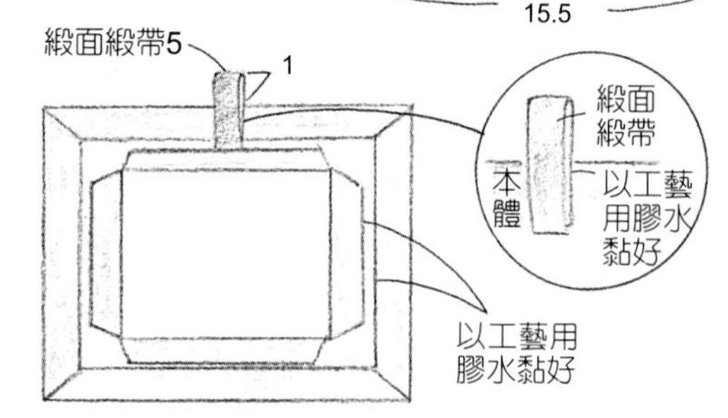

緞面緞帶5
1
緞面緞帶
本體
以工藝用膠水黏好
以工藝用膠水黏好

①將鋪棉貼在台紙上。

②將本體布貼在台紙上，並黏上緞帶。

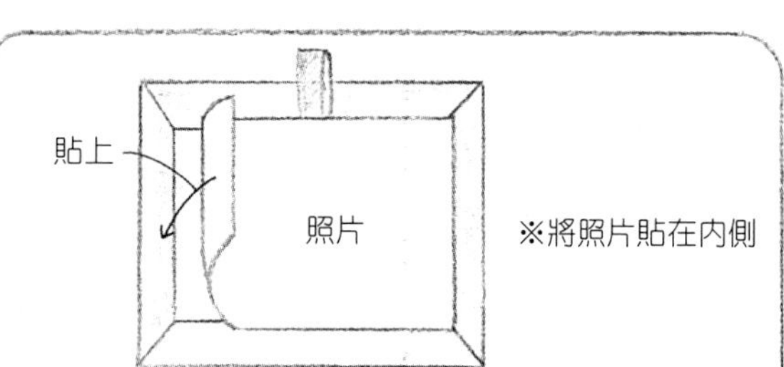

貼上
照片
※將照片貼在內側

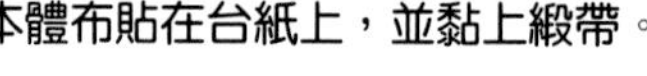

27
28

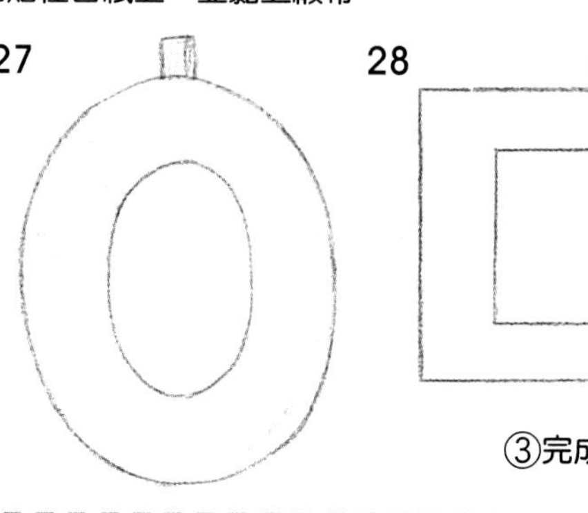

③完成。

25·26 第12頁 立式布相框

【材料】

布(棉布)…各長20cm寬20cm
鋪棉…各長20cm寬15cm
瓦楞紙…各長25cm×35cm

■ 做法 ■

相框做法①、②與No. 27、28掛式布相框的①、②一樣

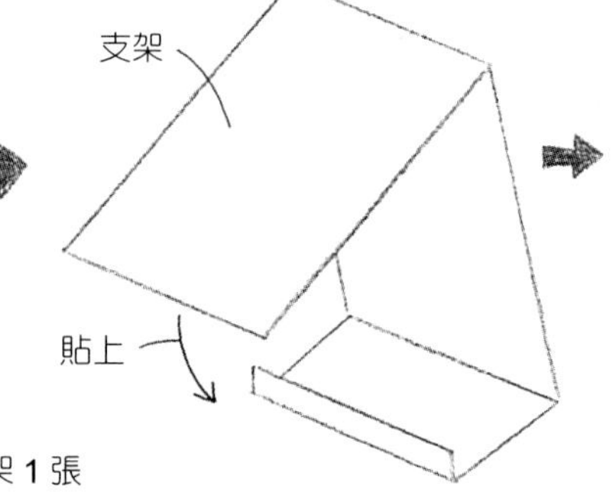

支架
貼上

③製作支架。

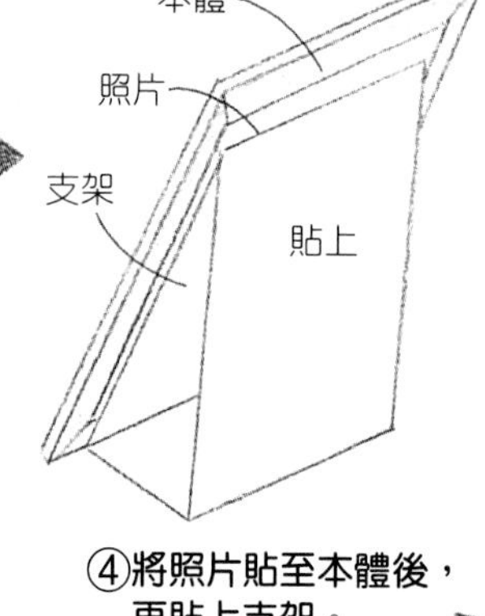

本體
照片
支架
貼上

④將照片貼至本體後，再貼上支架。

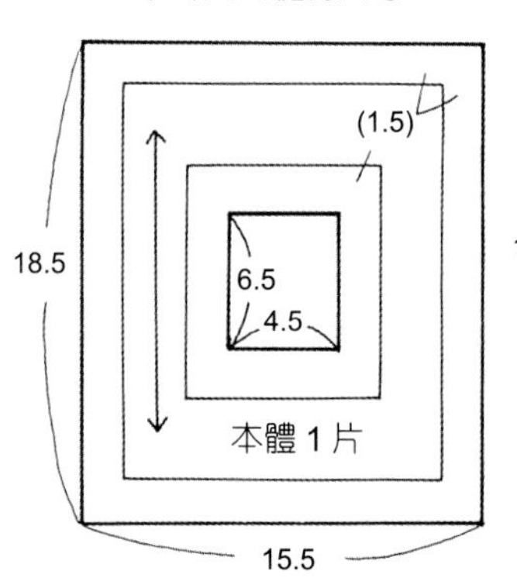

布的剪裁圖
※(　)內為縫份尺寸
18.5
(1.5)
6.5
4.5
本體 1片
15.5

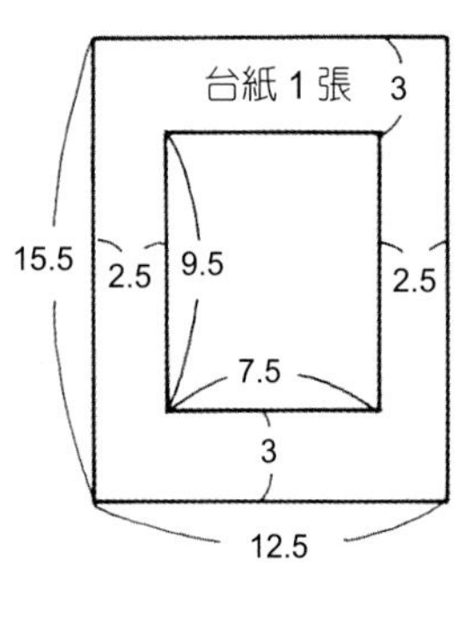

瓦楞紙剪裁圖
台紙 1 張
3
15.5
2.5
9.5
2.5
7.5
3
12.5

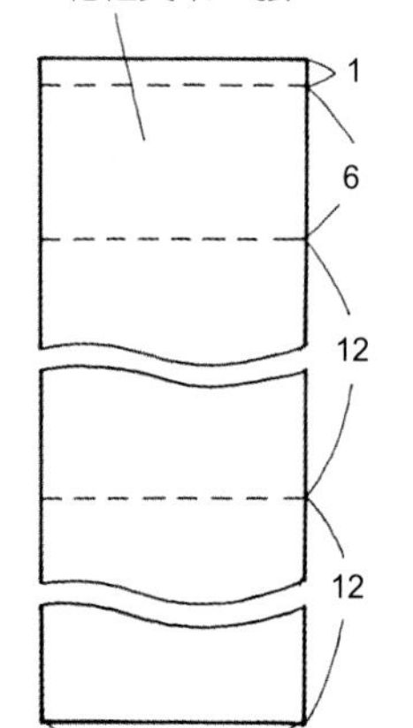

相框支架 1 張
1
6
12
12
9.5

26　25

⑤完成。

29·30

第12頁

花瓶墊

【材料】

布A(No.29是厚棉布，No.30是棉布)…長25cm寬25cm
布B(棉布)…長25cm寬25cm
膠布襯…長50cm寬25cm
No.29：0.7cm寬滾邊帶…70cm
No.30：0.8cm寬波浪緞帶…70cm

■ 做法 ■

布的剪裁圖
※( )內為縫份尺寸

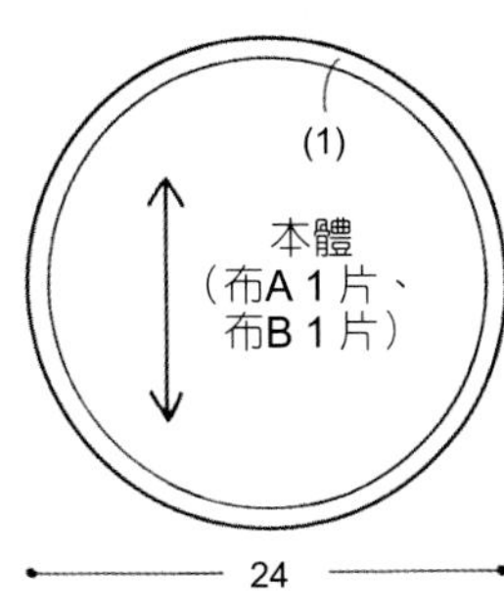
(1)
本體
(布A 1片、
布B 1片)
24

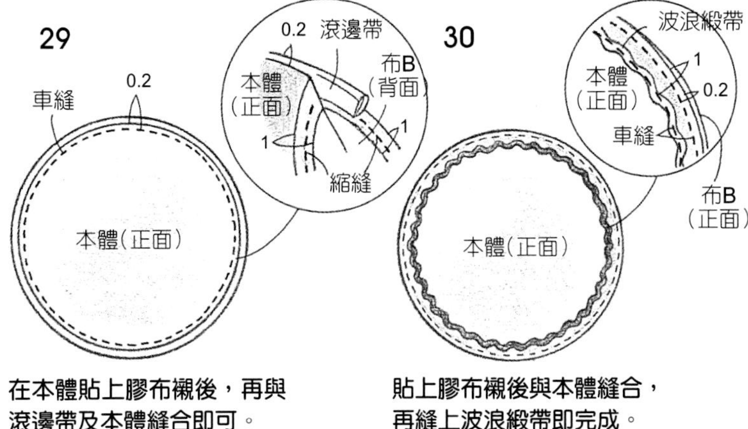
29
車縫
0.2
本體(正面)
0.2
滾邊帶
布B
(背面)
本體
(正面)
1
1
縮縫
30
波浪緞帶
1
本體
(正面)
0.2
車縫
布B
(正面)
本體(正面)

在本體貼上膠布襯後，再與滾邊帶及本體縫合即可。

貼上膠布襯後與本體縫合，再縫上波浪緞帶即完成。

實物大小紙型

※裁剪本體時要預留1.5cm的縫份

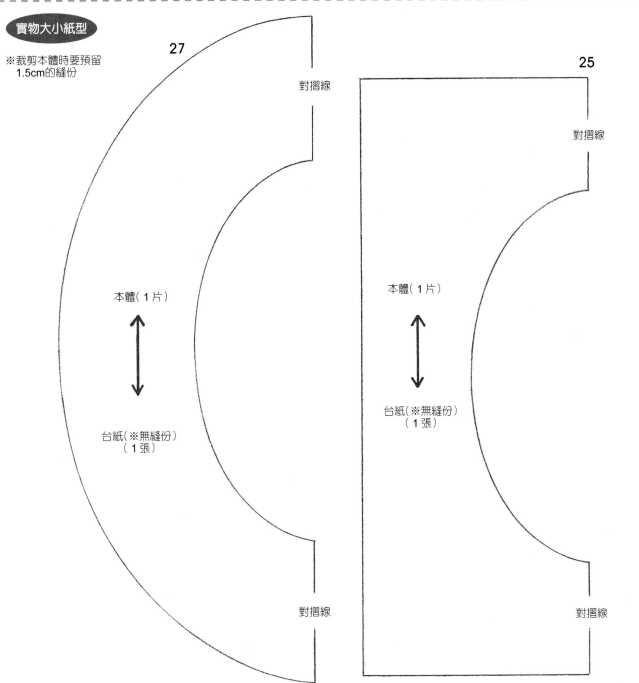

27

對摺線

本體(1片)

台紙(※無縫份)
(1張)

對摺線

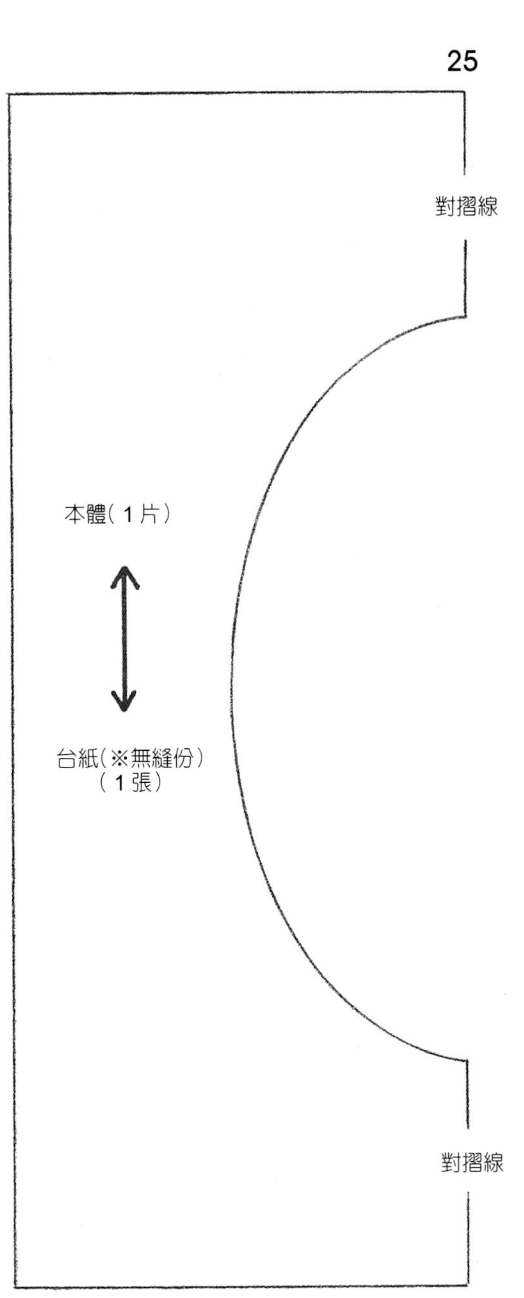
25
對摺線
本體(1片)
台紙(※無縫份)
(1張)
對摺線

BOX & BOX　將零碼布貼在各種盒子上

利用身邊各式各樣的空盒子，例如：洗衣粉盒或牛奶盒，製作各種漂亮可愛的布小物吧！

化妝盒

前方的盒身是用兩個空的洗衣粉盒併接而成，後方則是用六個牛奶盒。將不同款式的布貼在瓦楞紙上做成蓋子，再與盒身縫合完成。

35
36
做法見第18頁

小禮盒

把小禮物裝進去吧。將布貼在牛奶盒上，就可製成精緻又可愛的小禮盒。典雅的圖案令人愛不釋手！

37

38

39

做法見第19頁

CD整理盒

將布貼在市售的小型洗衣粉盒上，盒子的大小剛好可以放入CD片。請將鍾愛的CD放進這個迷你盒裡……

做法見第19頁

40
41

KENWOOD
42
43

做法見第90頁

遙控器盒・萬用盒

為避免東西散落一地，訣竅就是將東西收納在固定的地方。將牛奶盒拼接起來再貼上漂亮的布，就是大小適中的盒子。

筆筒・筆盒・磁碟片收納盒

如果在茶几上或桌子旁等小空間裡，放置可收納文具的小盒子，就非常方便。利用牛奶盒搭配組合，自由設計出各種可愛的盒子。

44
45
46

44的做法見第90頁，45・46的做法見第91頁

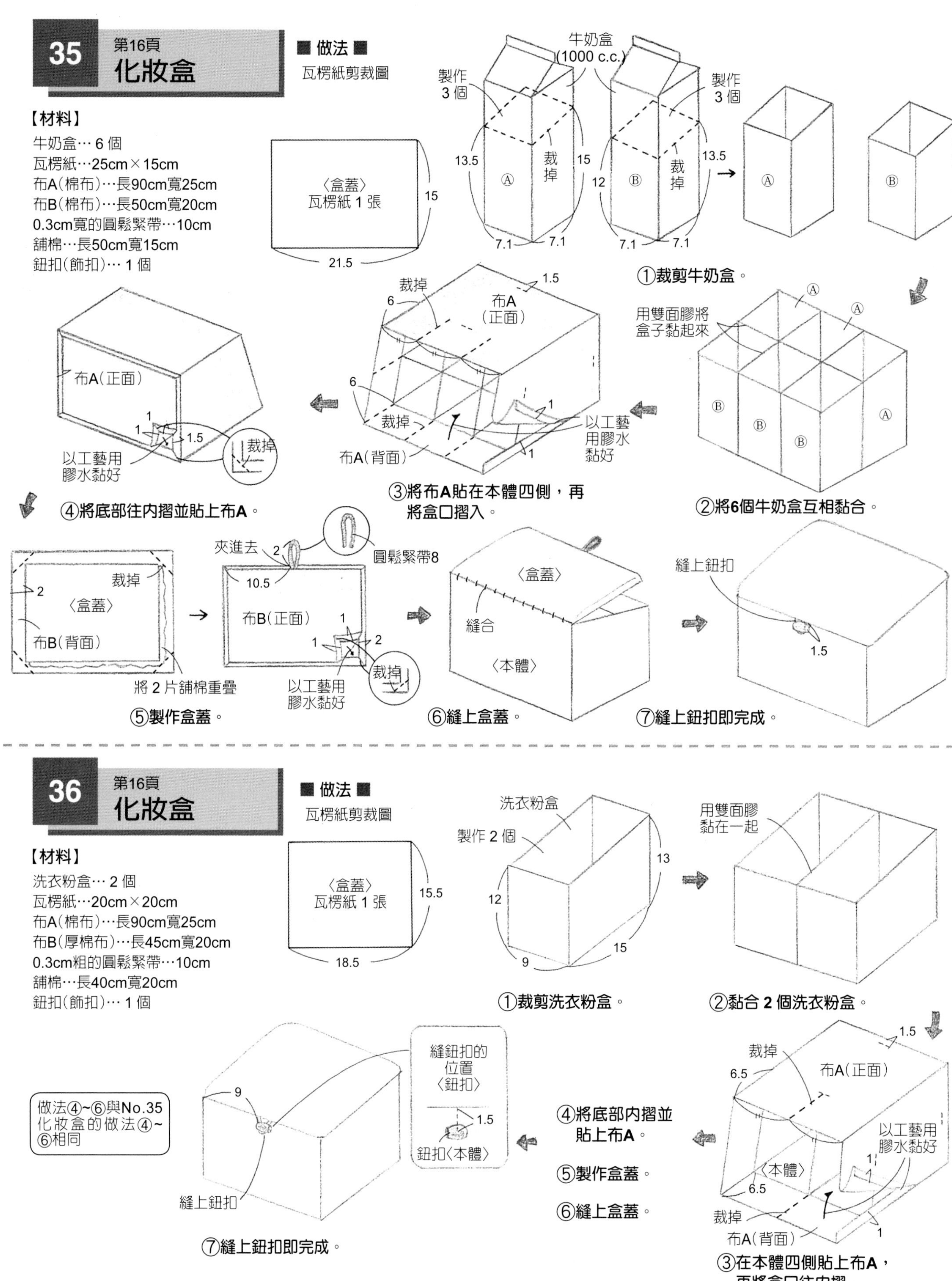
35
第16頁
化妝盒
【材料】
牛奶盒… 6 個
瓦楞紙…25cm×15cm
布A(棉布)…長90cm寬25cm
布B(棉布)…長50cm寬20cm
0.3cm寬的圓鬆緊帶…10cm
舖棉…長50cm寬15cm
鈕扣(飾扣)… 1 個
■ 做法 ■
瓦楞紙剪裁圖
〈盒蓋〉
瓦楞紙 1 張
15
21.5
牛奶盒
(1000 c.c.)
製作
3 個
裁掉
13.5
15
12
Ⓐ
Ⓑ
7.1
→
①裁剪牛奶盒。
用雙面膠將
盒子黏起來
②將6個牛奶盒互相黏合。
布A
(正面)
1.5
6
以工藝
用膠水
黏好
布A(背面)
1
③將布A貼在本體四側，再
將盒口摺入。
布A(正面)
以工藝用
膠水黏好
④將底部往內摺並貼上布A。
〈盒蓋〉
2
布B(背面)
將 2 片舖棉重疊
夾進去
圓鬆緊帶8
10.5
布B(正面)
⑤製作盒蓋。
縫合
〈本體〉
⑥縫上盒蓋。
縫上鈕扣
⑦縫上鈕扣即完成。
36
第16頁
化妝盒
【材料】
洗衣粉盒… 2 個
瓦楞紙…20cm×20cm
布A(棉布)…長90cm寬25cm
布B(厚棉布)…長45cm寬20cm
0.3cm粗的圓鬆緊帶…10cm
舖棉…長40cm寬20cm
鈕扣(飾扣)… 1 個
■ 做法 ■
瓦楞紙剪裁圖
〈盒蓋〉
瓦楞紙 1 張
15.5
18.5
洗衣粉盒
製作 2 個
13
12
15
9
①裁剪洗衣粉盒。
用雙面膠
黏在一起
②黏合 2 個洗衣粉盒。
裁掉
6.5
布A(正面)
以工藝用
膠水黏好
〈本體〉
布A(背面)
③在本體四側貼上布A，
再將盒口往內摺。
④將底部內摺並
貼上布A。
⑤製作盒蓋。
⑥縫上盒蓋。
縫鈕扣的
位置
〈鈕扣〉
鈕扣〈本體〉
做法④~⑥與No.35
化妝盒的做法④~
⑥相同
縫上鈕扣
⑦縫上鈕扣即完成。

37~39 第16頁 小禮盒

【材料】

牛奶盒…各 1 個
布(棉布)…各長60cm寬15cm
0.9cm寬的緞帶…各40cm
鋪棉…長15cm寬10cm

■ 做法 ■

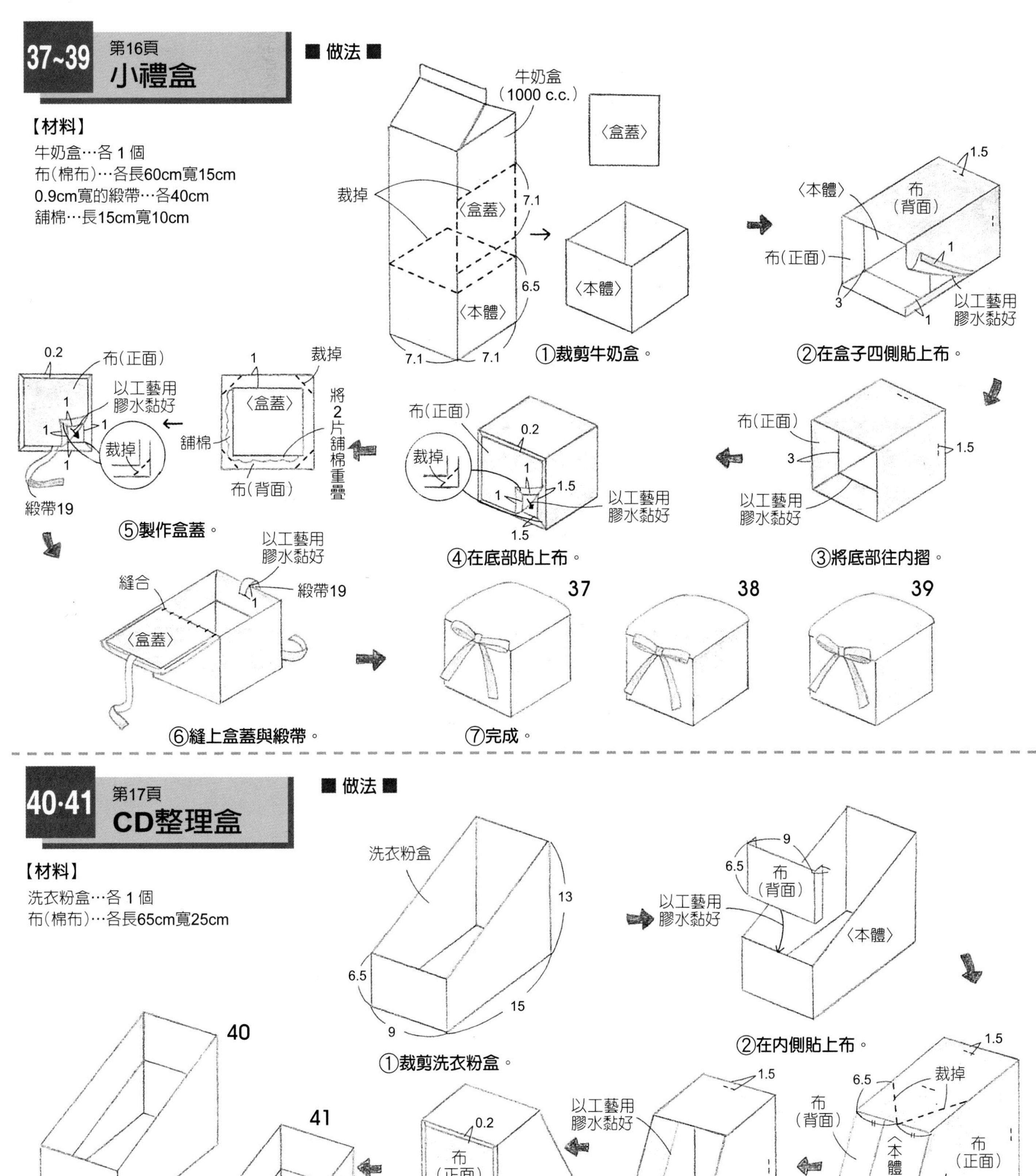

牛奶盒
(1000 c.c.)
〈盒蓋〉
裁掉
〈盒蓋〉
7.1
6.5
〈本體〉
7.1
7.1
〈本體〉
①裁剪牛奶盒。
1.5
〈本體〉
布
(背面)
布(正面)
1
3
以工藝用
膠水黏好
1
②在盒子四側貼上布。
布(正面)
3
1.5
以工藝用
膠水黏好
③將底部往內摺。
布(正面)
0.2
裁掉
1
1.5
1
1.5
以工藝用
膠水黏好
④在底部貼上布。
1
裁掉
〈盒蓋〉
鋪棉
布(背面)
將2片鋪棉重疊
0.2
布(正面)
以工藝用
膠水黏好
1
1
1
1
裁掉
緞帶19
⑤製作盒蓋。
以工藝用
膠水黏好
縫合
緞帶19
1
〈盒蓋〉
⑥縫上盒蓋與緞帶。
37
38
39
⑦完成。

40·41 第17頁 CD整理盒

【材料】

洗衣粉盒…各 1 個
布(棉布)…各長65cm寬25cm

■ 做法 ■

洗衣粉盒
13
6.5
15
9
①裁剪洗衣粉盒。
9
6.5
布
(背面)
以工藝用
膠水黏好
〈本體〉
②在內側貼上布。
1.5
6.5
裁掉
布
(背面)
〈本體〉
布
(正面)
1
6.5
以工藝用
膠水黏好
1
③在盒子外側貼上布。
1.5
以工藝用
膠水黏好
6.5
布(正面)
④將盒口往內摺。
0.2
布
(正面)
裁掉
1
1
以工藝
用膠水
黏好
1.5
1.5
⑤在底部貼上布。
40
41
⑥完成。

小 布包與簡單的拼布包

零碼布分量足夠的話，可嘗試做個簡單的包包。
每天出門時隨手提的小袋子非常實用喔。

做法見第22頁

47

A4袋

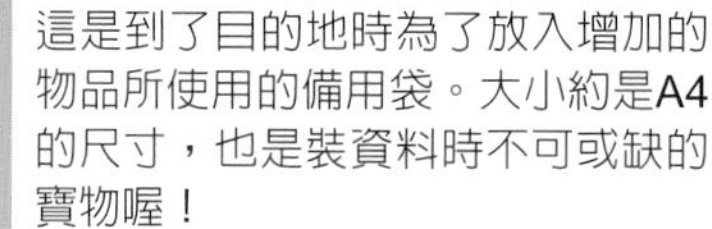
這是到了目的地時為了放入增加的物品所使用的備用袋。大小約是A4的尺寸，也是裝資料時不可或缺的寶物喔！

48
49

做法見第22頁

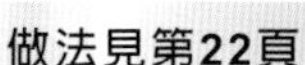
做法見第22頁

50

51

迷你背包

想去散個步時，不需要用手提的背包最方便了。這款是小型的背包，就算當成斜肩包使用也很方便。

52

53

52的做法見第92頁，53的做法見第93頁

和風手提包・和風斜背包

手提包或斜背包都是很方便的包包，但很少見到和風的款式。這種和風設計，即使搭配洋裝使用也沒問題！

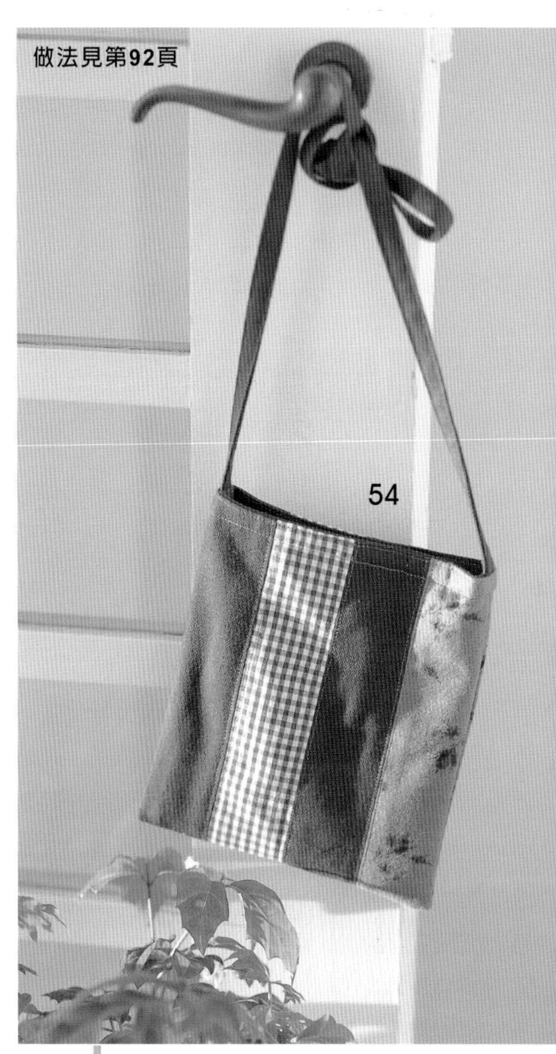
54

做法見第92頁

拼布斜背包

猛然一看，會發現自己所選的布顏色或調性都很相近。將剩餘的布拼接在一起，就能做出具有「個人色彩」的斜背包。

55
56

做法見第23頁

小提包・便當袋

迷你手提包正好可以放入大型袋裡，也適合只帶錢包或手帕出門時使用。

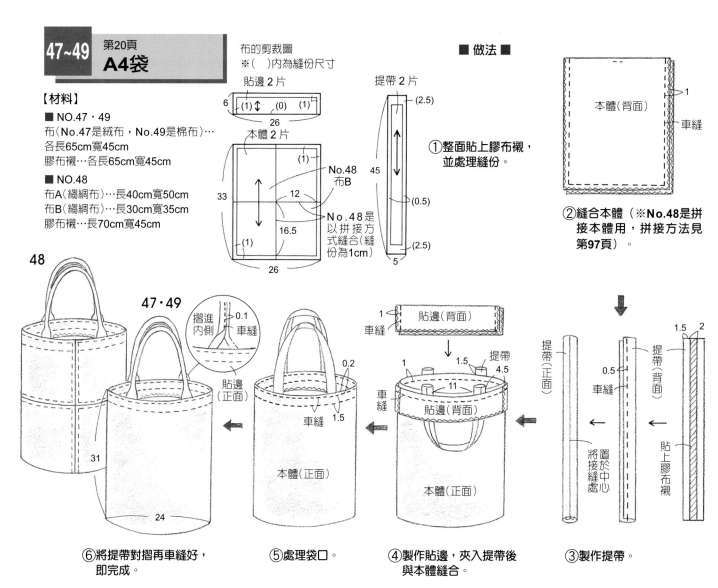

47~49 第20頁 A4袋

【材料】

■ NO.47・49

布(No.47是絨布，No.49是棉布)…各長65cm寬45cm

膠布襯…各長65cm寬45cm

■ NO.48

布A(綢綢布)…長40cm寬50cm

布B(綢綢布)…長30cm寬35cm

膠布襯…長70cm寬45cm

布的剪裁圖

※( )内為縫份尺寸

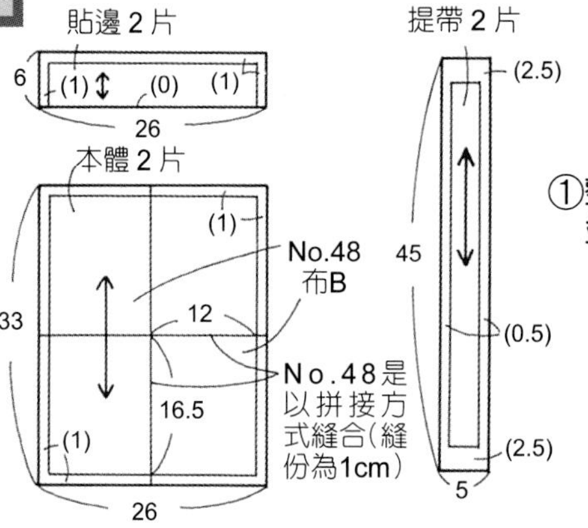

貼邊2片 6 (1) (0) (1) 26

本體2片 33 (1) No.48 布B 12 16.5 No.48是以拼接方式縫合(縫份為1cm) (1) 26

提帶2片 (2.5) 45 (0.5) (2.5) 5

■ 做法 ■

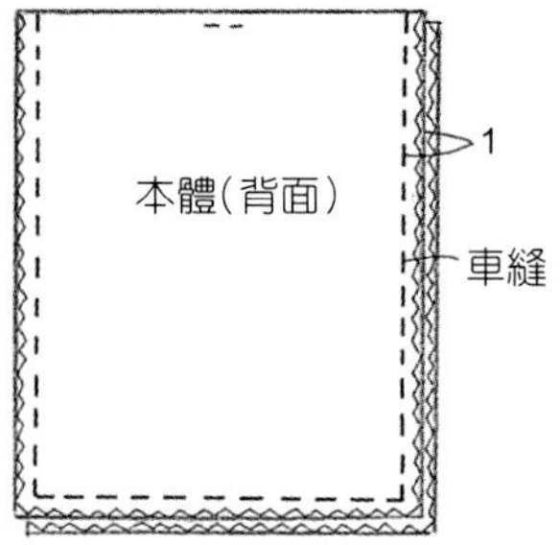

①整面貼上膠布襯，並處理縫份。

本體(背面) 1 車縫

②縫合本體（※No.48是拼接本體用，拼接方法見第97頁）。

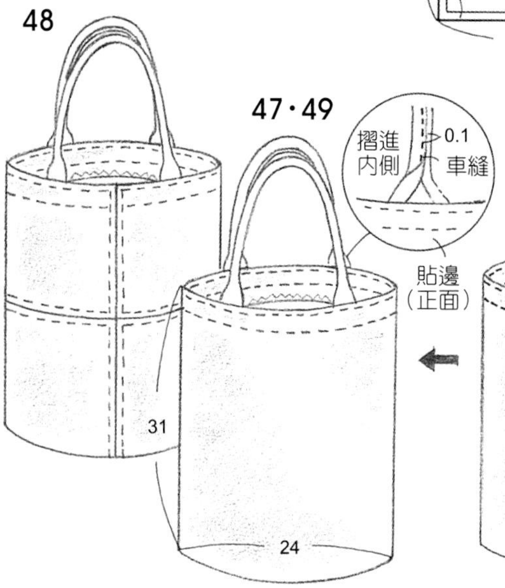

提帶(正面) 將接縫處置於中心 0.5 車縫 提帶(背面) 1.5 2 貼上膠布襯

③製作提帶。

1 貼邊(背面) 車縫 1 1.5 提帶 4.5 11 車縫 貼邊(背面) 本體(正面)

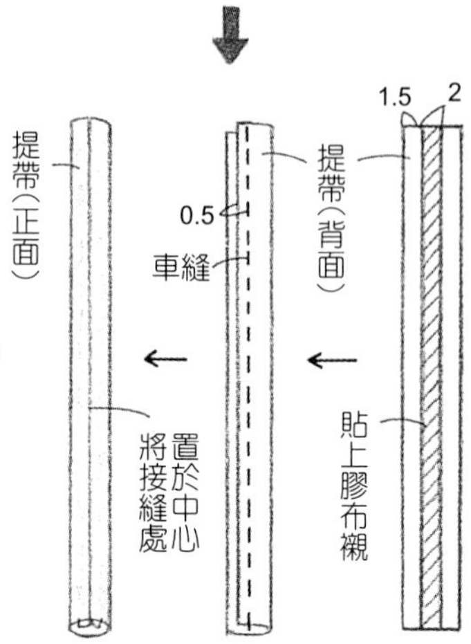

④製作貼邊，夾入提帶後與本體縫合。

0.2 車縫 1.5 本體(正面)

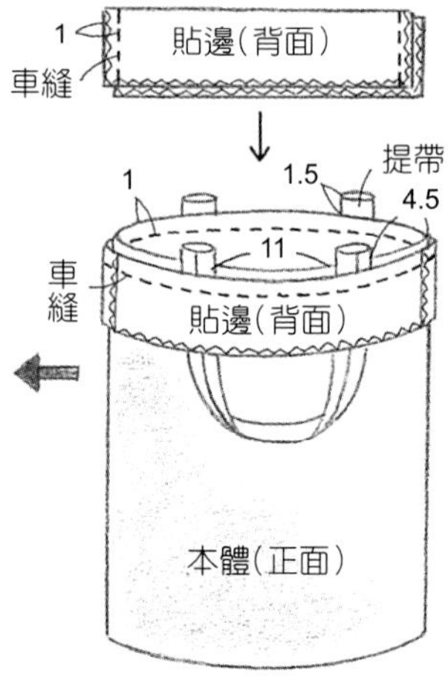

⑤處理袋口。

48 47・49 摺進內側 0.1 車縫 貼邊(正面) 31 24

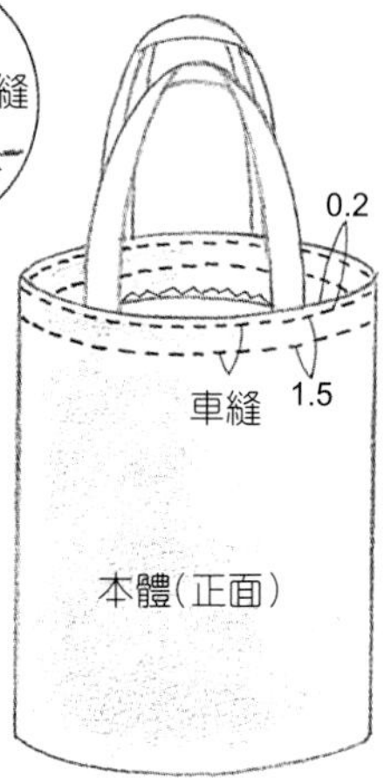

⑥將提帶對摺再車縫好，即完成。

50·51 第20頁 迷你背包

【材料】

■ No.50

布(舖棉布)…長60cm寬50cm

0.5cm粗的圓棉繩…320cm

鈕扣(飾扣)…1個

■ No.51

布(絨布)…長60cm寬50cm

膠布襯…長60cm寬50cm

0.5cm粗的圓棉繩…320cm

鈕扣(飾扣)…1個

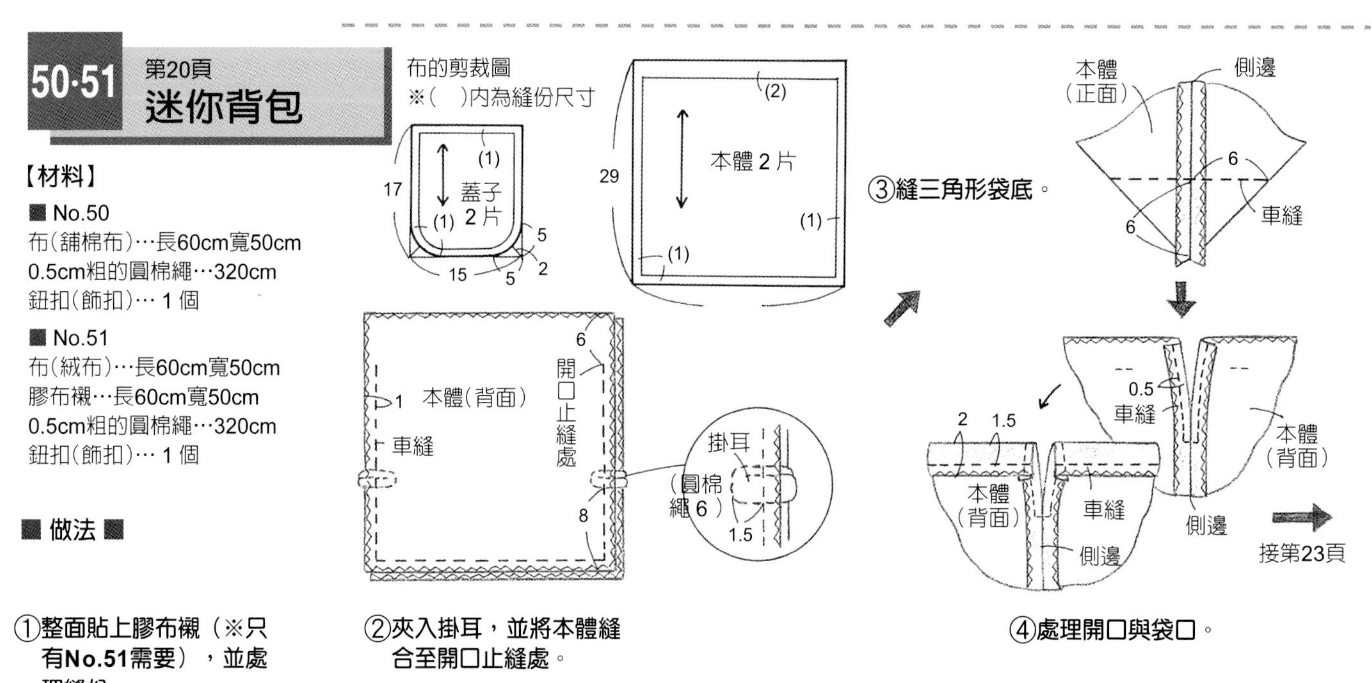

布的剪裁圖
※( )内為縫份尺寸
17 (1) 蓋子 2片 (1) 5 15 5 2
29 (2) 本體2片 (1) (1)
本體(背面) 1 車縫 6 開口止縫處 8
掛耳 (圓棉繩6) 1.5
③縫三角形袋底。
本體(正面) 側邊 6 6 車縫
0.5 車縫 本體(背面) 2 1.5 本體(背面) 車縫 側邊 側邊

■ 做法 ■

①整面貼上膠布襯（※只有No.51需要），並處理縫份。

②夾入掛耳，並將本體縫合至開口止縫處。

④處理開口與袋口。

接第23頁

55·56 第21頁 小提包·便當袋

【材料】

■ No.55
布(厚棉布)…長80cm寬35cm
膠布襯…長80cm寬35cm
27cm的拉鍊…各 1 條

■ No.56
布(鋪棉布)…長80cm寬35cm
27cm的拉鍊… 1 條

布的剪裁圖
※(　)內為縫份尺寸

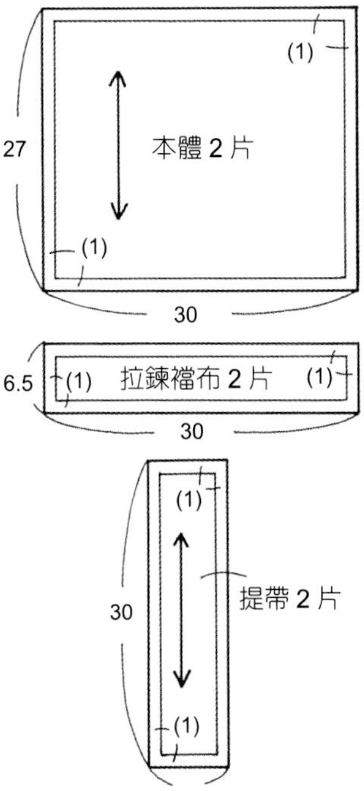

本體 2 片 (1) 27 30
拉鍊襠布 2 片 (1) 6.5 30
提帶 2 片 (1) 30

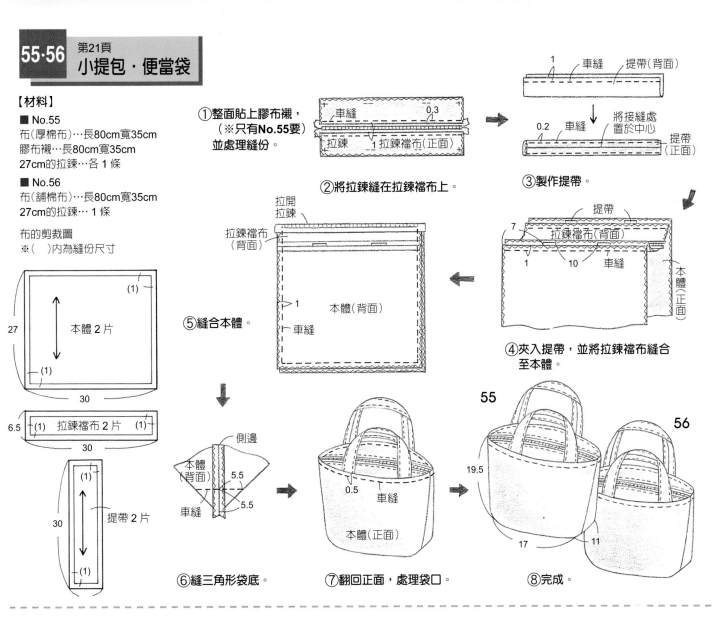

①整面貼上膠布襯，(※只有No.55要)並處理縫份。

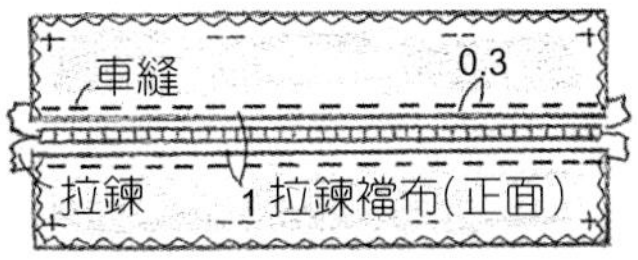

車縫 0.3 拉鍊 1 拉鍊襠布(正面)

②將拉鍊縫在拉鍊襠布上。

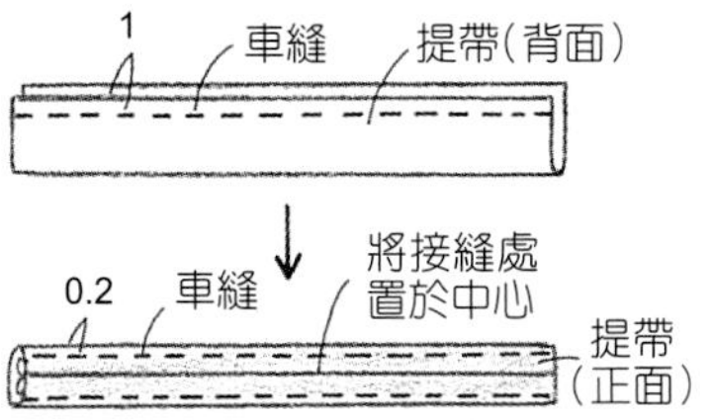

1 車縫 提帶(背面)
0.2 車縫 將接縫處置於中心 提帶(正面)

③製作提帶。

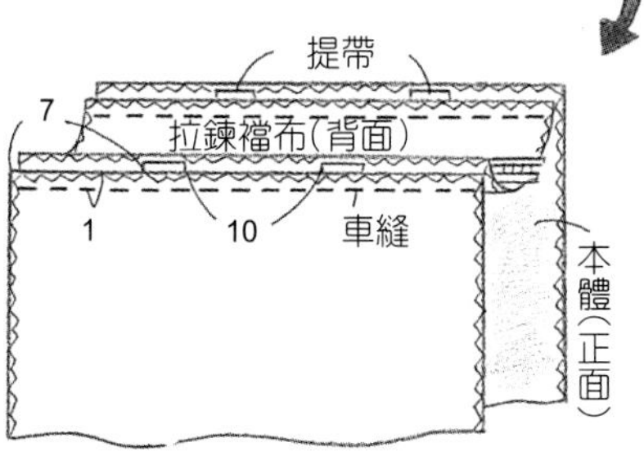

提帶 7 拉鍊襠布(背面) 1 10 車縫 本體(正面)

④夾入提帶，並將拉鍊襠布縫合至本體。

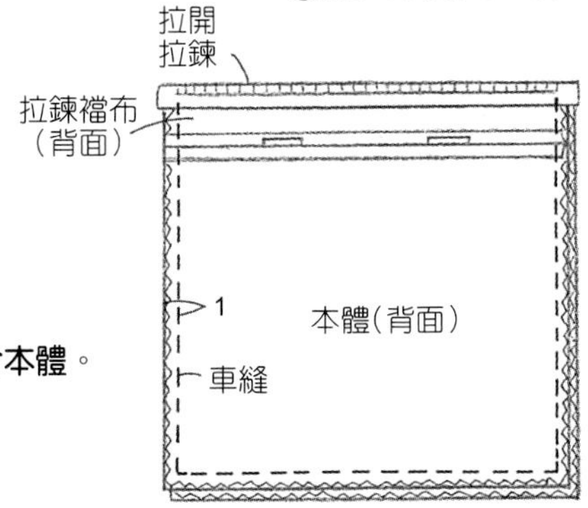

拉開拉鍊 拉鍊襠布(背面) 1 本體(背面) 車縫

⑤縫合本體。

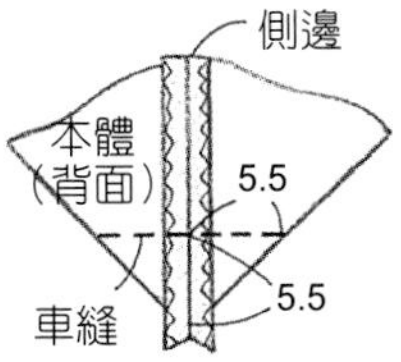

側邊 本體(背面) 5.5 5.5 車縫

⑥縫三角形袋底。

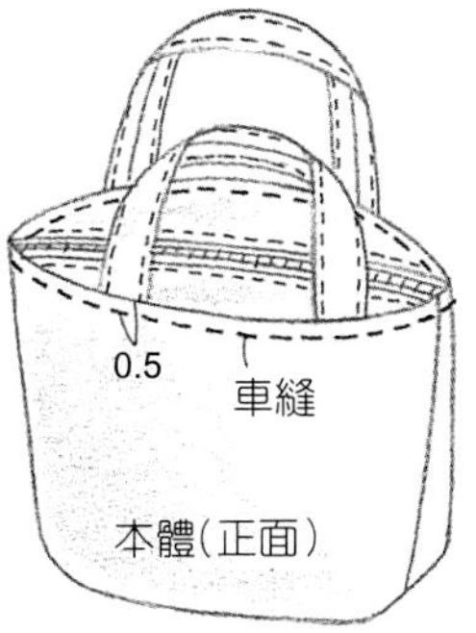

0.5 車縫 本體(正面)

⑦翻回正面，處理袋口。

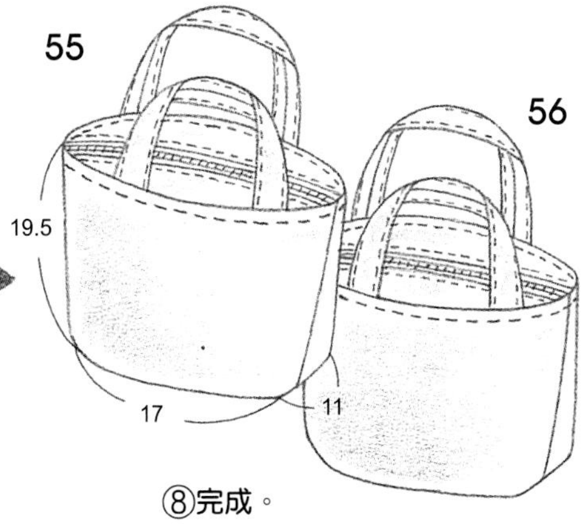

55 56 19.5 17 11

⑧完成。

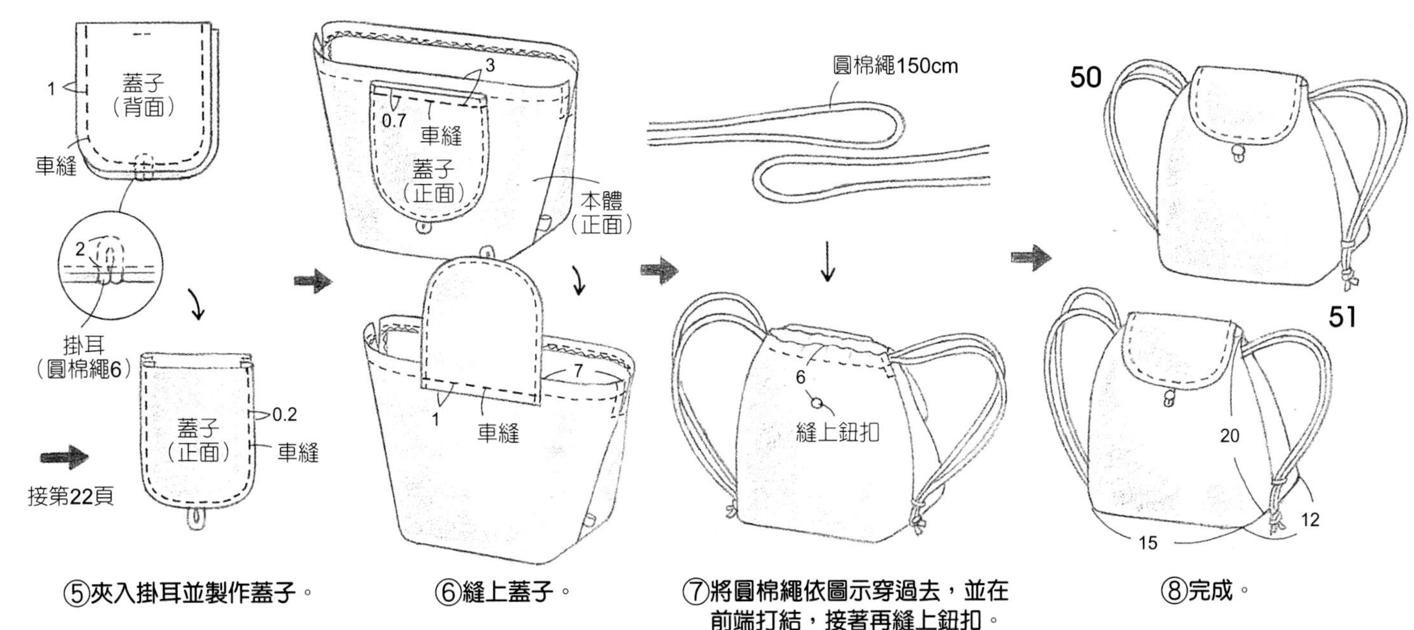

1
蓋子(背面)
車縫
2
掛耳(圓棉繩6)
蓋子(正面)
0.2
車縫
3
0.7
車縫
蓋子(正面)
本體(正面)
7
1
車縫
圓棉繩150cm
6
縫上鈕扣
50
51
20
12
15

⑤夾入掛耳並製作蓋子。

接第22頁

⑥縫上蓋子。

⑦將圓棉繩依圖示穿過去，並在前端打結，接著再縫上鈕扣。

⑧完成。

小布包・束口袋，愈多愈好！

小袋子、束口袋無論有多少個，還是會希望「如果有尺寸稍微不一樣的袋子就好了！」
所以，讓我們用零碼布來製作各式各樣的小袋子吧！

三角袋底迷你束口袋 單色束口袋與配色束口袋

底部縫上三角袋底的束口袋。雖然只是一個小巧思，但是有袋底的話，就能收納有厚度的物品，非常實用！

做法見第94頁

做法見第26頁

60
61
62

無袋底三角束口袋

將有花紋的零碼布，貼在素布上做為點綴，利用「花布×素布」的原則來做搭配，設計的技法也有很多種。

做法見第93頁

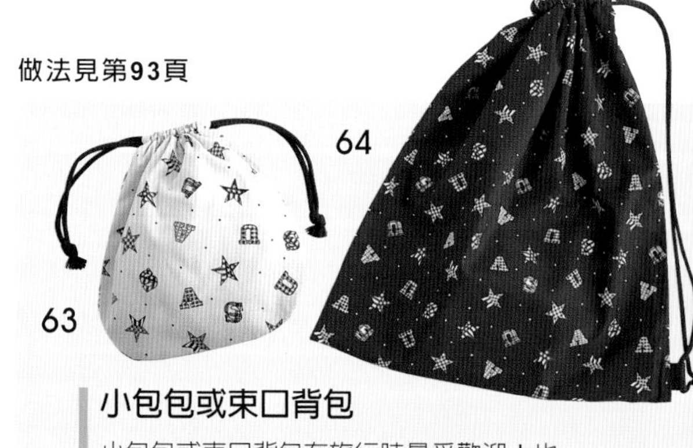
63
64

小包包或束口背包

小包包或束口背包在旅行時最受歡迎！也可將換洗衣物放入背包裡，到達目的地後再當成隨身的外出包使用。

做法見第**27**頁
65
66

67
68
69
做法見第**27**頁

化妝包

化妝包最好是又小又可放入很多化妝品。推薦三角形、有底部的款式，以及立體化妝包等。

和風化妝包

決定製作和風布小物時，絕對不能少了化妝包。和風小布包可利用方巾或和服等布料來製作。

60~62 第24頁 無袋底三角束口袋

【材料】

■ No.61
布（棉布）…長40cm寬25cm
0.5cm粗的圓棉繩…120cm

■ No.62
布（棉布）……長50cm寬30cm
0.5cm粗的圓棉繩…140cm
貼花用布…適量
膠布襯…適量

■ No.60
布A（棉布）…長55cm寬30cm
布B（厚棉布）…長30cm寬20cm
0.5cm粗的圓棉繩…160cm

■ No.62做法 ■

布的剪裁圖
※（ ）是縫份尺寸

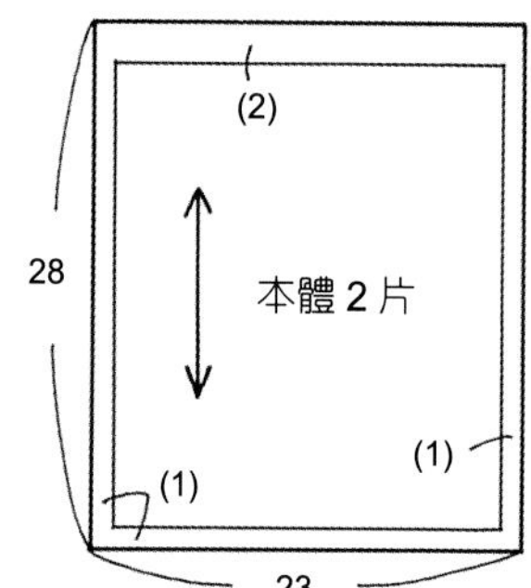

(2)
28
本體 2 片
(1)
(1)
23

①處理縫份。

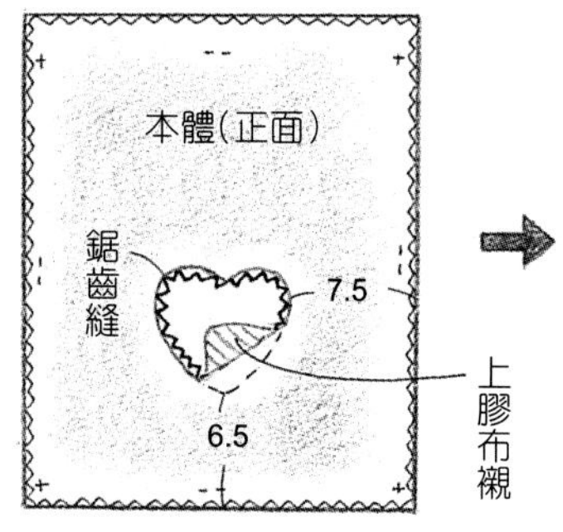

本體（正面）
鋸齒縫
7.5
上膠布襯
6.5

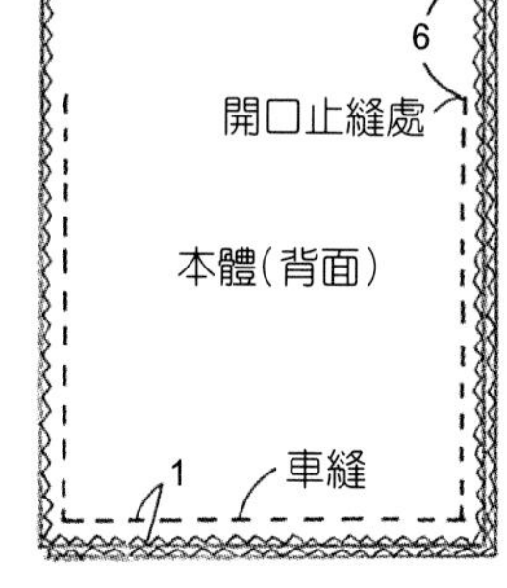

6
開口止縫處
本體（背面）
1
車縫

②處理貼花。

③縫合本體。

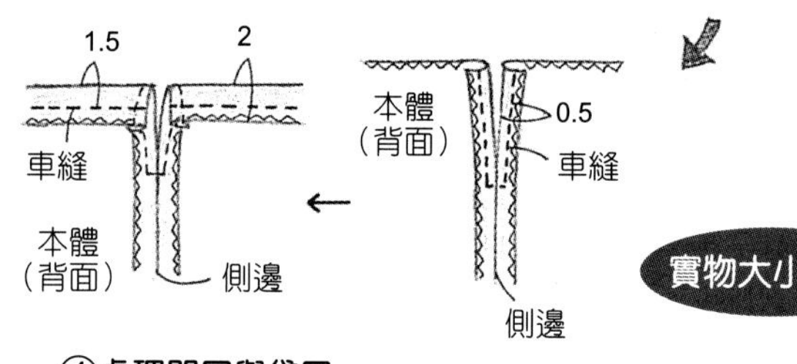
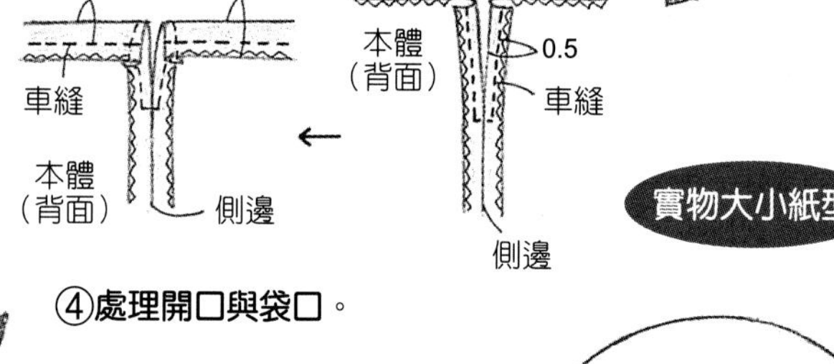

1.5
2
車縫
本體（背面）
側邊
本體（背面）
0.5
車縫
側邊

實物大小紙型

④處理開口與袋口。

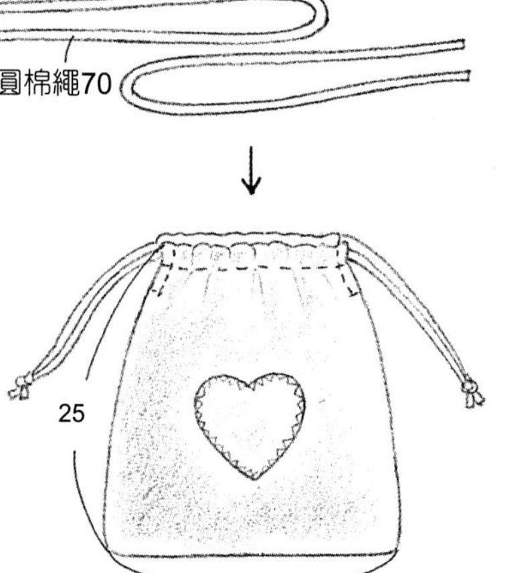

圓棉繩70
25
21

⑤將圓棉繩依圖示穿過袋口，並在前端打結即完成。

No.62貼花用布
（1片）

對摺線

■ No.61做法 ■

布的剪裁圖
※（ ）內為縫份尺寸

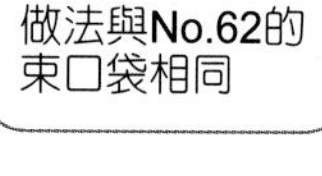

做法與No.62的束口袋相同

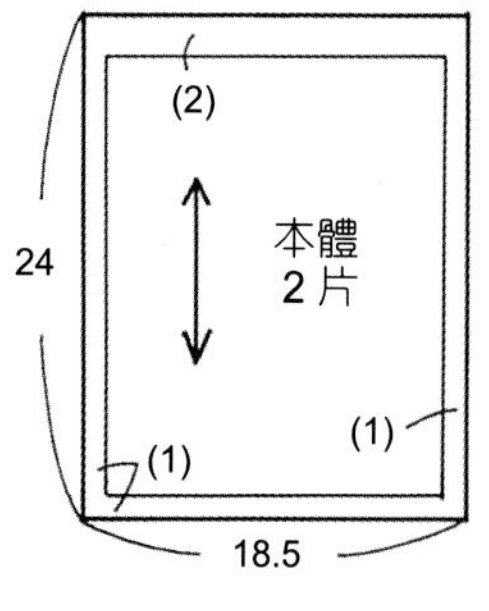

(2)
24
本體 2片
(1)
(1)
18.5

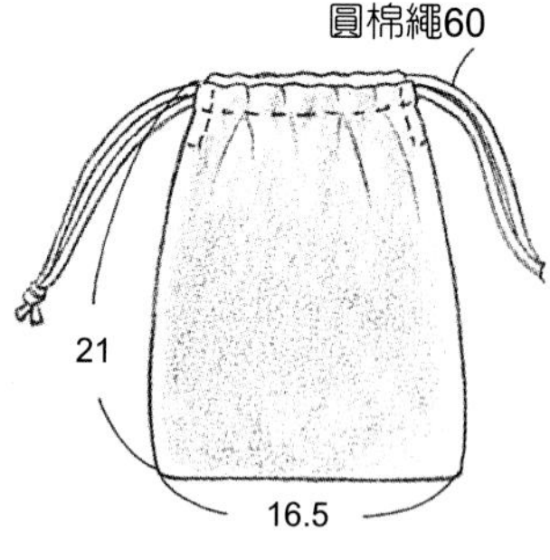

圓棉繩60
21
16.5

■ No.60做法 ■

布的剪裁圖
※（ ）內為縫份尺寸

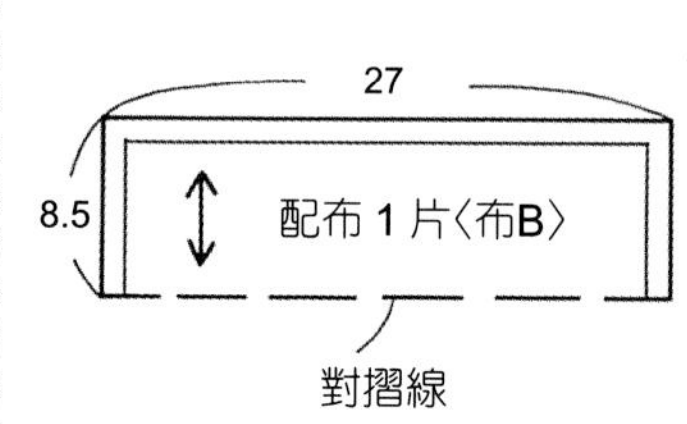

27
8.5
配布 1 片〈布B〉
對摺線

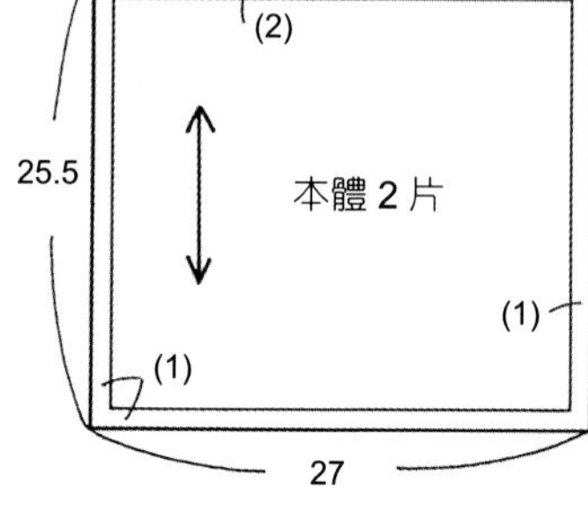

(2)
25.5
本體 2 片
(1)
(1)
27

①處理縫份。

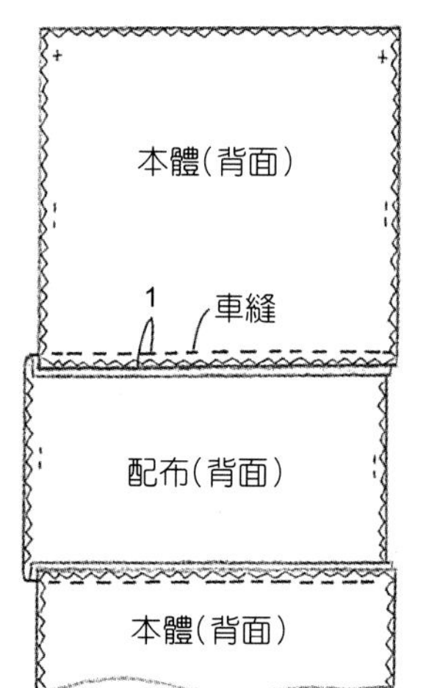

本體（背面）
1
車縫
配布（背面）
本體（背面）

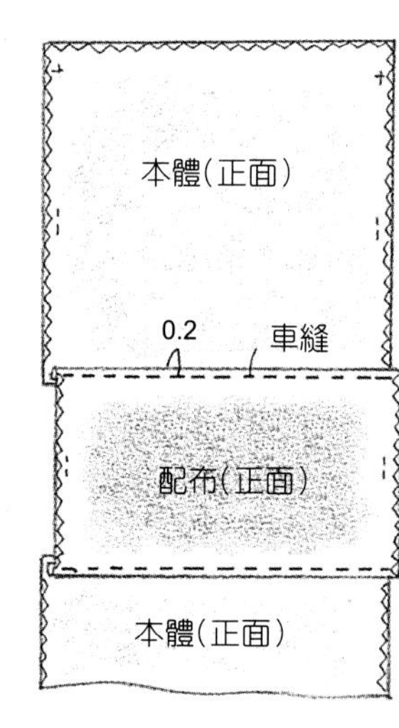

本體（正面）
0.2
車縫
配布（正面）
本體（正面）

②將本體與配布縫合，從正面車縫接布處。

後續的做法與No.62束口袋的做法③~⑤相同

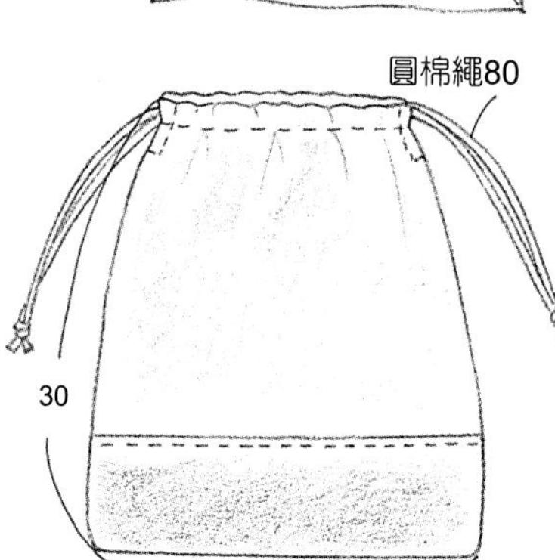

圓棉繩80
30
25

65~69 第25頁 各式化妝包

【材料】

■ No.65・67
布(65是棉布,67是綢綢布)…長40cm寬30cm
膠布襯…各40cm寬30cm
20cm的拉鍊…各 1 條

■ No.66
布(鋪棉布)…長35cm寬25cm
20cm的拉鍊… 1 條

■ No.69
布(綢綢布)…長40cm寬15cm
膠布襯…各40cm寬15cm
16cm的拉鍊… 1 條

■ No.68
布(棉布)…長40cm寬35cm
膠布襯…長40cm寬35cm
20cm的拉鍊… 1 條

■ No.65・67做法 ■

布的剪裁圖
※( )内為縫份尺寸

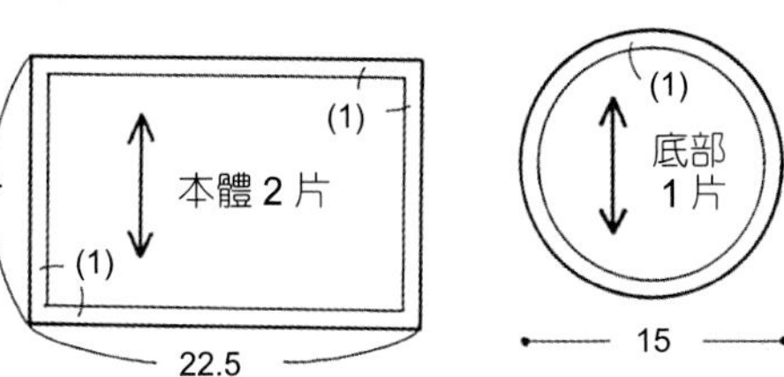

(1)
14
本體 2 片
(1)
22.5
(1)
底部
1片
15

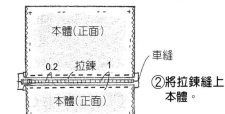

①整面貼上膠布襯並處理縫份。

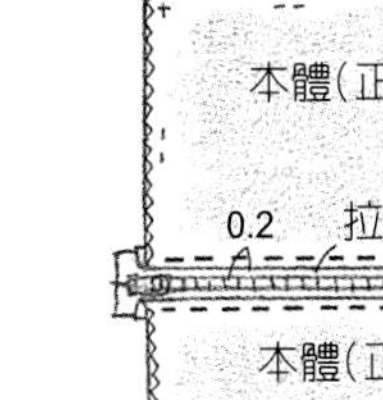

本體(正面)
車縫
0.2
拉鍊
1
本體(正面)

②將拉鍊縫上本體。

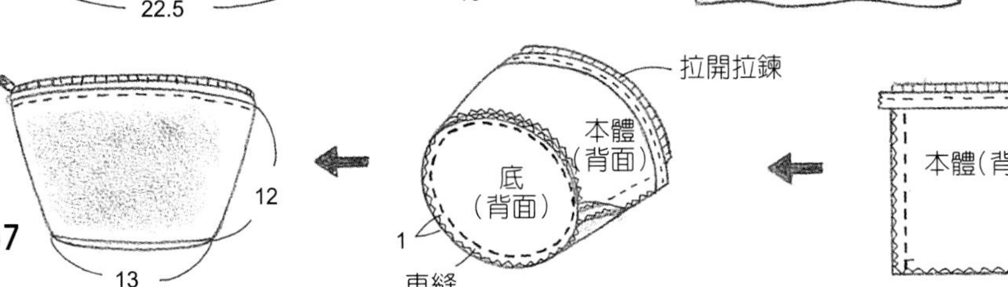

65・67
12
13
拉開拉鍊
本體
(背面)
底
(背面)
1
車縫
本體(背面)
1
車縫

⑤翻回正面即完成。 ④將本體與底部縫合。 ③縫合本體側邊。

■ No.69做法 ■

布的剪裁圖
※( )内為縫份尺寸

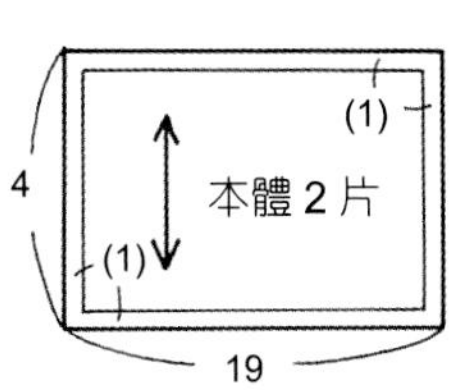

(1)
4
本體 2 片
(1)
19

①整面貼上膠布襯並處理縫份。

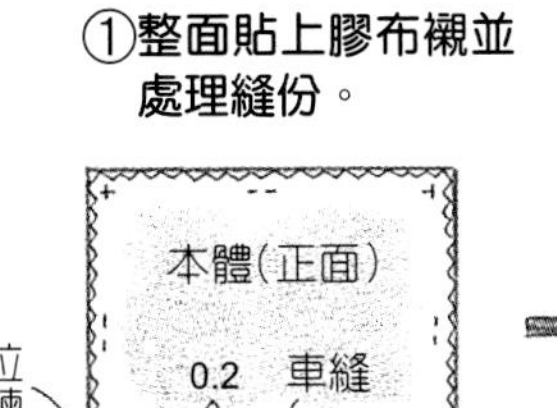

本體(正面)
拉鍊
0.2
車縫
1

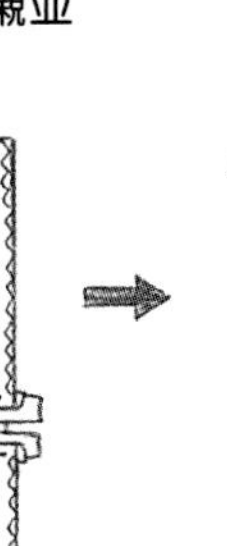

本體(正面)

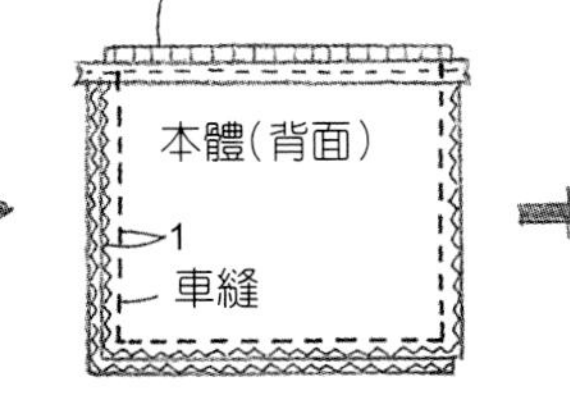

拉開拉鍊
本體(背面)
1
車縫

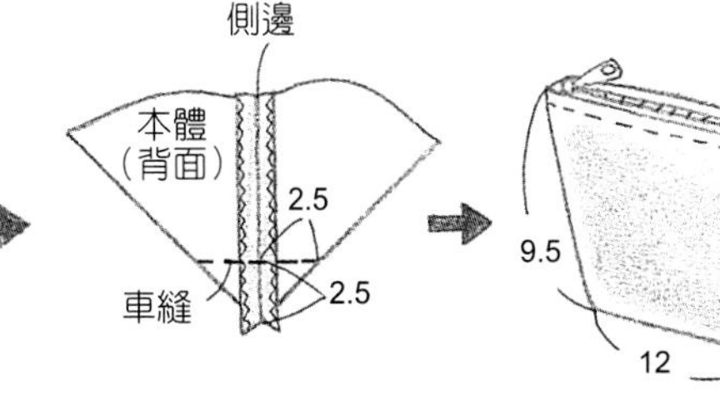

側邊
本體
(背面)
2.5
車縫
2.5
9.5
12
5

②將拉鍊縫上本體。 ③縫合本體。 ④縫三角形袋底。 ⑤翻回正面即完成。

■ No.66做法 ■

布的剪裁圖
※( )内為縫份尺寸

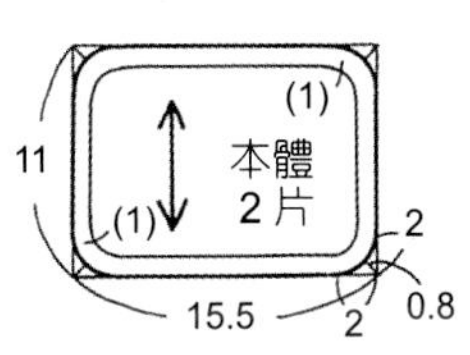

11
(1)
本體
2片
(1)
2
15.5
2
0.8

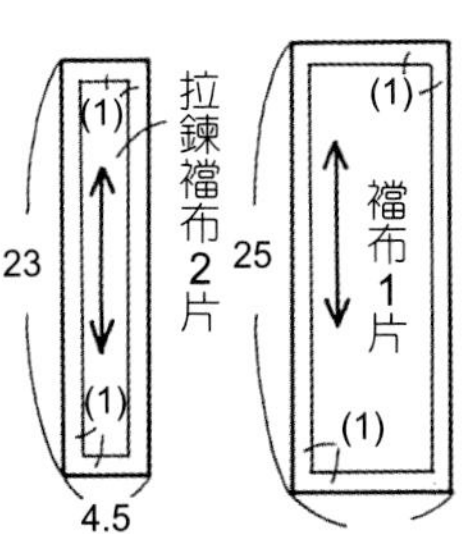

23
(1)
拉鍊襠布
2片
(1)
4.5
25
(1)
襠布
1片
(1)

①處理縫份。

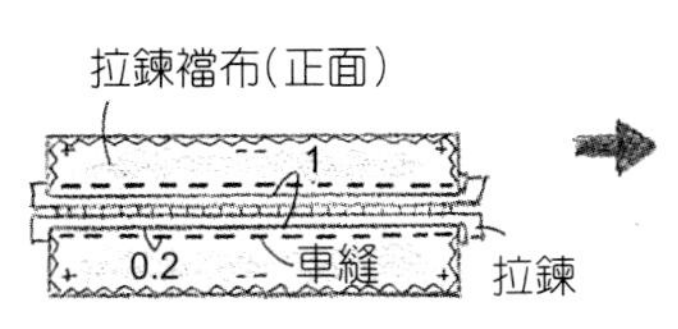

拉鍊襠布(正面)
1
0.2
車縫
拉鍊
拉鍊襠布
(背面)
1
車縫
拉鍊襠布
(正面)
0.5
車縫
襠布
(正面)

②將拉鍊縫在拉鍊襠布上。

③將拉鍊襠布與襠布縫合後,從正面車縫。

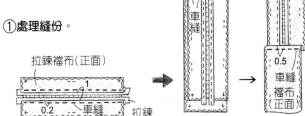

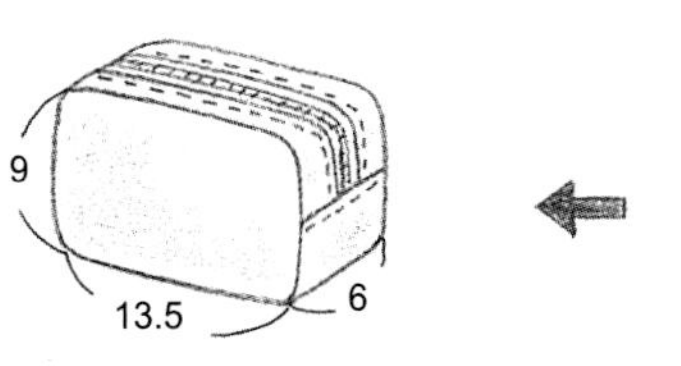

9
13.5
6

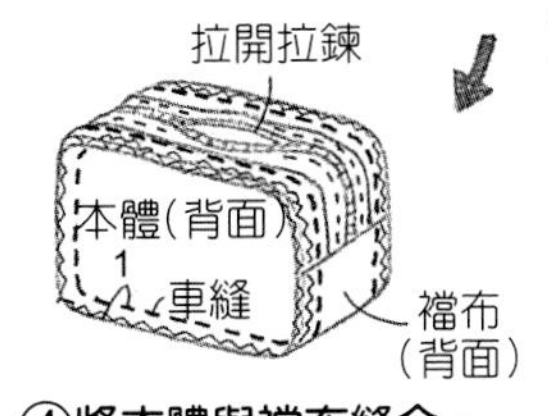

拉開拉鍊
本體(背面)
1
車縫
襠布
(背面)

⑤翻回正面即完成。 ④將本體與襠布縫合。

■ No.68做法 ■

布的剪裁圖
※( )内為縫份尺寸

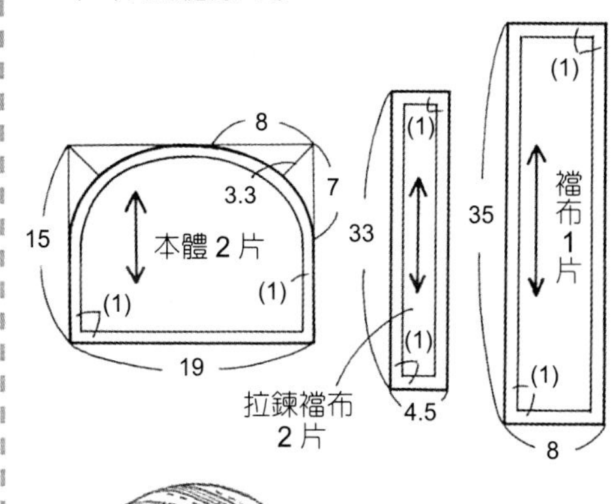

8
3.3
7
15
本體 2 片
(1)
(1)
19
33
(1)
(1)
拉鍊襠布
2片
4.5
35
(1)
襠布
1
片
(1)
8

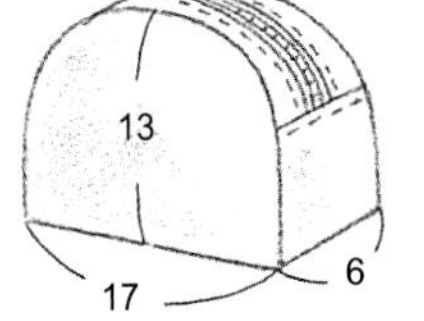

13
17
6

做法與No.66小包包相同

※整面貼上膠布襯

利 用各種設計，將零碼布化身隨身小物

像是放面紙等物品的布小物，換個設計多做幾個的話，
就可以配合當天的心情來交替使用，真是太棒了！

面紙包

利用衣服的花樣、外出用的印花大手帕或受小朋友歡迎的圖樣等等，可享受各種豐富的變化。

70
71
72
73

做法見第95頁

筆袋

大一點的筆袋連膠帶或剪刀都放得進去。還有只放筆或橡皮擦的小型筆袋，可配合用途來使用。

74
75

做法見第30頁

迷你束口袋

能夠收納散亂的東西，並放入包包中的束口袋最方便了！配合不同的袋子，嘗試各種設計吧。

76
77
78
79

做法見第30頁

書套・眼鏡袋

相信各位一定會想為喜歡的東西套上漂亮的套子吧。製作眼鏡袋的重點在於要使用有厚度的鋪棉布。

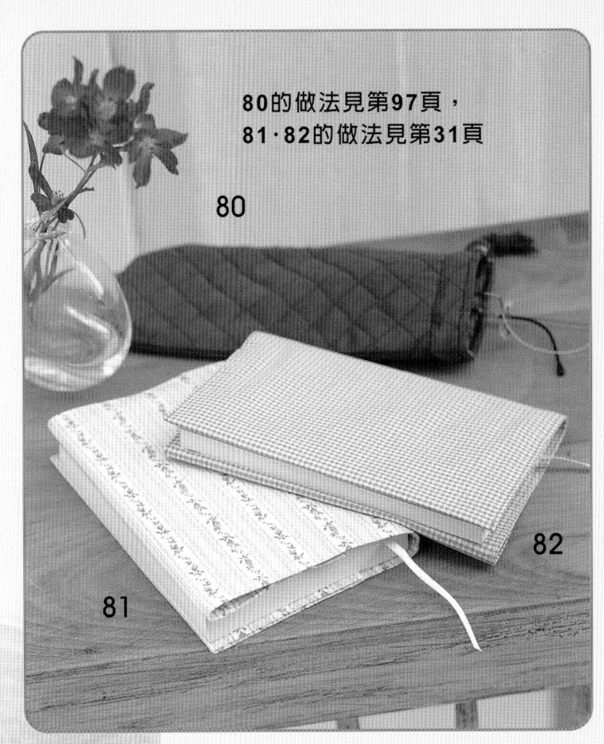

80的做法見第97頁，
81・82的做法見第31頁

80

81

82

記事本套

為心愛的記事本套上書套，試著做本具有獨創風格的記事本如何？使用牛仔布來製作書套，非常有質感喔！

83

84

做法見第96頁

筆記本套

在經常使用的筆記本上套上布，瞬間變得漂亮又耐用。可剪下另一塊布的花紋做成貼花。

85

86

87

88

做法見第31頁

74·75 第28頁 筆袋

【材料】

■ No.74
布(印花大手帕)…長25cm寬25cm
膠布襯…長25cm寬25cm
17cm的拉鍊…１條

■ No.75
布(棉布)…長25cm寬20cm
膠布襯…長25cm寬20cm
117cm的拉鍊…１條

■ **No.75做法** ■

布的剪裁圖
※(　)內為縫份尺寸

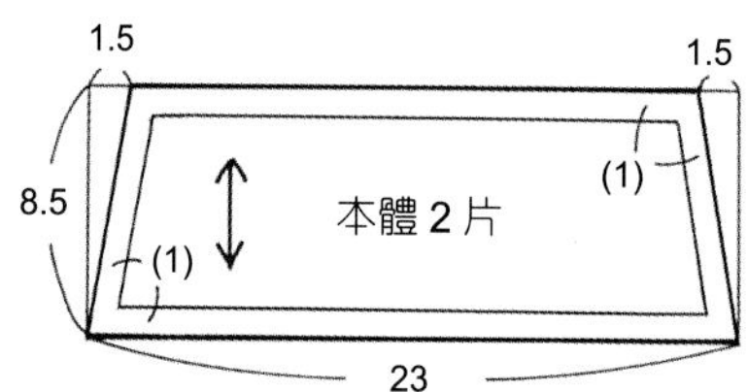

1.5
1.5
8.5
(1)
本體２片
(1)
23

①**整面貼上膠布襯並處理縫份。**

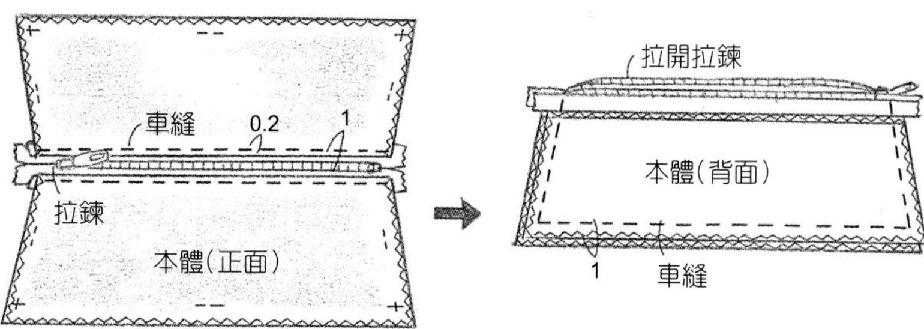

車縫
0.2
1
拉鍊
本體(正面)
拉開拉鍊
本體(背面)
1
車縫

②**將拉鍊縫上本體。**

③**縫合本體。**

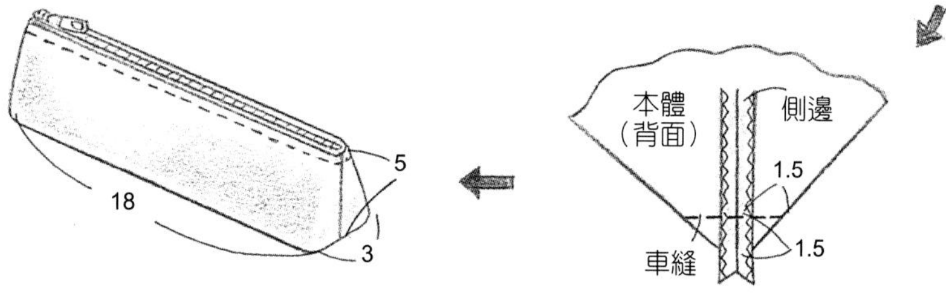

5
18
3
本體
(背面)
側邊
1.5
車縫
1.5

⑤**翻回正面即完成。**

④**縫三角形袋底。**

■ **No.74做法** ■

做法與No.75
筆袋相同

布的剪裁圖
※(　)內為縫份尺寸

2
2
12
(1)
本體２片
(1)
24

8
18
4

縫三角形袋底
本體
(背面)
側邊
2
車縫
2

76~79 第28頁 迷你束口袋

【材料】

■ No.76・77
布(No.76是棉布，No.77是綢綢布)
…各長40cm寬25cm
0.5cm寬的緞面緞帶…各80cm

■ No.78・79
布(棉布)…各長40cm寬25cm
0.5cm粗的圓棉繩…各45cm
飾扣…各１個

■ **做法** ■

布的剪裁圖
※(　)內為縫份尺寸

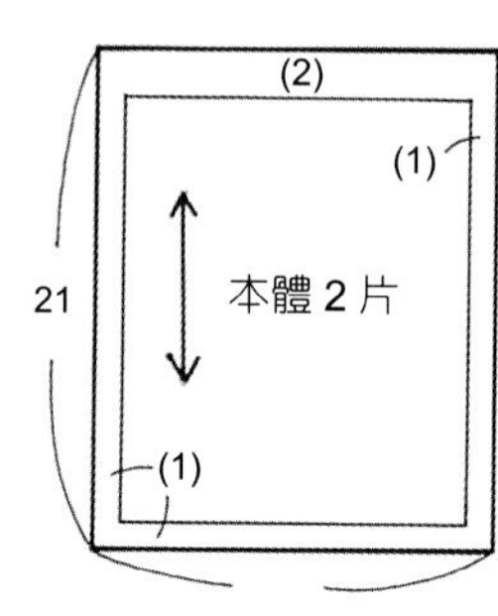

(2)
(1)
21
本體２片
(1)

①**處理縫份。**

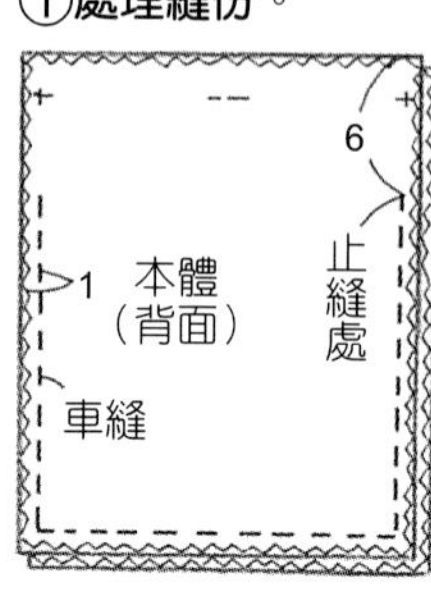

6
1
本體
(背面)
止縫處
車縫

②**將本體車縫至止縫處（※No.78、79只開一邊）。**

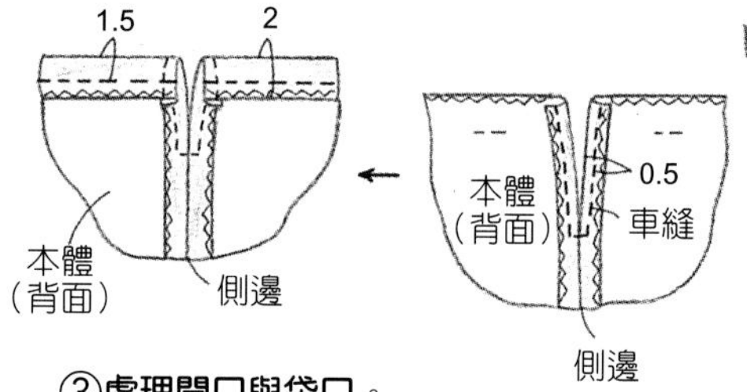

1.5
2
本體
(背面)
側邊
本體
(背面)
0.5
車縫
側邊

③**處理開口與袋口。**

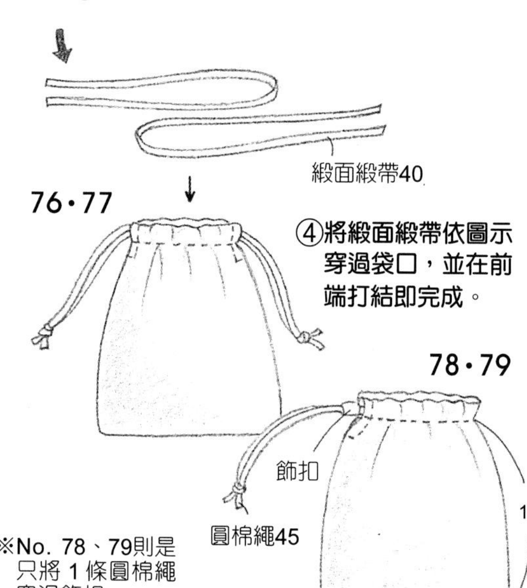

緞面緞帶40
76・77
78・79
飾扣
圓棉繩45
18
16

④**將緞面緞帶依圖示穿過袋口，並在前端打結即完成。**

※No. 78、79則是只將１條圓棉繩穿過飾扣。

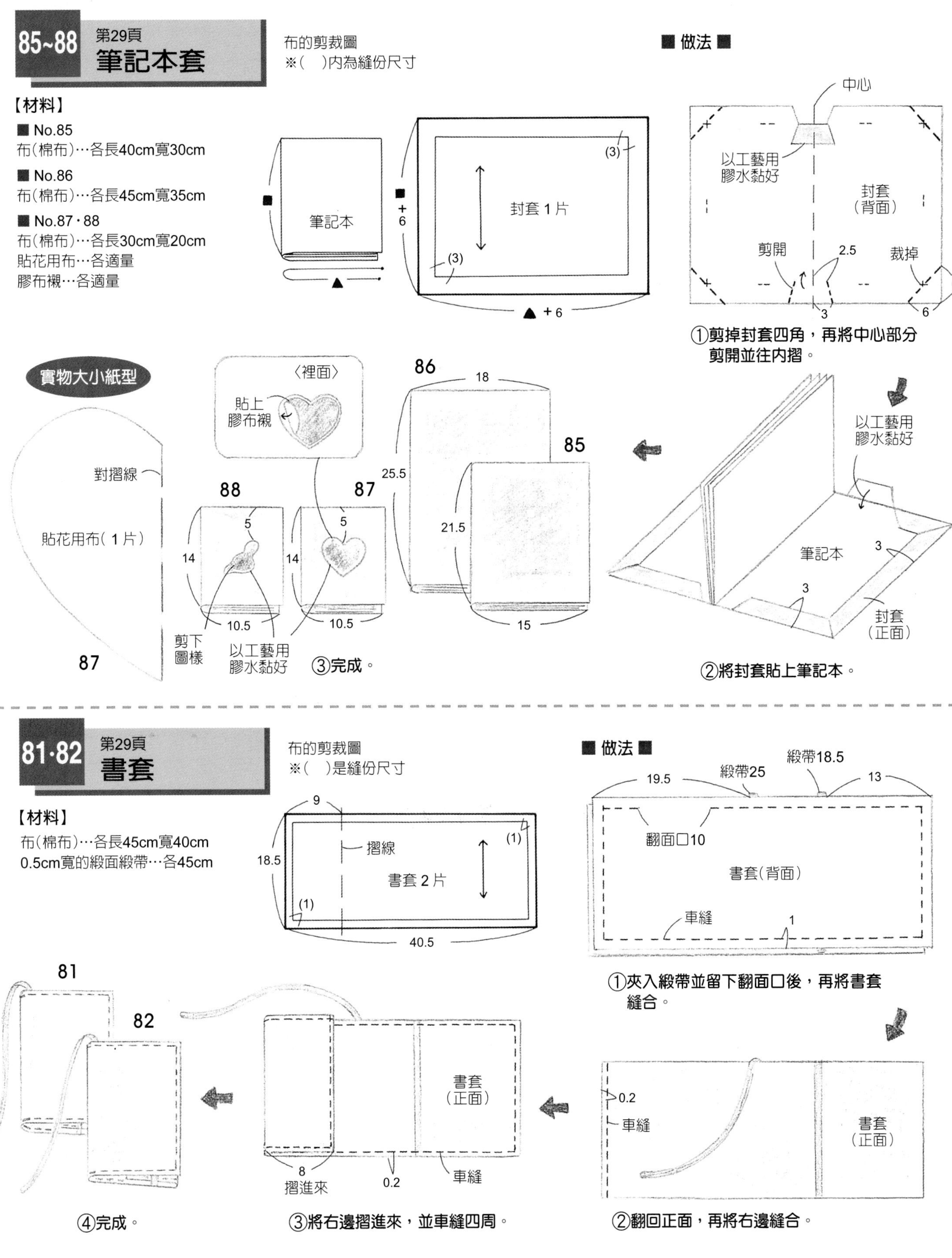

85~88
第29頁
筆記本套
【材料】
■ No.85
布(棉布)…各長40cm寬30cm
■ No.86
布(棉布)…各長45cm寬35cm
■ No.87・88
布(棉布)…各長30cm寬20cm
貼花用布…各適量
膠布襯…各適量
布的剪裁圖
※( )內為縫份尺寸
筆記本
封套 1 片
(3)
(3)
■ + 6
▲ + 6
■ 做法 ■
中心
以工藝用
膠水黏好
封套
(背面)
剪開
2.5
裁掉
3
6
6
①剪掉封套四角，再將中心部分剪開並往內摺。
以工藝用
膠水黏好
筆記本
3
3
封套
(正面)
②將封套貼上筆記本。
實物大小紙型
對摺線
貼花用布(1片)
87
〈裡面〉
貼上
膠布襯
88
87
86
85
18
25.5
21.5
15
5
5
14
14
10.5
10.5
剪下
圖樣
以工藝用
膠水黏好
③完成。
81・82
第29頁
書套
【材料】
布(棉布)…各長45cm寬40cm
0.5cm寬的緞面緞帶…各45cm
布的剪裁圖
※( )是縫份尺寸
9
摺線
(1)
18.5
書套 2 片
(1)
40.5
■ 做法 ■
緞帶18.5
19.5
緞帶25
13
翻面口10
書套(背面)
車縫
1
①夾入緞帶並留下翻面口後，再將書套縫合。
0.2
車縫
書套
(正面)
②翻回正面，再將右邊縫合。
書套
(正面)
8
摺進來
0.2
車縫
③將右邊摺進來，並車縫四周。
81
82
④完成。

大 小剛剛好！組合零碼布做成學生用品

配合小朋友帶去學校的東西，像是教科書或文具用品等，
做出大小適中的小物！

89

90

做法見第97頁

手提書包・資料袋

以三種花色拼接做成袋子的圖案，是相當受歡迎的設計。用有花紋的零碼布來點綴，真是太可愛了！

91

92

書包

書包的蓋子與本體使用的是兩種不同的布。發揮小巧思善加運用，讓零碼布搖身一變，成了設計感十足的書包。

做法見第98頁

手提書包・鞋袋

用製作鞋袋的布做成書包的口袋。手作的樂趣就是可以做出百變的設計！

93

94

95

96

做法見第34頁

97
98
99
100
做法見第35頁

女孩用午餐組

仔細一看，束口袋的每塊布都不一樣喔！配合顏色的調性，使用同一條繩子的話就不會顯得突兀了。

男孩用午餐組

用不同的布搭配組合時，只須一個主題（如星星），做為強調重點即可。

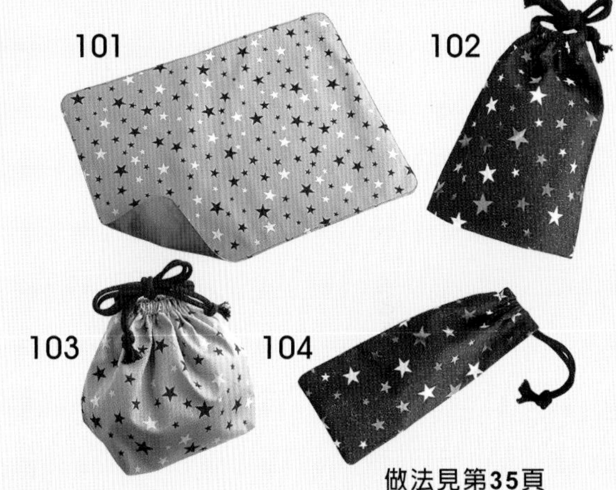
101
102
103
104
做法見第35頁

105

106

筆袋・工具袋

如果喜歡的花色有剩餘的布時，就可以剪下來作為貼花使用！圖中的小花就是從可愛的花布上剪下來的。

做法見第99頁

做法見第100頁

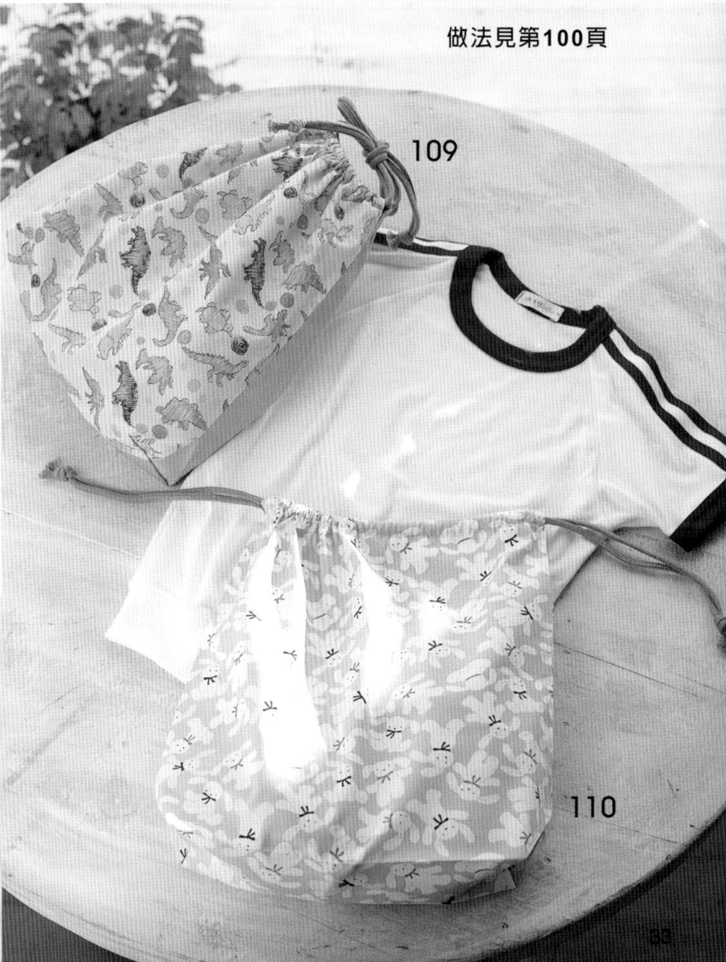
109
110

體育服袋

可以水洗的體育服袋，愈多愈好！因為底部是大三角形，就算小朋友把衣服揉成一團塞進去也沒問題！利用表布、裡布不同花色來做變化也OK！

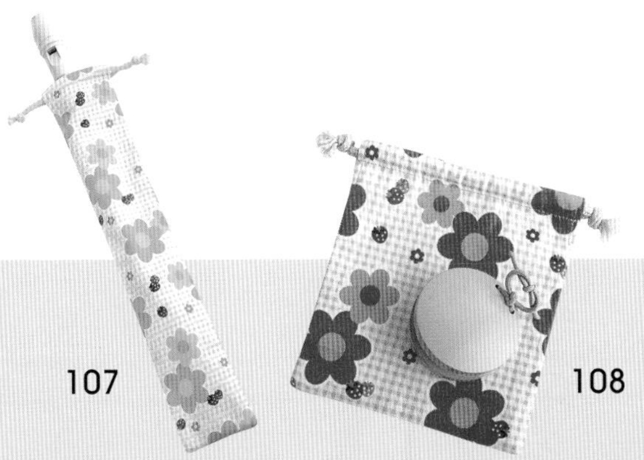
107
108

笛子袋・響板袋

市面上不容易買到裝樂器的袋子，所以會讓人很想試做看看。因為是用少量的布做成的，所以適合用零碼布來製作。

做法見第99頁

93·95 第32頁 手提書包

【材料】

布A（棉布）…各長80cm寬30cm
布B（棉布）…各長20cm寬20cm
膠布襯…各長80cm寬50cm
2.5cm寬的織帶…各60cm

■ 做法 ■

①整面貼上膠布襯並處理縫份。

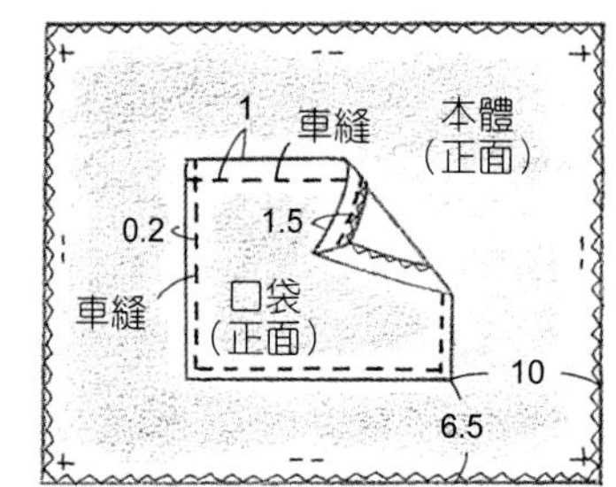

1
車縫
本體
（正面）
0.2
1.5
車縫
口袋
（正面）
10
6.5

②處理好口袋並縫至本體。

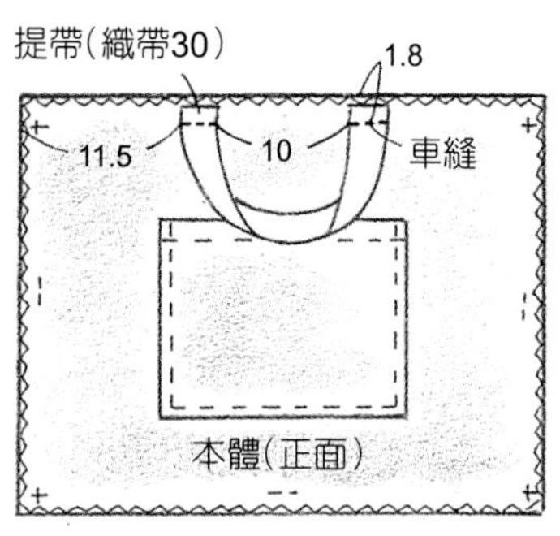

提帶（織帶30）
1.8
11.5
10
車縫
本體（正面）

③縫上提帶。

布的剪裁圖
※（ ）內為縫份尺寸

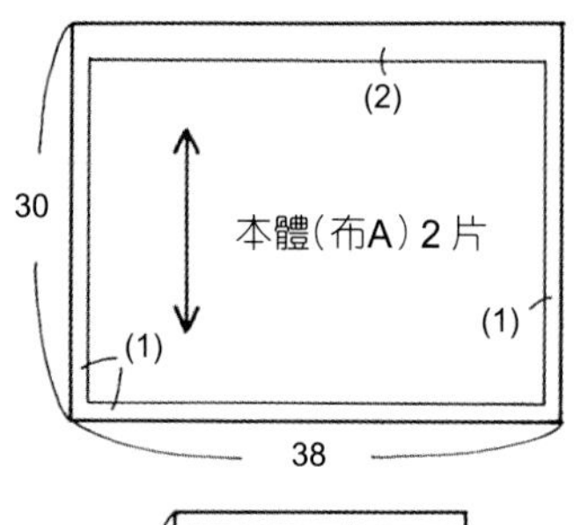

(2)
30
本體（布A）2片
(1)
(1)
38

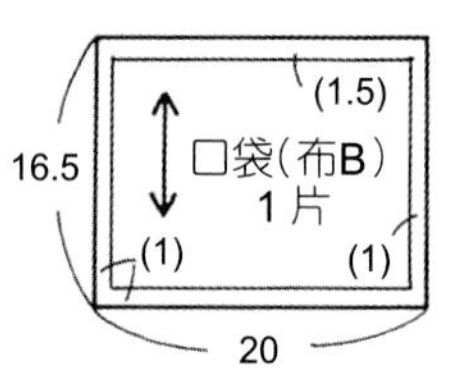

(1.5)
16.5
口袋（布B）
1片
(1)
(1)
20

95
93
0.2
車縫
1.5
27
36

⑤處理好袋口即完成。

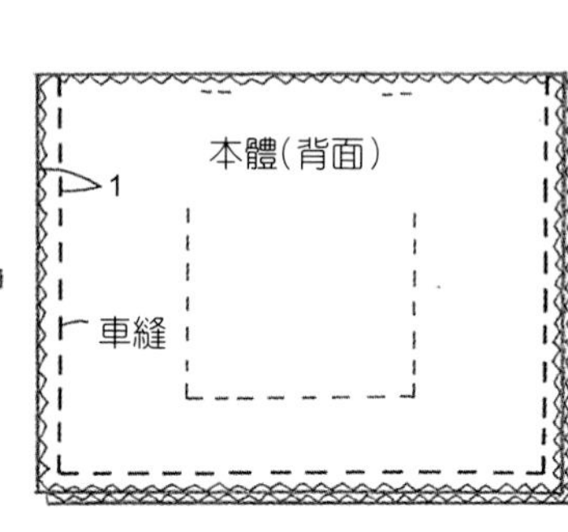

本體（背面）
1
車縫

④縫合本體。

94·96 第32頁 鞋袋

【材料】

布（棉布）…各長45cm寬35cm
膠布襯…各長45cm寬35cm
2.5cm的織帶…各35cm
0.5cm粗的圓棉繩…各140cm

■ 做法 ■

布的剪裁圖
※（ ）內為縫份尺寸

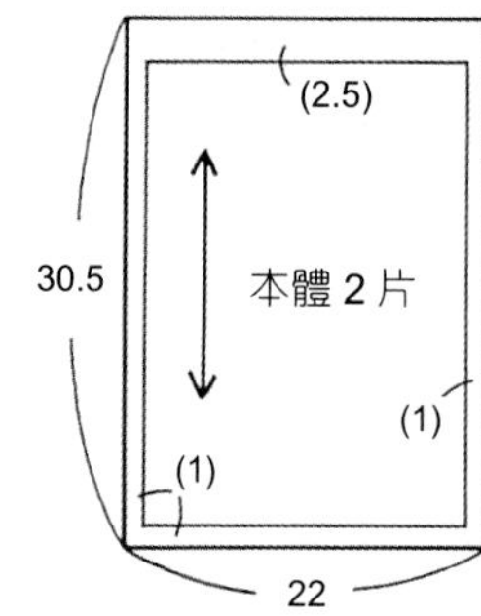

(2.5)
30.5
本體 2片
(1)
(1)
22

①整面貼上膠布襯並處理縫份。

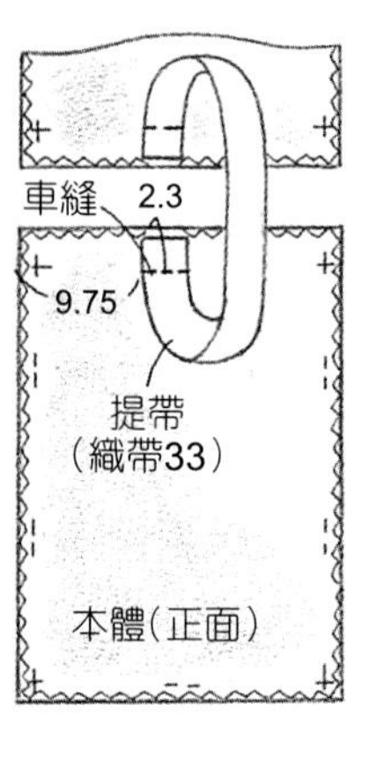

車縫
2.3
9.75
提帶
（織帶33）
本體（正面）

②縫上提帶。

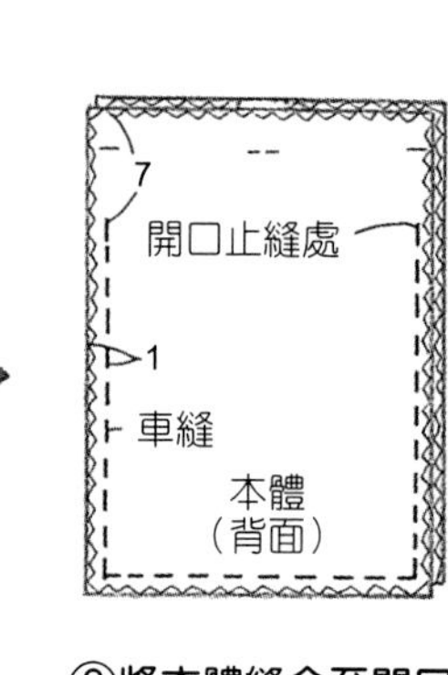

7
開口止縫處
1
車縫
本體
（背面）

③將本體縫合至開口止縫處。

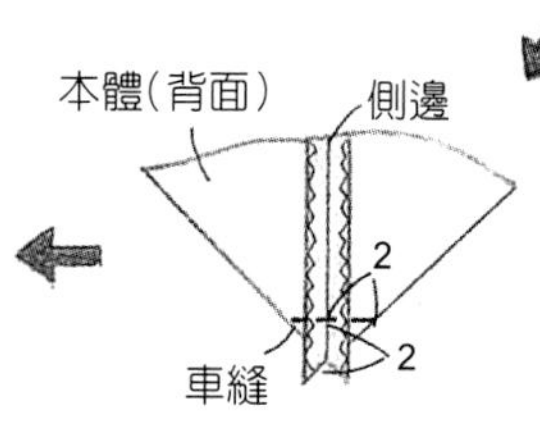

本體（背面）
側邊
2
2
車縫

④縫三角形袋底。

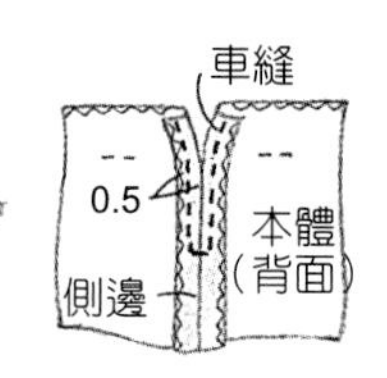

車縫
0.5
本體
（背面）
側邊

⑤處理開口。

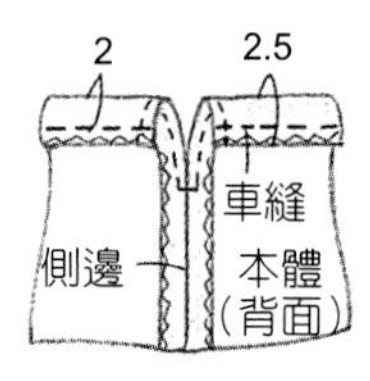

2
2.5
車縫
側邊
本體
（背面）

⑥處理袋口。

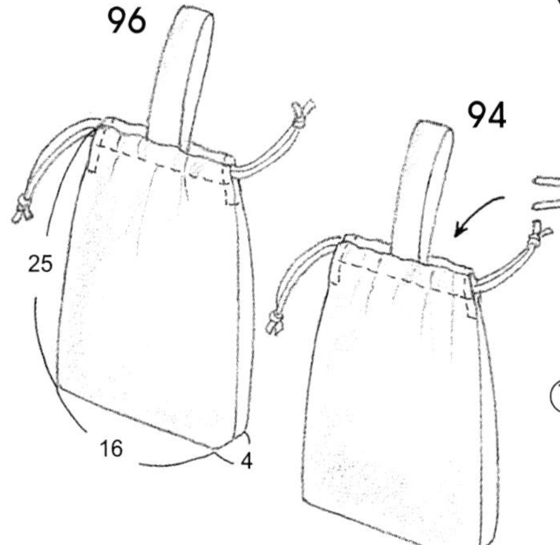

96
94
25
16
4
圓棉繩70

⑦將圓棉繩依圖示穿過袋口，並在前端打結即完成。

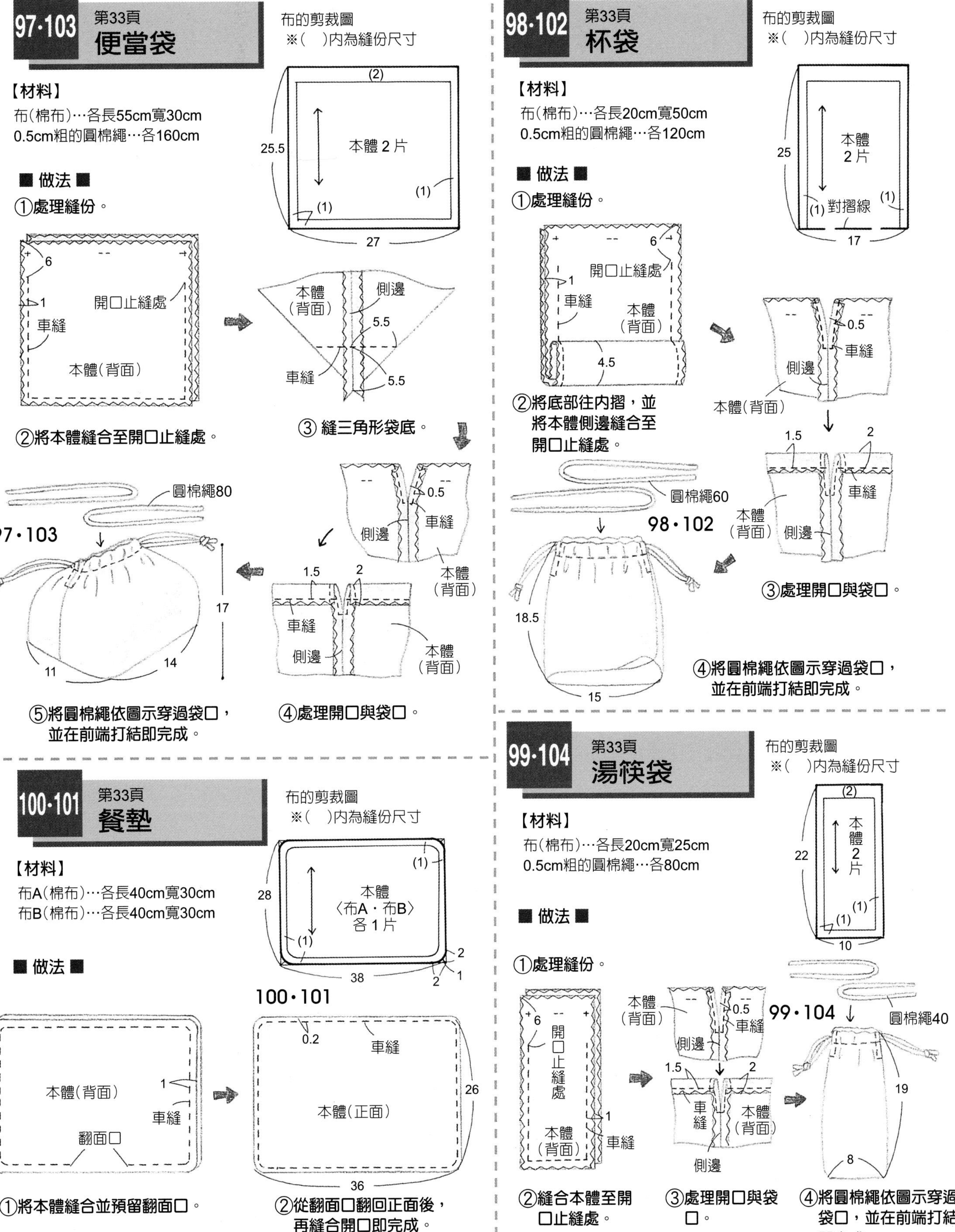

97·103
第33頁
便當袋
【材料】
布(棉布)…各長55cm寬30cm
0.5cm粗的圓棉繩…各160cm
布的剪裁圖
※( )内為縫份尺寸
(2)
25.5
本體 2 片
(1)
(1)
27
■ 做法 ■
①處理縫份。
6
1
開口止縫處
車縫
本體(背面)
②將本體縫合至開口止縫處。
本體
(背面)
側邊
5.5
車縫
5.5
③ 縫三角形袋底。
0.5
車縫
側邊
本體
(背面)
1.5
2
車縫
側邊
本體
(背面)
④處理開口與袋口。
圓棉繩80
97・103
17
11
14
⑤將圓棉繩依圖示穿過袋口，
並在前端打結即完成。
98·102
第33頁
杯袋
【材料】
布(棉布)…各長20cm寬50cm
0.5cm粗的圓棉繩…各120cm
布的剪裁圖
※( )内為縫份尺寸
25
本體
2片
(1) 對摺線
(1)
17
■ 做法 ■
①處理縫份。
6
開口止縫處
1
車縫
本體
(背面)
4.5
②將底部往內摺，並
將本體側邊縫合至
開口止縫處。
0.5
車縫
側邊
本體(背面)
1.5
2
車縫
本體
(背面)
側邊
③處理開口與袋口。
圓棉繩60
98・102
18.5
15
④將圓棉繩依圖示穿過袋口，
並在前端打結即完成。
100·101
第33頁
餐墊
【材料】
布A(棉布)…各長40cm寬30cm
布B(棉布)…各長40cm寬30cm
布的剪裁圖
※( )内為縫份尺寸
28
本體
〈布A・布B〉
各 1 片
(1)
(1)
38
2
2
1
■ 做法 ■
100・101
本體(背面)
1
車縫
翻面口
①將本體縫合並預留翻面口。
0.2
車縫
本體(正面)
26
36
②從翻面口翻回正面後，
再縫合開口即完成。
99·104
第33頁
湯筷袋
【材料】
布(棉布)…各長20cm寬25cm
0.5cm粗的圓棉繩…各80cm
布的剪裁圖
※( )内為縫份尺寸
(2)
22
本體
2
片
(1)
(1)
10
■ 做法 ■
①處理縫份。
6
開口止縫處
1
本體
(背面)
車縫
②縫合本體至開
口止縫處。
本體
(背面)
0.5
車縫
側邊
1.5
2
車縫
本體
(背面)
側邊
③處理開口與袋
口。
99・104
圓棉繩40
19
8
④將圓棉繩依圖示穿過
袋口，並在前端打結
即完成。

柔 軟又溫馨的玩具・嬰兒用品

小朋友的用品最好能耐洗，還要不怕孩子放進嘴巴裡。
以下是利用毛巾與碎棉布，改造成適合小朋友使用的小東西。

玩具球

小朋友最喜歡軟綿綿的球了！總是拿起來又丟又舔的。利用去漿的毛巾與柔軟的碎棉布做做看吧。

111

112

做法見第101頁

做法見第38頁

113

手球・手球袋

為防止填充物漏出，要縫得紮實一些。沒有完全塞滿填充物的手球，握起來感覺相當柔軟。

114

115

做法見第101頁

袖套

小寶貝握著蠟筆盡情地揮灑，猛然發現袖子已經髒兮兮了。為避免弄髒袖子，袖套可是塗鴉時的必需品喔！

116 117

做法見第39頁

玩偶洗澡手套

小寶寶最喜歡跟朋友一起洗澡了。用色彩明亮的毛巾來製作可愛的玩偶造型洗澡手套吧！

嬰兒圍兜・口水巾

小寶寶的圍兜永遠不嫌多！將擦臉用的毛巾對摺，就能做成嬰兒圍兜，口水巾則是用浴巾製成。

118 119

做法見第102頁

做法見第38頁

120 121

嬰兒鞋套・束口袋

在電車中或拜訪的地點，小寶寶的嬰兒鞋似乎會弄髒旁邊的人……這時就要趕緊套上嬰兒鞋套。

113 第36頁 手球・手球袋

【材料】

■ 手球袋

布(棉布)…長40cm寬25cm
0.5cm粗的圓棉繩…100cm

■ 手球(1個的份量)

布(棉布)…長20cm寬10cm
紅豆等填充物…適量

■ 做法 ■

布的剪裁圖
※( )內為縫份尺寸

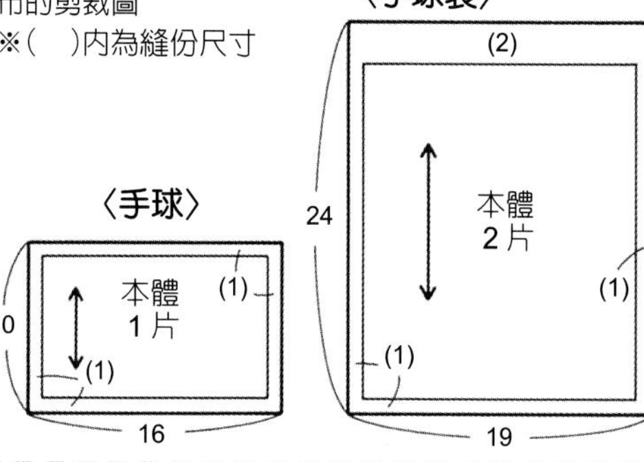

〈手球袋〉
(2)
24
本體
2片
(1)
(1)
19
〈手球〉
本體
1片
(1)
10
(1)
16

①處理縫份。

6
本體
(背面)
開口止縫處
1
車縫

②縫合本體至開口止縫處。

接第39頁

120・121 第37頁 嬰兒鞋套・束口袋

【材料】

布(棉布)…各長55cm寬45cm
0.5cm粗的圓棉繩…各100cm
0.5cm寬的鬆緊帶…各40cm

■ 做法 ■

〈鞋套〉

①處理縫份。

布的剪裁圖
※( )內為縫份尺寸

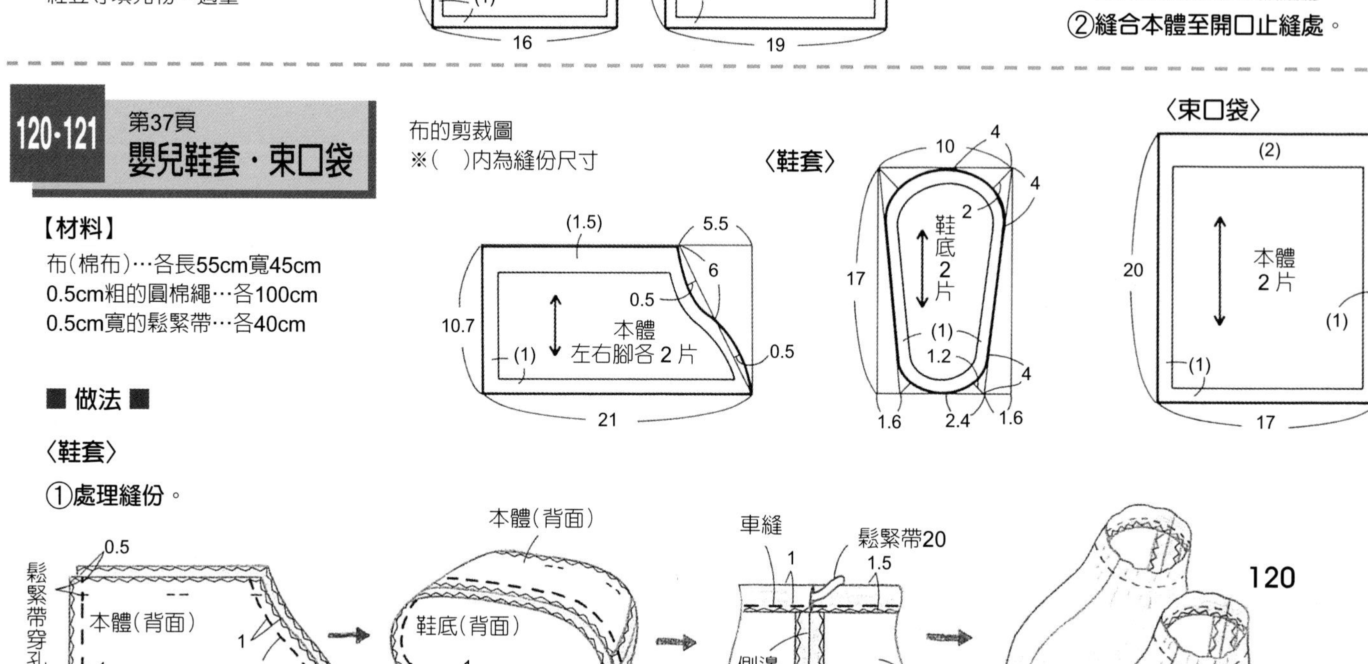

(1.5)
5.5
6
0.5
10.7
本體
左右腳各2片
(1)
0.5
21
〈鞋套〉
10
4
4
2
鞋底
2片
17
(1)
1.2
4
1.6
2.4
1.6
〈束口袋〉
(2)
20
本體
2片
(1)
(1)
17
0.5
鬆緊帶穿孔
1
本體(背面)
1
車縫
1
車縫
本體(背面)
鞋底(背面)
1
車縫
車縫
1
鬆緊帶20
1.5
側邊
本體
(背面)
120
⑤完成。

②縫合本體側邊。

③縫合本體與鞋底。

④處理本體的鞋口部分，
並將鬆緊帶穿過去。

〈束口袋〉

①處理縫份。

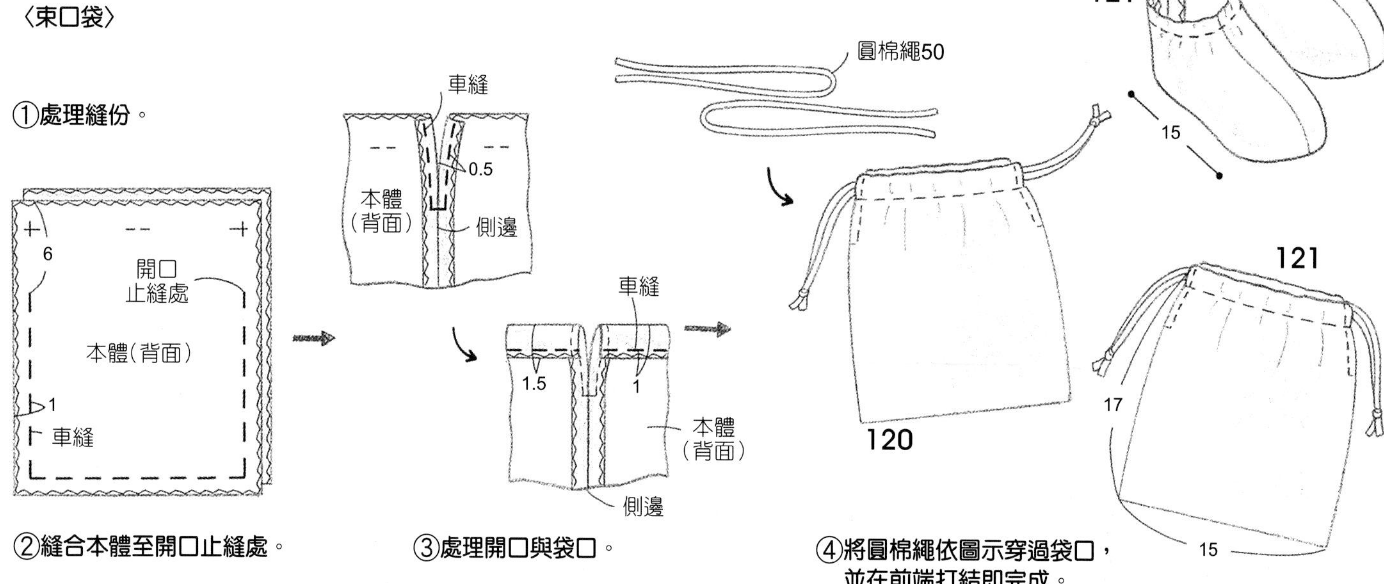

6
開口
止縫處
本體(背面)
1
車縫
車縫
0.5
本體
(背面)
側邊
車縫
1.5
1
本體
(背面)
側邊
圓棉繩50
120
121
15
121
17
15

②縫合本體至開口止縫處。

③處理開口與袋口。

④將圓棉繩依圖示穿過袋口，
並在前端打結即完成。

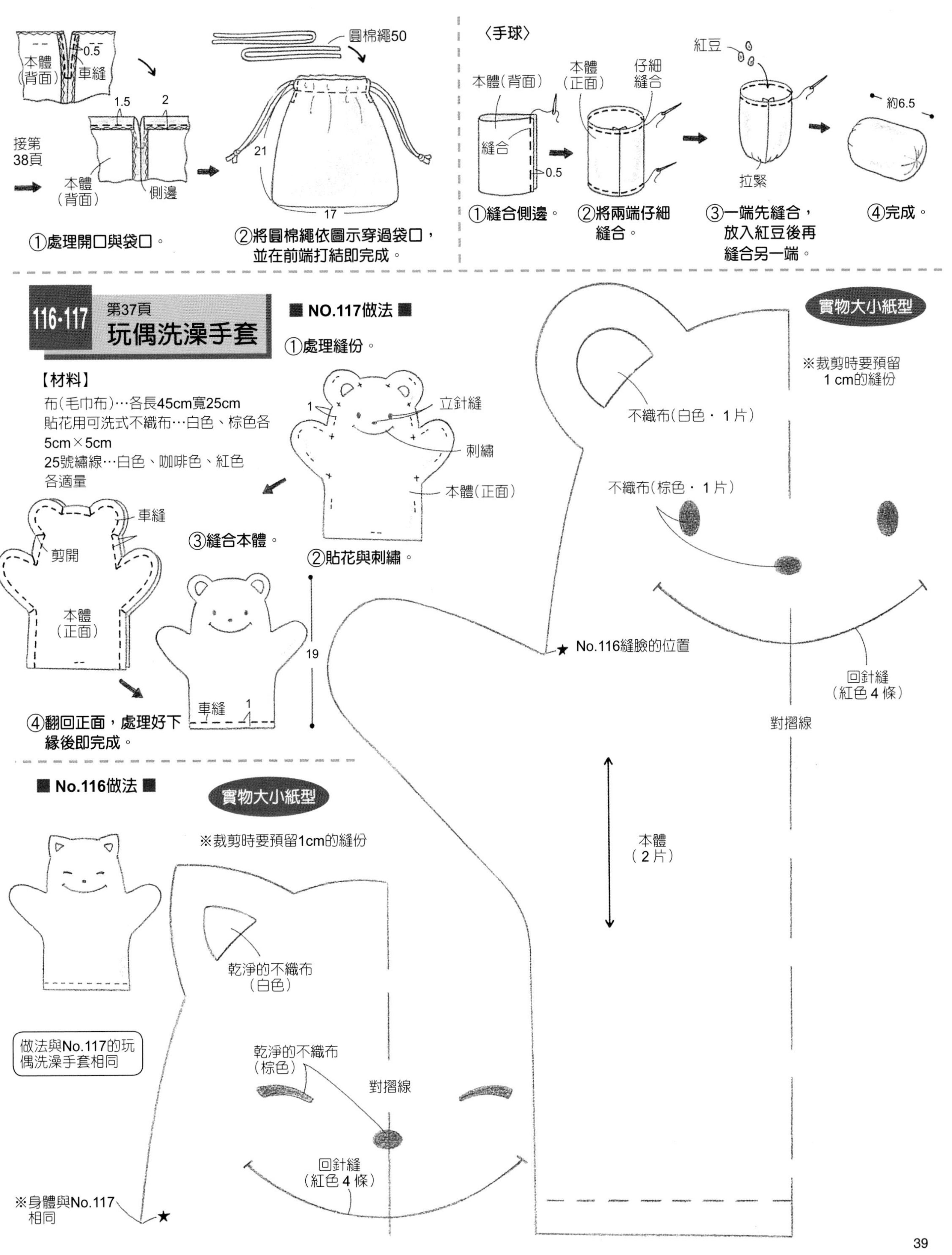

本體
(背面)
0.5
車縫
1.5
2
接第
38頁
本體
(背面)
側邊
①處理開口與袋口。
圓棉繩50
21
17
②將圓棉繩依圖示穿過袋口，
並在前端打結即完成。
〈手球〉
本體(背面)
縫合
0.5
本體
(正面)
仔細
縫合
紅豆
拉緊
約6.5
①縫合側邊。
②將兩端仔細
縫合。
③一端先縫合，
放入紅豆後再
縫合另一端。
④完成。
116·117
第37頁
玩偶洗澡手套
■ NO.117做法 ■
①處理縫份。
【材料】
布(毛巾布)…各長45cm寬25cm
貼花用可洗式不織布…白色、棕色各
5cm×5cm
25號繡線…白色、咖啡色、紅色
各適量
1
立針縫
刺繡
本體(正面)
②貼花與刺繡。
車縫
剪開
本體
(正面)
③縫合本體。
19
車縫
1
④翻回正面，處理好下
緣後即完成。
實物大小紙型
※裁剪時要預留
1 cm的縫份
不織布(白色・1片)
不織布(棕色・1片)
No.116縫臉的位置
回針縫
(紅色4條)
對摺線
本體
(2片)
■ No.116做法 ■
實物大小紙型
※裁剪時要預留1cm的縫份
乾淨的不織布
(白色)
做法與No.117的玩
偶洗澡手套相同
乾淨的不織布
(棕色)
對摺線
回針縫
(紅色4條)
※身體與No.117
相同

將 回憶縫製下來……用穿不下的兒童服製作泰迪熊

孩子一天天長大，已穿不下的衣服裡充滿了許多回憶。
想不想用舊衣服做成布偶，將美好的回憶全都留下來？

用襯衫做的泰迪熊

這件衣服曾經是孩子最喜歡穿的……可以運用襯衫上的花紋做成布偶。如果衣服上的鈕扣或徽章很別緻的話，也可以縫上去。

122

123

做法見第42頁

嬰兒服做成的泰迪熊

也可將小寶寶的背心吊帶褲做成可愛無比的泰迪熊。泰迪熊的手腳可活動，所以可以乖乖地坐好。

124

做法見第**42**頁

毛巾小熊

利用五顏六色的舊衣或喜愛的毛巾，做成糖果般色彩繽紛的小熊。有的微笑，有的拋媚眼，表情變化多端，真有趣！

125
126
127
128
129

做法見第**103**頁

122~124

第40・41頁

泰迪熊

【材料】

■ No.122・123
襯衫
直徑2cm的鈕扣…各 4 個
直徑1.2cm的鈕扣眼珠…各 2 個
25號繡線…咖啡色各適量
化纖棉…各適量

■ No.124
背心吊帶褲
直徑1.4cm的鈕扣… 4 個
直徑0.6cm的鈕扣眼珠… 2 個
25號繡線…紅色適量
化纖棉…適量

■ 做法 ■

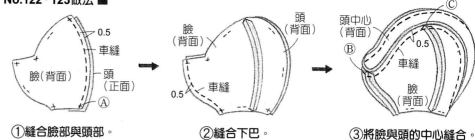

■ No.122・123做法 ■

臉（背面） 0.5 車縫 頭（正面） Ⓐ

①縫合臉部與頭部。

臉（背面） 頭（背面） 0.5 車縫

②縫合下巴。

頭中心（背面） Ⓒ Ⓑ 0.5 車縫 臉（背面）

③將臉與頭的中心縫合。

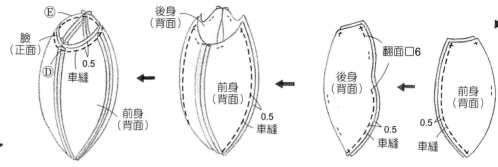

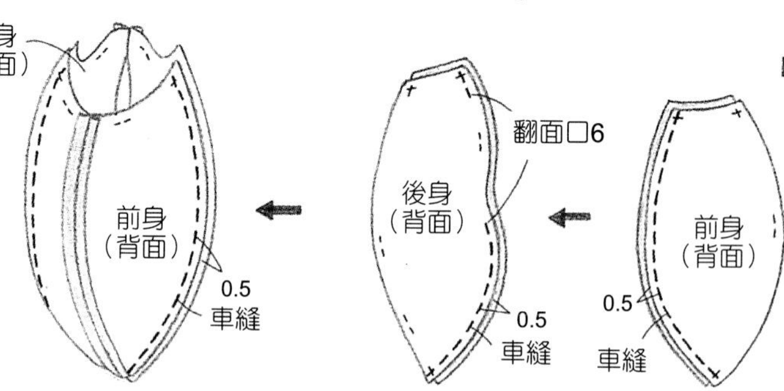
翻面口6
後身
（背面）
0.5
車縫
前身
（背面）
0.5
車縫

④縫合前身的中心部分。

⑤縫合後身的中心部分並預留翻面口。

後身（背面） 前身（背面） 0.5 車縫

⑥縫合前身與後身。

Ⓔ 臉（正面） Ⓓ 0.5 車縫 前身（背面）

⑦縫合臉與身體。

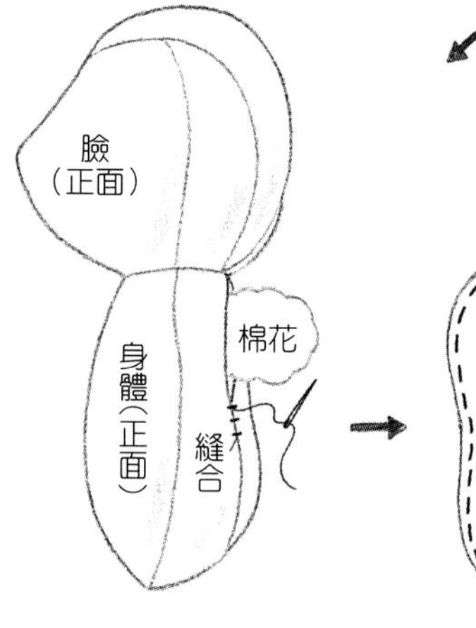
臉
（正面）
身
體
（正
面）
棉花
縫
合

⑧翻回正面後塞入棉花，再將翻面口縫合。

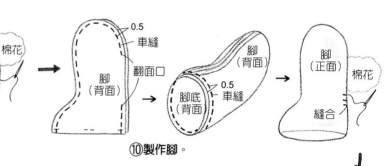

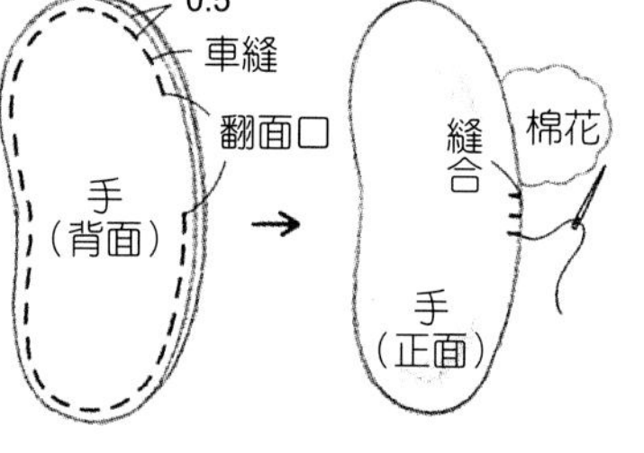
0.5
車縫
翻面口
手
（背面）
縫
合
棉花
手
（正面）

⑨製作手。

0.5 車縫 翻面口 腳（背面） 腳（背面） 0.5 車縫 腳底（背面） 腳（正面） 棉花 縫合

⑩製作腳。

耳朵（正面） 縫合 棉花 耳朵（背面） 0.5 車縫 翻面口2.5

⑪製作耳朵。

■ No.124做法 ■

★實物大小紙型見第100頁

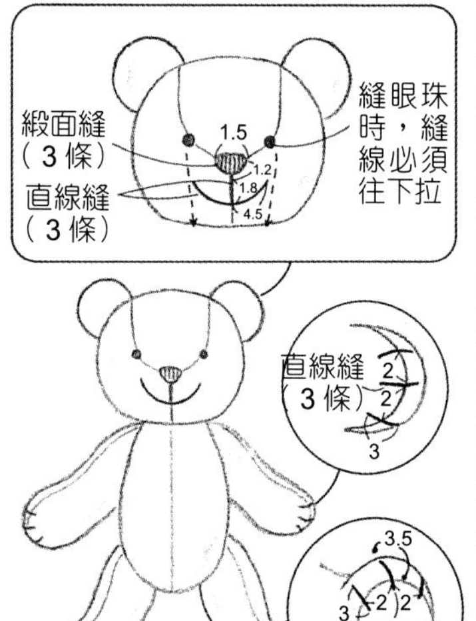
緞面縫
（3條）
1.5
直線縫
（3條）
1.2
1.8
4.5
縫眼珠時，縫線必須往下拉
直線縫
（3條）
2
2
3
3.5
3
2
2
直線縫
（6條）

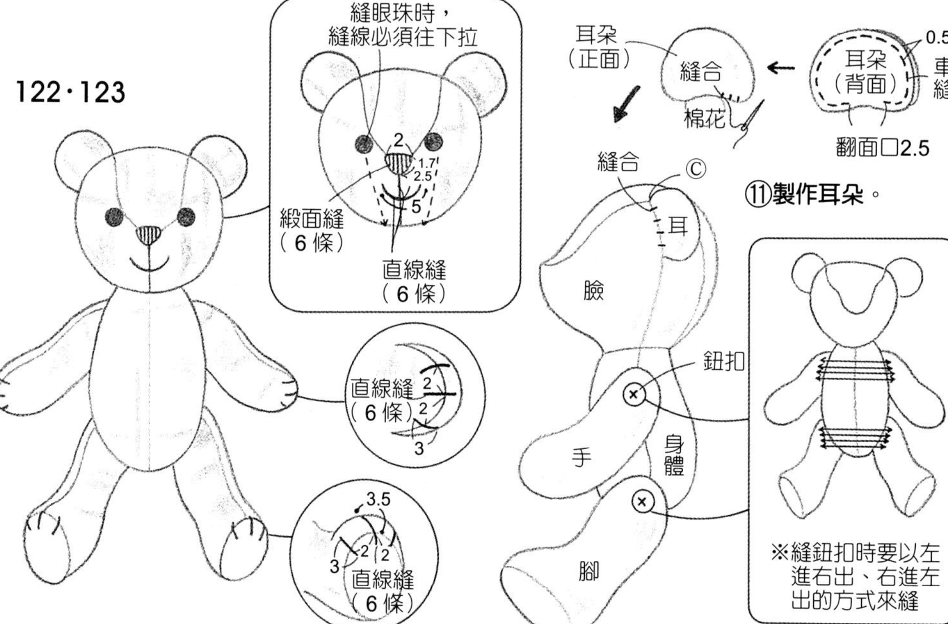
122・123
縫眼珠時，
縫線必須往下拉
2
1.7
2.5
5
緞面縫
（6條）
直線縫
（6條）
直線縫
（6條）
2
2
3
3.5
3
2
2
直線縫
（6條）
縫合
Ⓒ
耳
臉
鈕扣
手
身
體
腳
※縫鈕扣時要以左進右出、右進左出的方式來縫

⑬縫上眼睛，並繡上鼻子、嘴巴與手、腳上的紋路即完成。

⑫縫上手、腳與耳朵。

實物大小紙型

※裁剪時要預留0.5cm的縫份

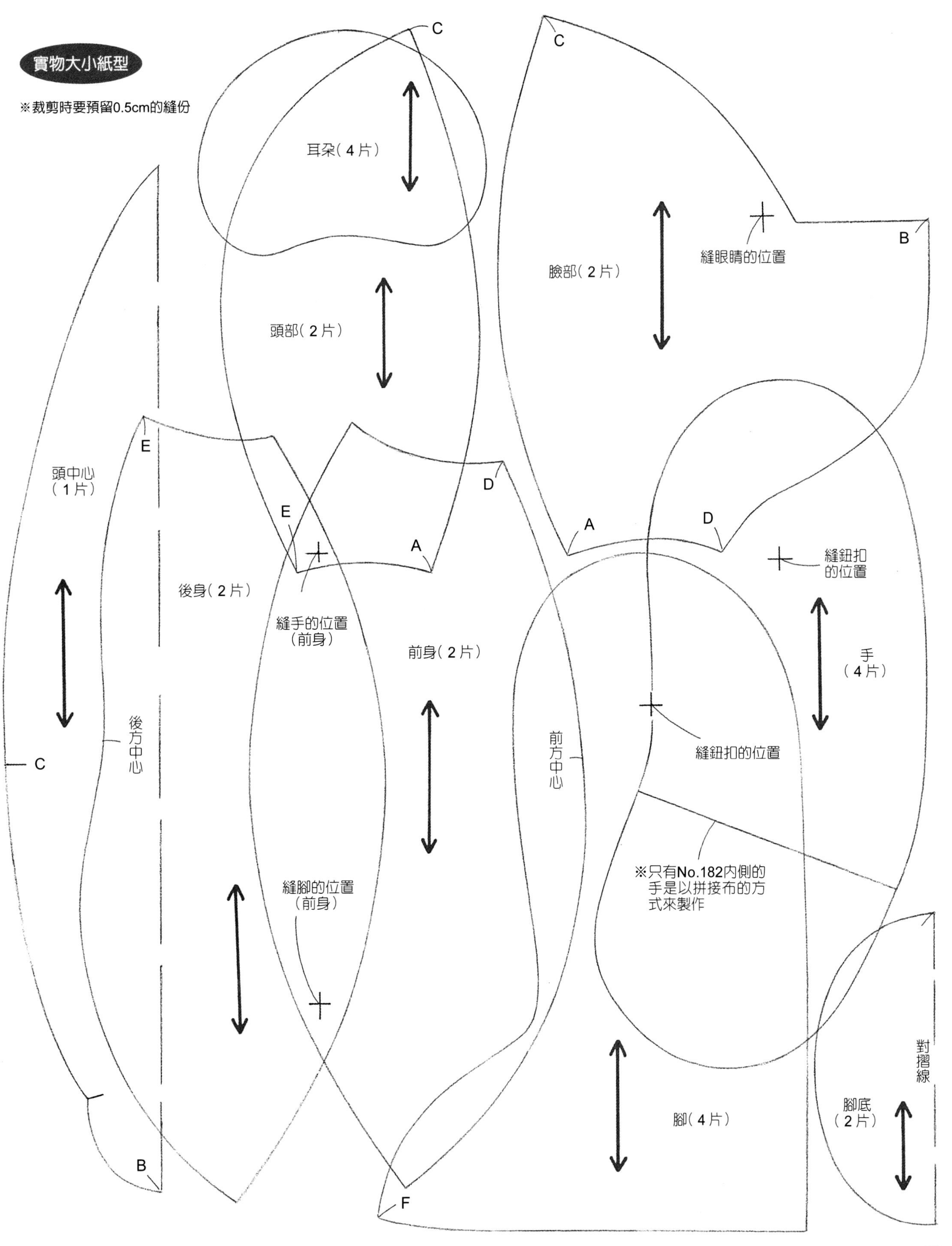

C
C
耳朵（4片）
縫眼睛的位置
B
臉部（2片）
頭部（2片）
頭中心
（1片）
E
D
E
A
A
D
縫鈕扣
的位置
後身（2片）
縫手的位置
（前身）
前身（2片）
手
（4片）
後方中心
C
前方中心
縫鈕扣的位置
※只有No.182內側的
手是以拼接布的方
式來製作
縫腳的位置
（前身）
對摺線
腳底
（2片）
腳（4片）
B
F

各 種時髦又可愛的髮飾

只要用20公分左右的方形回收布，就能做出各種可愛的髮飾。縫製衣服時也順便做個花色相同的髮飾，就變成可搭配衣服的小飾品。

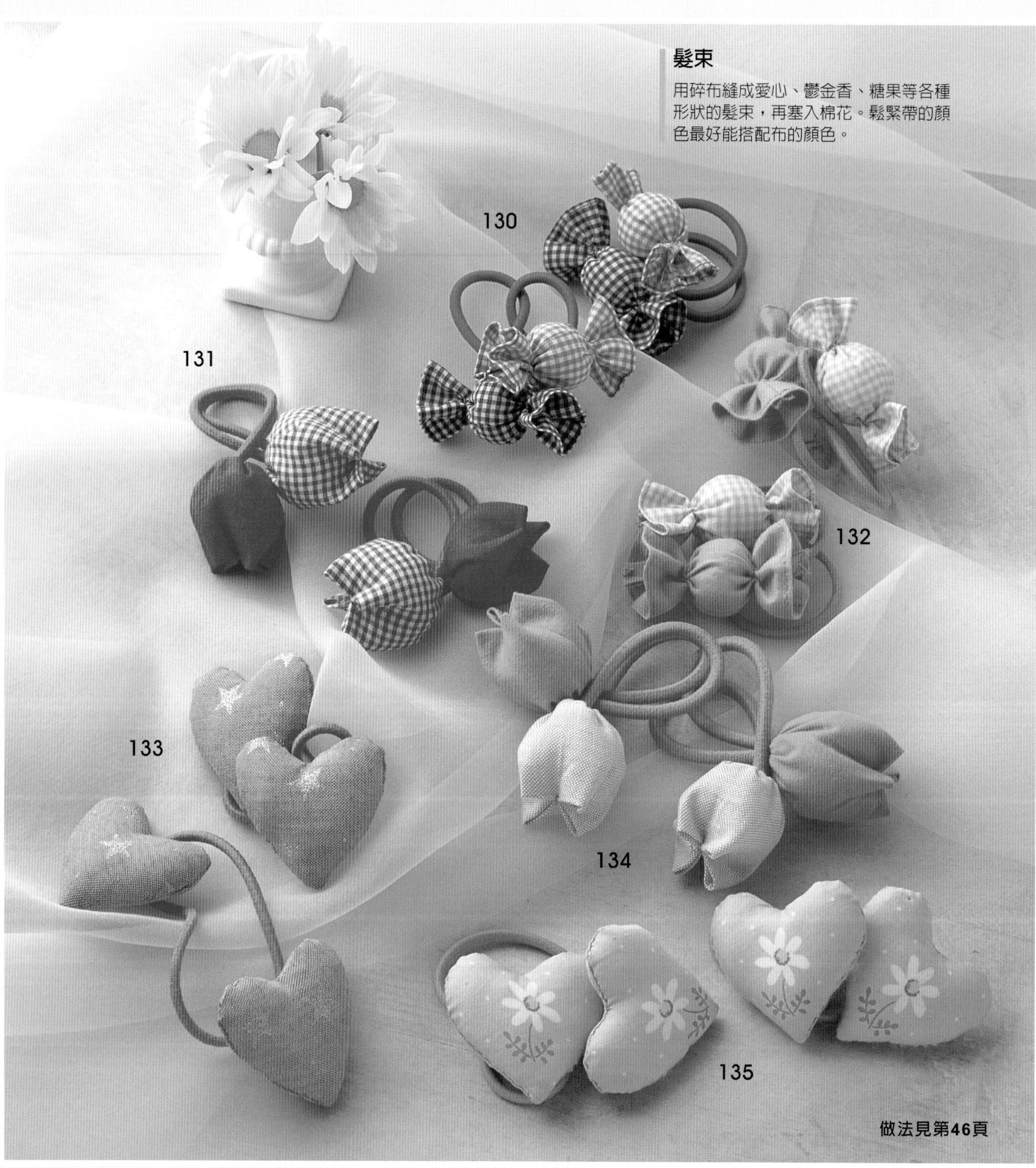
130
131
132
133
134
135

髮束

用碎布縫成愛心、鬱金香、糖果等各種形狀的髮束，再塞入棉花。鬆緊帶的顏色最好能搭配布的顏色。

做法見第**46**頁

大髮束・包頭髮飾

這是平日就會綁頭髮或跳芭蕾舞的女孩一定要有的髮飾！親手製作的髮飾倍感溫馨。

136
137
138

做法見第47頁

139

140

141

142

143

做法見第104頁

髮插・髮夾

隨意使用髮插、髮夾當然也很好，但若能搭配洋裝的花色挑選合適的髮飾，一定會更漂亮。可用零碼布來製作這類布小物。

144

145

146

做法見第47頁

髮帶

平日待在家時最需要髮帶了。如果用各種花色的布來製作，就能配合衣服做變化。

131·134

第44頁 髮束(鬱金香)

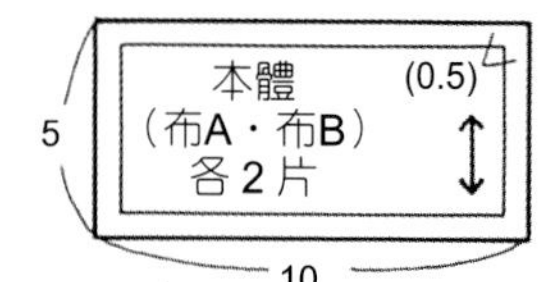
布的剪裁圖
※(　)内為縫份尺寸
本體
(布A・布B)
各2片
(0.5)
5
10

【材料】

布A(棉布)…各長10cm寬10cm
布B(棉布)…各長10cm寬10cm
0.3cm粗的圓鬆緊帶…各40cm
化纖棉…適量

■ 做法 ■

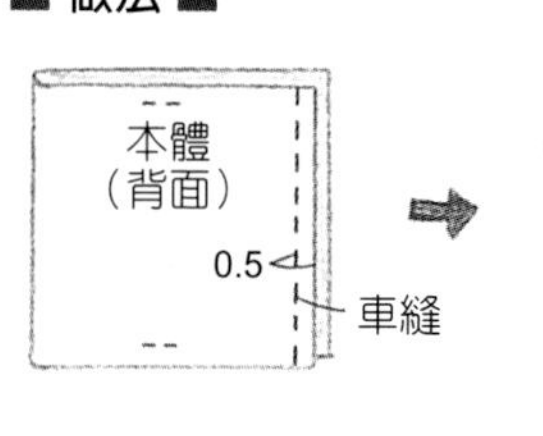
本體
(背面)
0.5
車縫

①縫合本體的側邊。

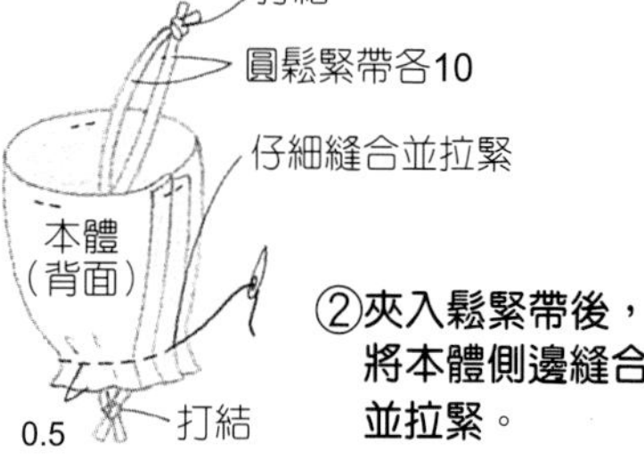
打結
圓鬆緊帶各10
仔細縫合並拉緊
本體
(背面)
0.5
打結

②夾入鬆緊帶後，將本體側邊縫合並拉緊。

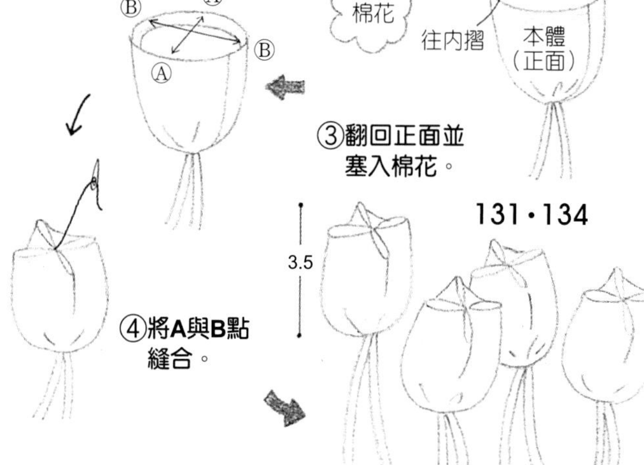
棉花
0.5
往內摺
本體
(正面)
Ⓐ
Ⓑ
3.5
131・134

③翻回正面並塞入棉花。

④將A與B點縫合。

⑤另一朵鬱金香使用布B，用相同的方法製作。

130・132 第44頁 髮束(糖果)

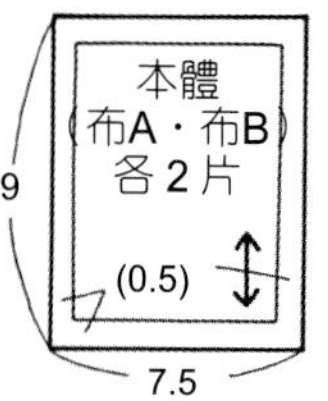
布的剪裁圖
※(　)内為縫份尺寸
本體
(布A・布B)
各2片
9
(0.5)
7.5

【材料】

布A(棉布)…各長15cm寬10cm
布B(棉布)…各長15cm寬10cm
0.3cm粗的圓鬆緊帶…各長40cm
化纖棉…適量

■ 做法 ■

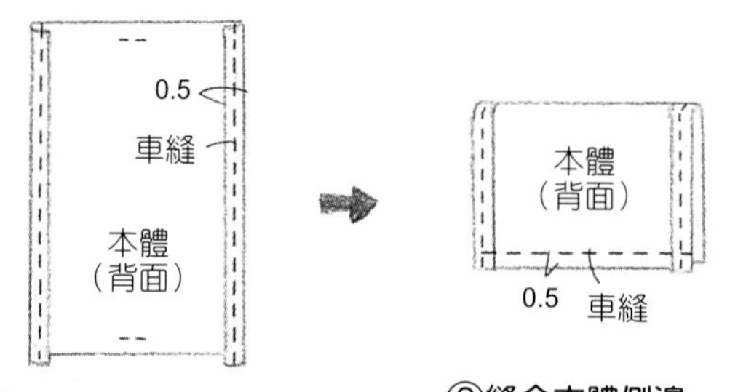
0.5
車縫
本體
(背面)
本體
(背面)
0.5
車縫

①縫合本體兩端。

②縫合本體側邊。

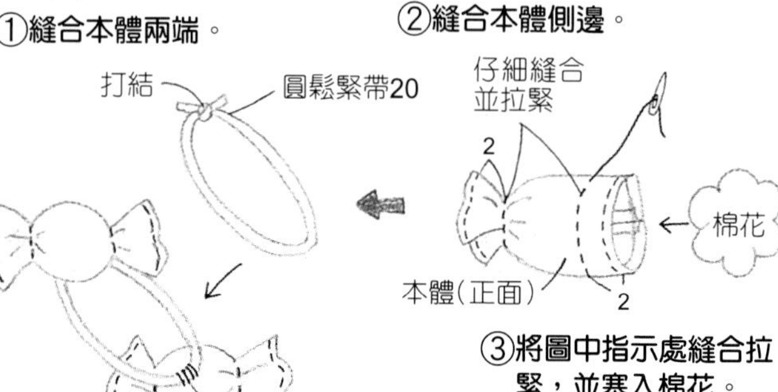
打結
圓鬆緊帶20
仔細縫合
並拉緊
2
棉花
本體(正面)
2
縫合

③將圖中指示處縫合拉緊，並塞入棉花。

④用布B以同樣的方式做好後，縫上鬆緊帶。

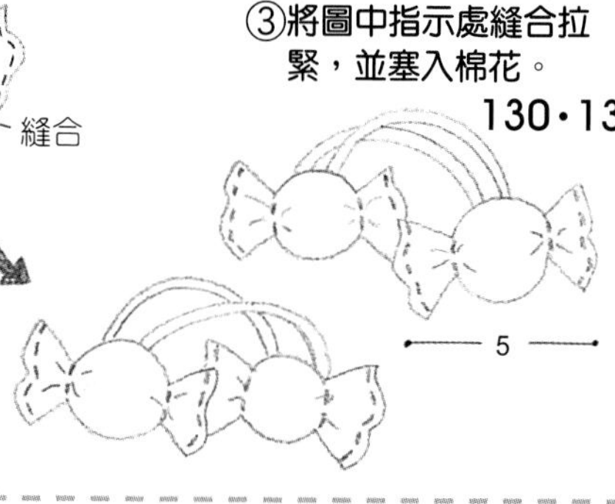
130・132
5

⑤完成。

133・135 第44頁 髮束(心型)

【材料】

布(棉布)…各長25cm寬15cm
0.3cm粗的圓鬆緊帶…各40cm
化纖棉…適量

133・135

■ 做法 ■

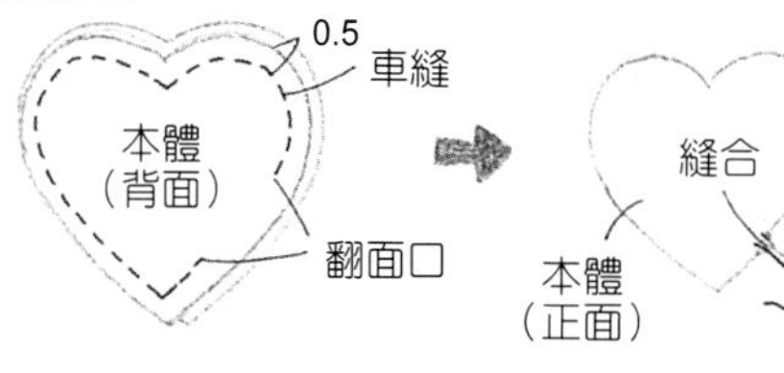
0.5
車縫
本體
(背面)
翻面口

①縫合本體周圍並預留翻面口。

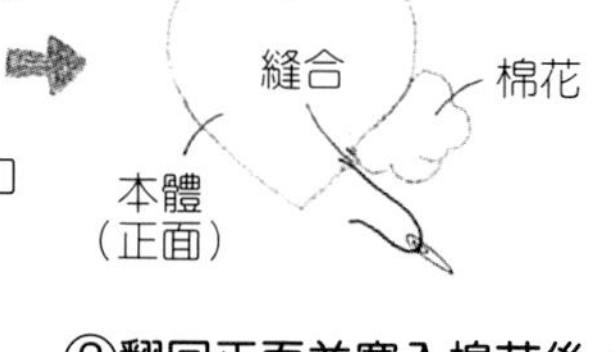
縫合
棉花
本體
(正面)

②翻回正面並塞入棉花後，縫合翻面口。

打結
縫合
圓鬆緊帶20

③縫上鬆緊帶。

④完成。

實物大小紙型

※裁剪時要預留0.5cm的縫份

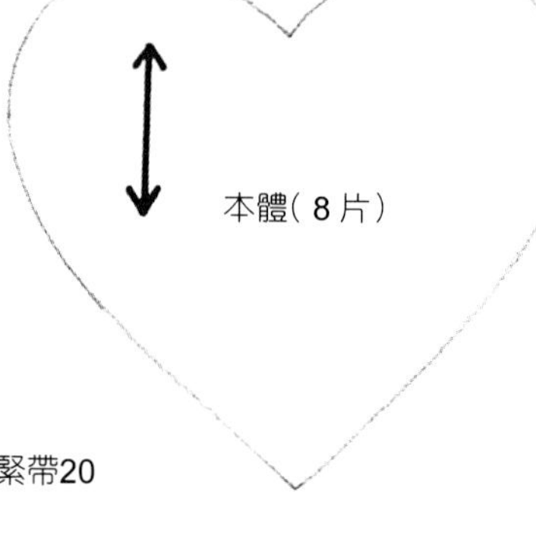
本體(8片)

144 第45頁 髮帶(抓皺造型)

布的剪裁圖
※( )內為縫份尺寸

【材料】
布(棉布)…長90cm寬15cm
0.6cm寬的鬆緊帶…135cm

■ 做法 ■

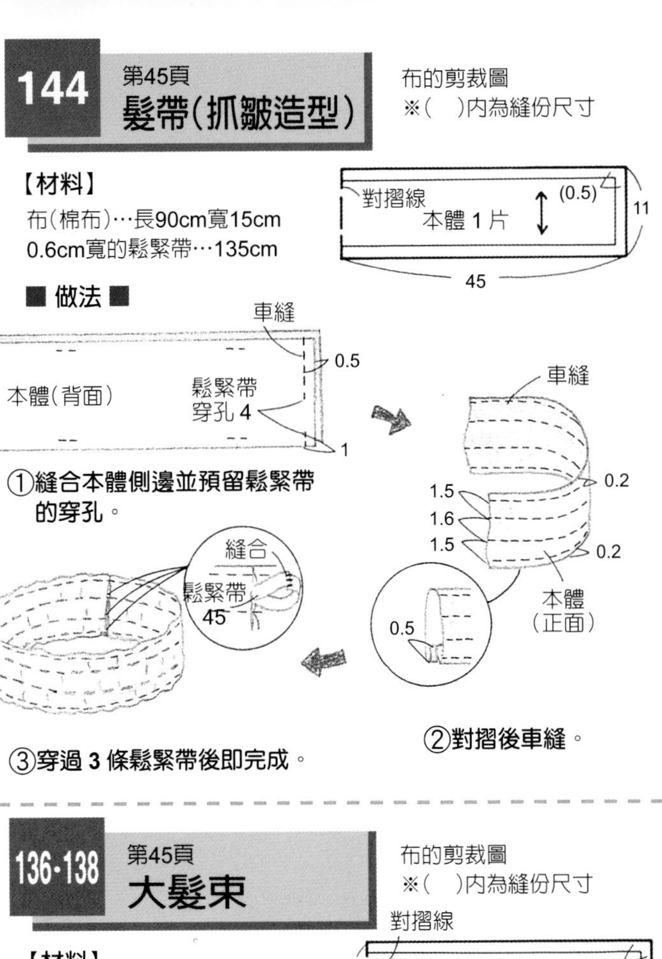

對摺線
本體 1 片
(0.5)
11
45
車縫
0.5
本體(背面)
鬆緊帶
穿孔 4
1
車縫
1.5
1.6
1.5
0.2
0.2
縫合
鬆緊帶
45
0.5
本體
(正面)

①縫合本體側邊並預留鬆緊帶的穿孔。

②對摺後車縫。

③穿過 3 條鬆緊帶後即完成。

145·146 第45頁 髮帶

布的剪裁圖
※( )內為縫份尺寸

【材料】
布(145是化纖布，146是棉布)…各長35cm寬20cm
0.6cm寬的鬆緊帶…各15cm

■ 做法 ■

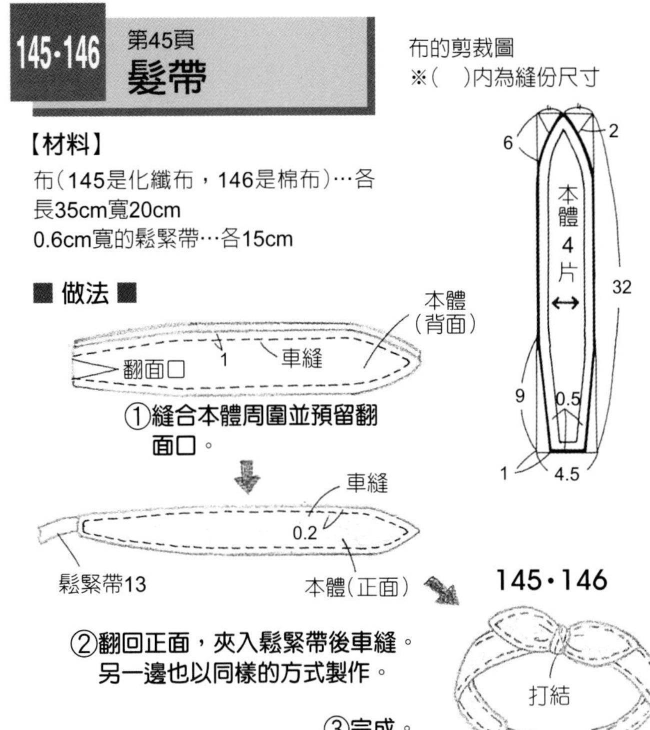

6
2
本體
4
片
32
9
0.5
1
4.5
本體
(背面)
翻面口
1
車縫
車縫
0.2
鬆緊帶13
本體(正面)
145·146
打結

①縫合本體周圍並預留翻面口。

②翻回正面，夾入鬆緊帶後車縫。另一邊也以同樣的方式製作。

③完成。

136·138 第45頁 大髮束

布的剪裁圖
※( )內為縫份尺寸

【材料】
■ No.136
布(棉布)…各長85cm寬10cm
0.6cm寬的鬆緊帶…15cm
■ No.138
布(化纖布)…各長90cm寬10cm
0.5cm寬的緞帶…25cm
0.6cm寬的鬆緊帶…15cm
化纖棉…適量

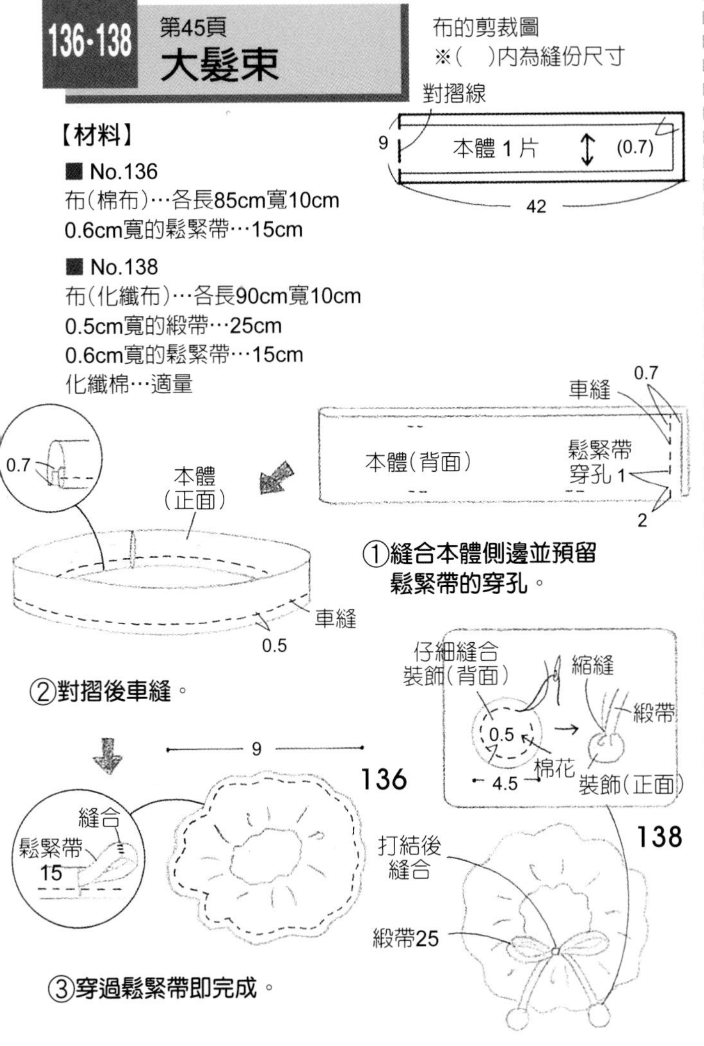

對摺線
9
本體 1 片
(0.7)
42
車縫
0.7
本體(背面)
鬆緊帶
穿孔 1
2
0.7
本體
(正面)
車縫
0.5
9
136
縫合
鬆緊帶
15
仔細縫合
裝飾(背面)
縮縫
緞帶
0.5
棉花
4.5
裝飾(正面)
138
打結後
縫合
緞帶25

①縫合本體側邊並預留鬆緊帶的穿孔。

②對摺後車縫。

③穿過鬆緊帶即完成。

137 第45頁 包頭髮飾

布的剪裁圖
※( )內為縫份尺寸

【材料】
布(化纖布)…長20cm寬20cm
0.9cm寬的緞帶…35cm
1.2cm寬的斜紋緞帶…65cm
0.5cm寬的鬆緊帶…15cm

■ 做法 ■

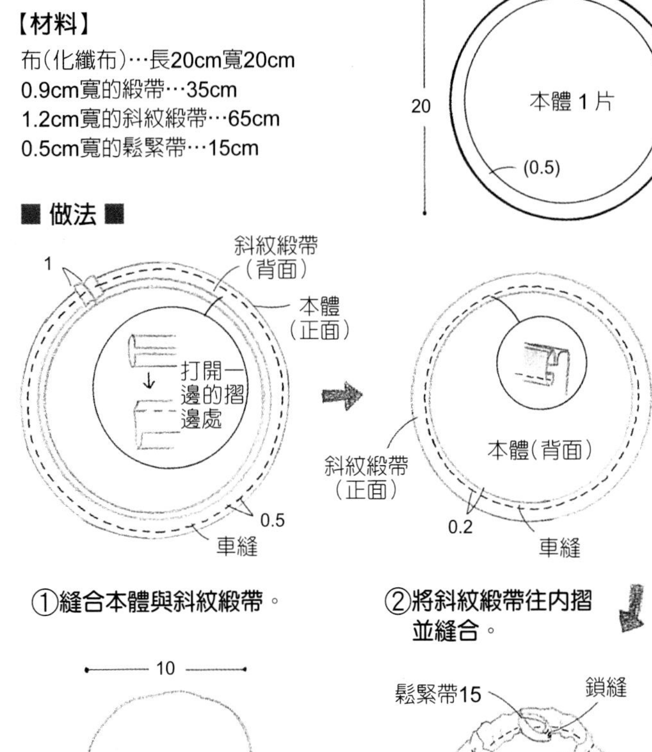

20
本體 1 片
(0.5)
1
斜紋緞帶
(背面)
本體
(正面)
打開一
邊的摺
邊處
0.5
車縫
斜紋緞帶
(正面)
本體(背面)
0.2
車縫
10
打結後
縫上去
緞帶35
鬆緊帶15
鎖縫
本體(正面)

①縫合本體與斜紋緞帶。

②將斜紋緞帶往內摺並縫合。

③穿過鬆緊帶。

④縫上緞帶即完成。

沒 有捲燙器也能做的人造花與胸針

布質人造花或胸針必須使用專業捲燙器，所以不容易做。以下教各位以工藝用膠水即可輕鬆製作布花的技法。

山茶花與非洲菊

將膠水塗在將剪成花瓣狀的布上，再用量匙般的圓形湯匙壓出花瓣的形狀。

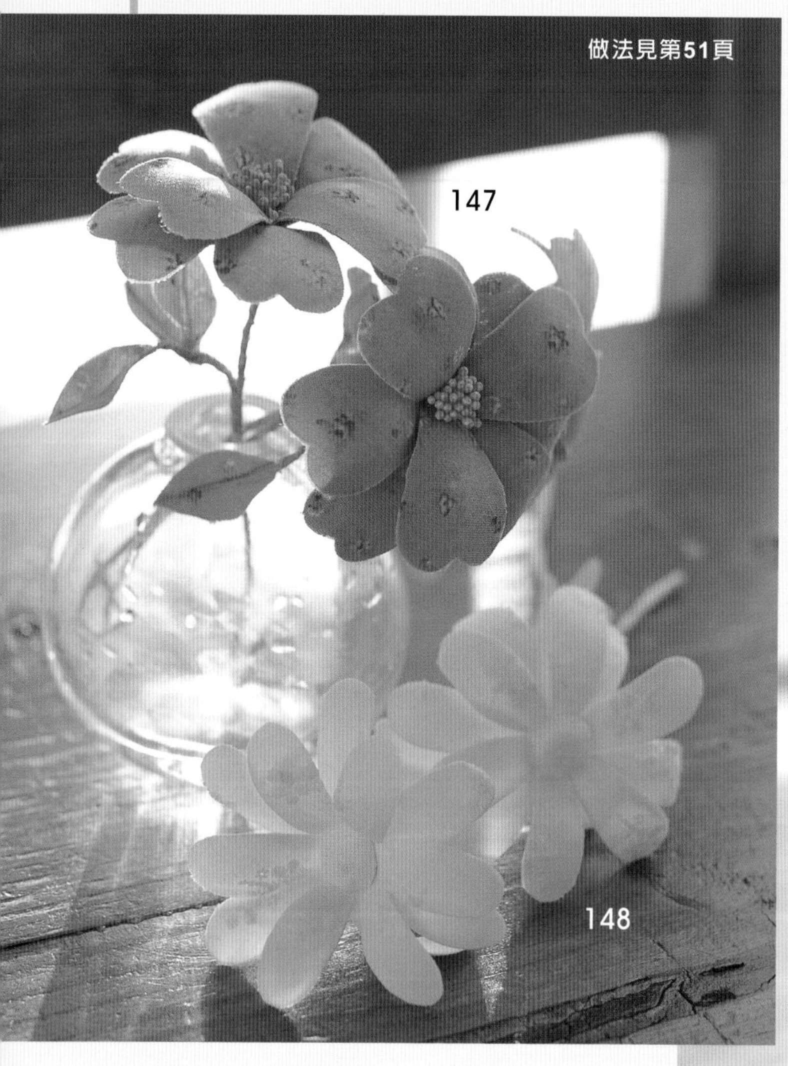
147
148

做法見第51頁

大波斯菊

這款波斯菊也是在布上塗上工藝用膠水後，再用湯匙背部壓出弧形的作品。可利用不同的顏色與花瓣形狀，做出各式各樣的花朵。

149

做法見第50頁

150的做法見第106頁
151的做法見第105頁

150
151

雛菊

將對褶並剪出直紋的布一層層捲起來，就能做出這種款式的花朵。花做得愈多愈漂亮喔！

玫瑰花

如果做膩了簡易的人造花，就來挑戰玫瑰花吧！製作人造花時絕不能少了這朵玫瑰花！

格紋大波斯菊

用千鳥格紋布製成的波斯菊。在襯衫領口別上一朵顏色相同的花，也很漂亮，要不要試著用零碼布做做看呢？

152

153

做法見第50頁

154·155做法見第51頁
156·157做法見第106頁

154

155

156

157

胸針

會做人造花之後，就可以開始製作胸針。花的方向以及葉子的貼法是決定成敗的關鍵。若做出漂亮的胸針，就送給朋友們，讓他們大吃一驚吧！

做法見第106頁

158

玫瑰胸針

製作玫瑰胸針時必須仔細一點。這是利用正面與背面花色不同的布製成的胸針，非常別緻，很適合穿正式小禮服時配戴。

149 第48頁 大波斯菊

※無縫份

實物大小紙型

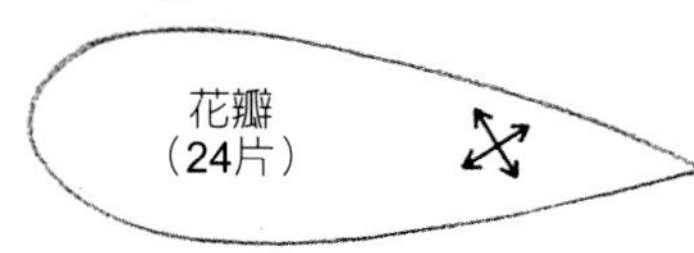
花瓣
(24片)

葉(2片)

【材料】（1朵的份量）

布A(棉布)…長60cm寬5cm
布B(棉布)…長20cm寬5cm
花莖鐵絲…(#28) 2條、(#30) 1條

■ 做法 ■

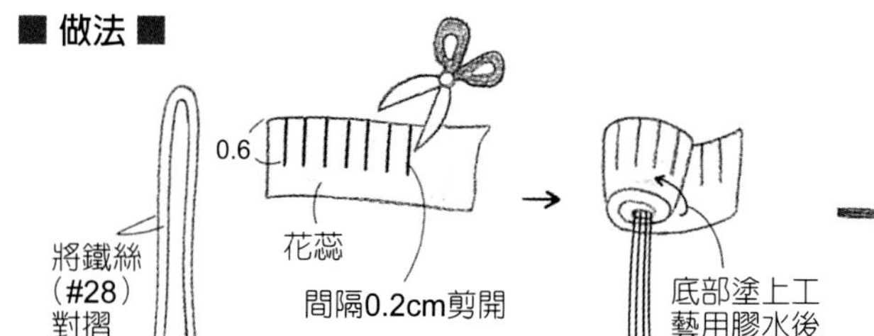
將鐵絲
(#28)
對摺
0.6
花蕊
間隔0.2cm剪開
底部塗上工
藝用膠水後
纏好

①將已剪出直紋的花蕊捲在摺好的鐵絲上。

以工藝用
膠水黏合
花瓣
(背面)
花瓣
(正面)
趁膠水未乾前，用
熨斗壓燙出形狀
花瓣
量匙(10ml)

②將花瓣正反面黏合後，再用熨斗壓燙出花瓣的形狀。

花瓣
根部塗上
工藝用膠水
貼上
先等距貼上
6片花瓣
花蕊
再將剩餘的花瓣
貼在間隔部位

③沿著花蕊周圍貼滿花瓣。

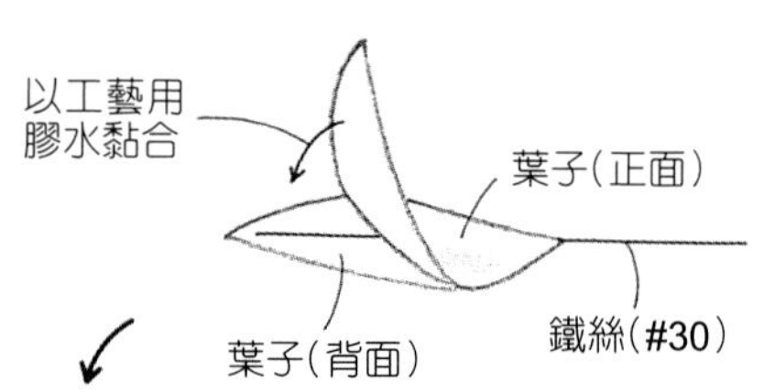
以工藝用
膠水黏合
葉子(正面)
葉子(背面)
鐵絲(#30)

④將葉子正反面黏合
後，再捏出形狀。

趁膠水未乾前，用
手捏出葉子的形狀

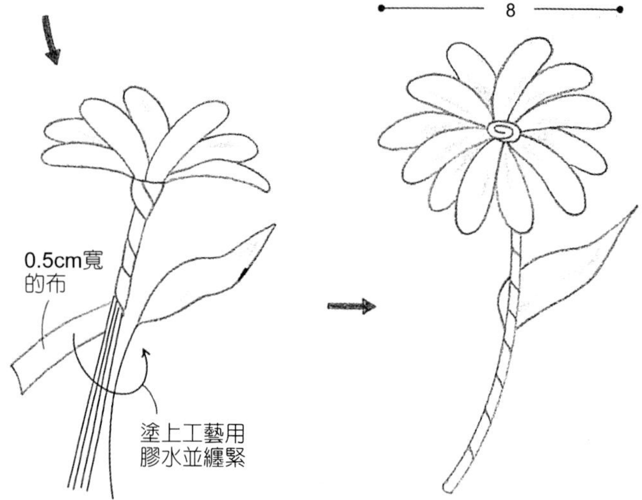
0.5cm寬
的布
塗上工藝用
膠水並纏緊
8

⑤將花朵與葉子併攏，再用
布纏繞花莖固定。

⑥完成。

花蕊(1粒)

152・153 第49頁 格紋大波斯菊

【材料】

布A(棉布)…長60cm寬5cm各1片
布B(棉布)…長20cm寬5cm各1片
花莖鐵絲…(#28)各2條、(#30)各1條
別針…各1個

■ 做法 ■

做法、紙型與No.149
大波斯菊相同

152・153

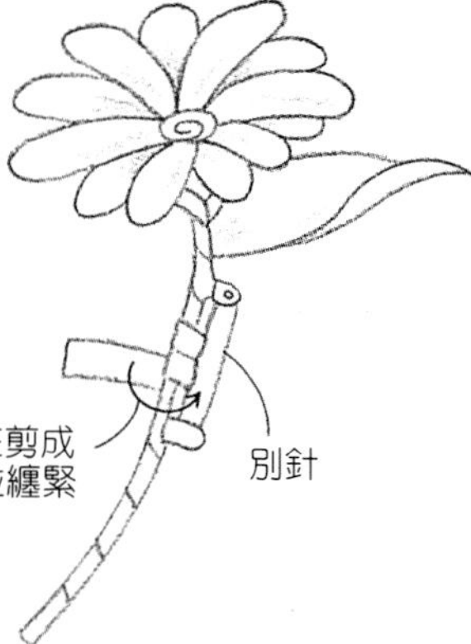
將工藝用膠水塗在剪成
5 cm的布A上，並纏緊
別針

147 第48頁 山茶花

【材料】（1朵的份量）

布(棉布)…長60cm寬5cm

花莖鐵絲…(#28) 2 條、(#30) 1 條

人造花蕊…20根

※無縫份

實物大小紙型

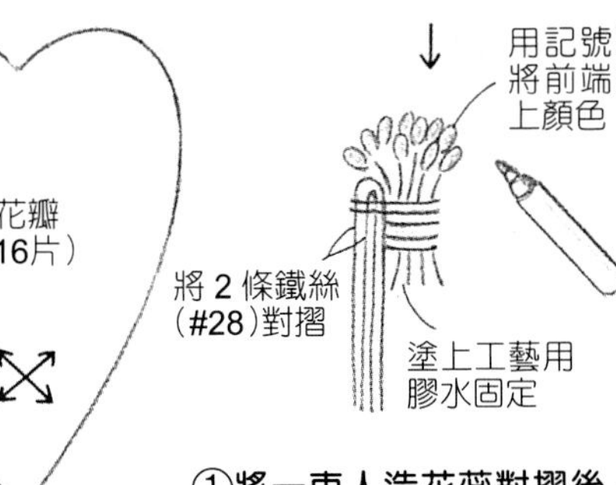

葉
(6片)
花瓣
(16片)

7

⑦完成。

■ 做法 ■

②~④、⑥的做法與第50頁No.149大波斯菊的②~⑤相同

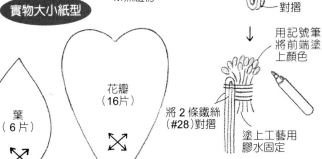

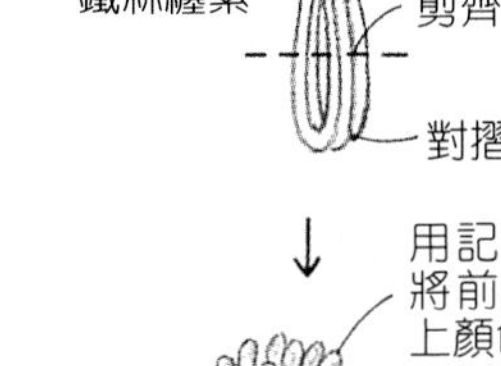

人造花蕊
20根
用#30
鐵絲纏緊
剪齊
對摺
用記號筆
將前端塗
上顏色
將2條鐵絲
(#28)對摺
塗上工藝用
膠水固定

①將一束人造花蕊對摺後，用鐵絲綁好做成花蕊。

②製作花瓣。

③在花蕊周圍黏上花瓣。

④製作葉子。

⑥將花瓣與葉子固定在一起。

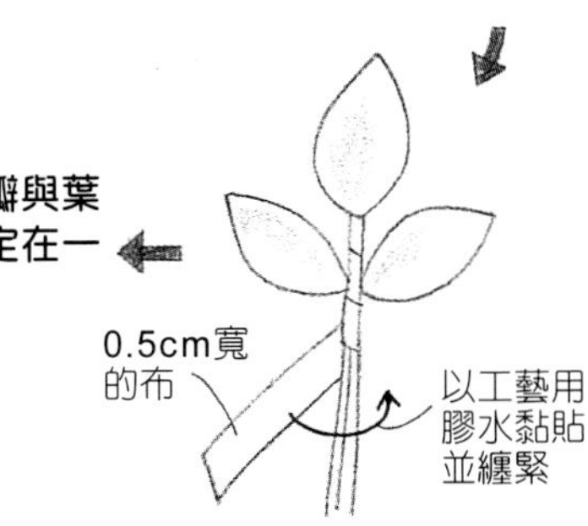

0.5cm寬
的布
以工藝用
膠水黏貼
並纏緊

⑤將 3 根葉子合併。

154 第49頁 胸針

【材料】

布(棉布)…長60cm寬5cm

花莖鐵絲…(#28) 2 條、(#30) 1 條

人造花蕊…20根

別針… 1 個

■ 做法 ■

做法及紙型與No.147的山茶花相同

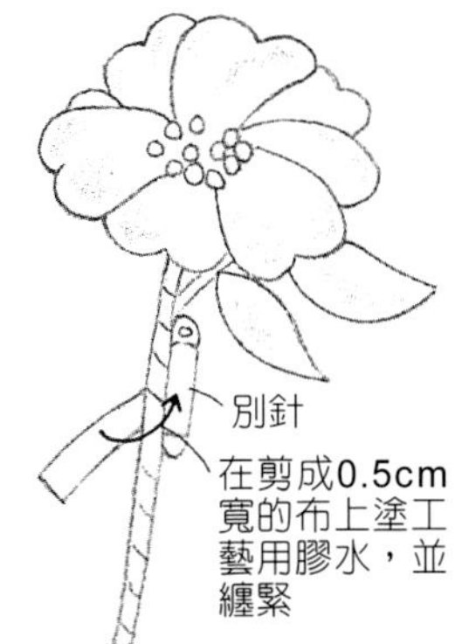

別針
在剪成0.5cm
寬的布上塗工
藝用膠水，並
纏緊

148 第48頁 非洲菊

【材料】（1朵的份量）

布A(棉布)…長50cm寬5cm

布B(棉布)…長5cm寬5cm

花莖鐵絲…(#28) 2 條

脫脂棉…適量

※無縫份

實物大小紙型

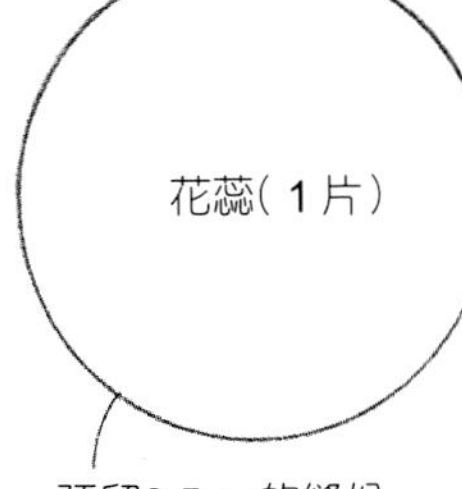

花蕊(1片)
花瓣
(24片)

預留0.5cm的縫份

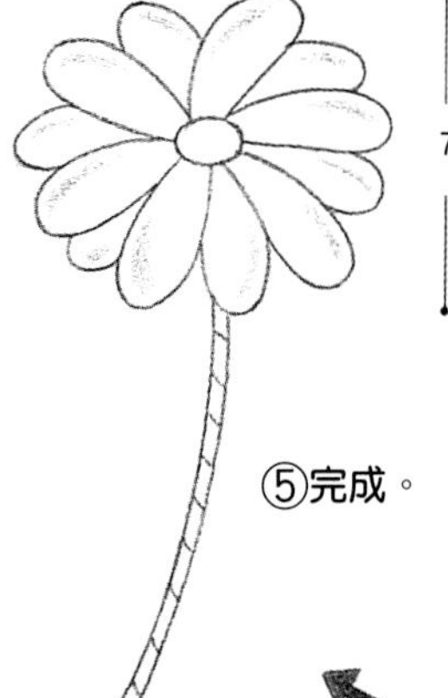

7

⑤完成。

■ 做法 ■

②~④的做法與第50頁No.149大波斯菊的②③⑤相同

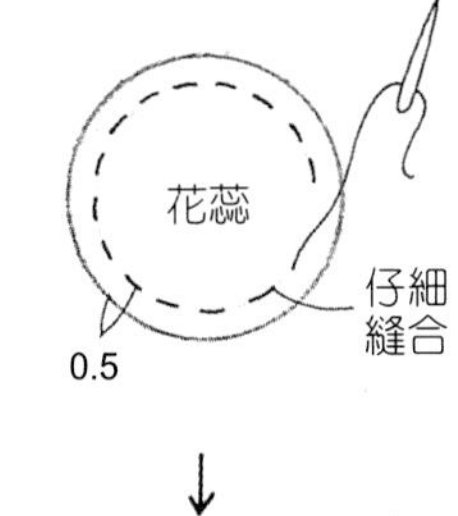

1.5
將脫脂棉密
實地塞入
將2條鐵絲
(#28)對摺
花蕊
仔細
縫合
0.5
套上後
拉緊

①將脫脂棉塞在對摺的鐵絲上，再套上花蕊。

②製作花瓣。

③在花蕊周圍黏上花瓣。

④在花莖上纏上剪成0.5cm寬的布。

155 第49頁 胸針

【材料】

布A(棉布)…長90cm寬5cm

布B(棉布)…長5cm寬5cm

花莖鐵絲…(#28) 6 條

脫脂棉…適量

別針… 1 個

實物大小紙型

※無縫份

預留0.3cm的縫份

花蕊(3片)

花瓣(72片)

■ 做法 ■

做法與No.148非洲菊相同

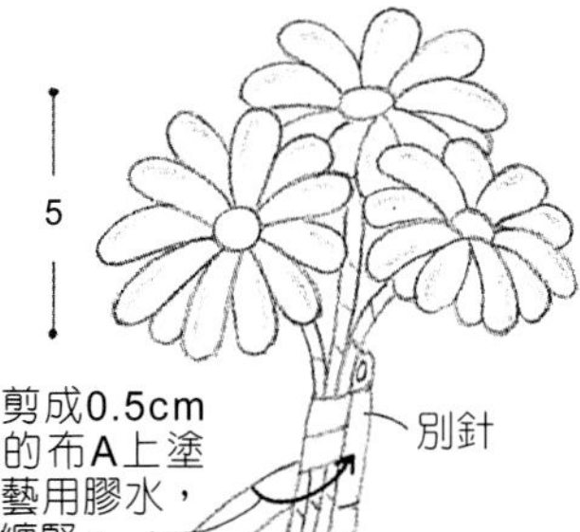

5
在剪成0.5cm
寬的布A上塗
工藝用膠水，
並纏緊。
別針

運 動棉質T恤與爸爸的Y領襯衫大變身！

運動棉質 T 恤與爸爸的 Y 領襯衫雖然領口或袖口有點緊，穿久了也就不以為意，不過，這樣似乎就浪費一件好衣服了！所以，把它們改造成以下作品吧！

161

做法見第107頁

運動棉T小熊

將剩餘的部分反摺，就能做成一個毛絨絨的迷你小熊喔！

159

160

before

迷你裙・背包

從運動棉T的腹部剪開，直接用下擺束口的部分做成鬆緊帶迷你裙。還可利用胸前圖案做成背包。

做法見第91頁

做法見第54頁

before

162

163

枕頭套・袖套

將爸爸的襯衫前襟部分直接做為枕頭套。袖子可直接做成袖套，媽媽做家事時就能幫大忙了！

164
165
166
before
167
168
169
befo
Candy

襯衫包・面紙包・A4袋

將清爽的格紋襯衫前襟部分做成袋子與面紙套。背面的身體部分可改造成大一點的A4袋。

做法見第108頁

167·168的做法見第55頁
169的做法見第54頁

用運動棉T做成親子外出組合

給媽媽使用的袋子是以身體部分製成，而襠布則是用袖子做成。另一隻袖子可做成帽子。寶寶的圍兜則是利用領口再縫上斜紋緞帶做點綴。

162·163
第52頁
枕頭套・袖套

【材料】

Y領衫…1件

【配件】

■ No.163

1cm寬的鬆緊帶…90cm

④完成。

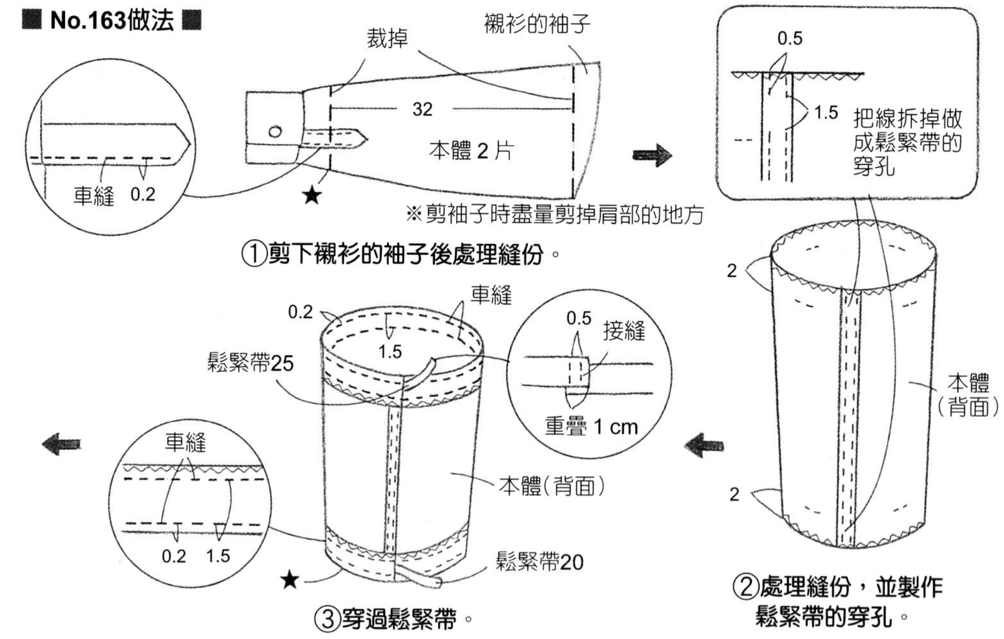

■ No.163做法 ■
裁掉
襯衫的袖子
32
本體2片
車縫
0.2
※剪袖子時盡量剪掉肩部的地方
0.5
1.5
把線拆掉做成鬆緊帶的穿孔
2
本體(背面)
0.2
車縫
1.5
鬆緊帶25
0.5
接縫
重疊1cm
車縫
本體(背面)
0.2
1.5
鬆緊帶20

①剪下襯衫的袖子後處理縫份。

②處理縫份，並製作鬆緊帶的穿孔。

③穿過鬆緊帶。

■ No.162做法 ■

布的裁剪圖

※(　)內為縫份尺寸

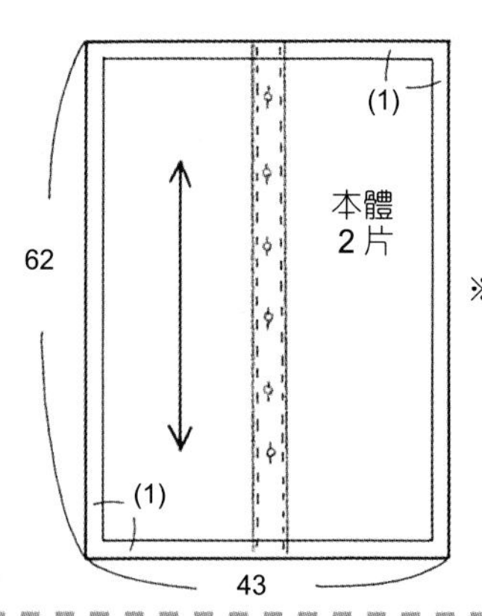

(1)
本體
2片
62
(1)
43

※使用襯衫的前面與背面

①處理縫份。

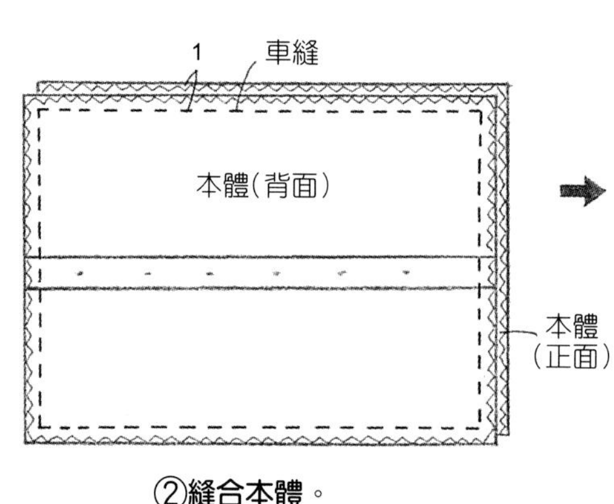

1
車縫
本體(背面)
本體
(正面)

②縫合本體。

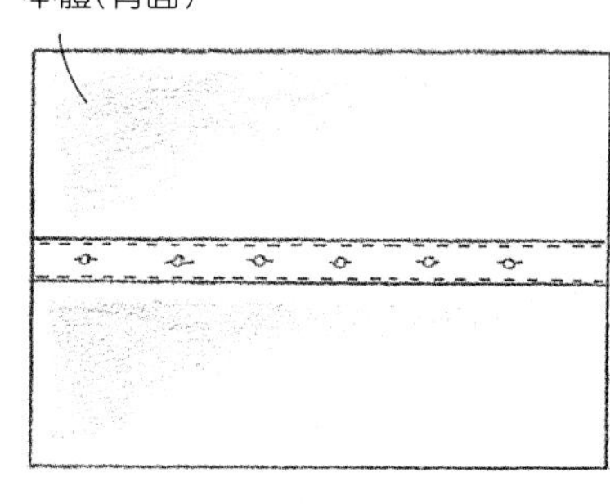

本體(背面)

③翻回正面即完成。

167~169
第53頁
提袋・帽子・圍兜

【材料】

運動棉T…1件

【配件】

■ No.167

膠布襯…長90cm寬80cm

■ No.168

膠布襯…長70cm寬20cm

化纖棉…適量

■ No.169

1cm寬的斜紋緞帶…250cm

■ No.169做法 ■

布的裁剪圖

※(　)內為縫份尺寸

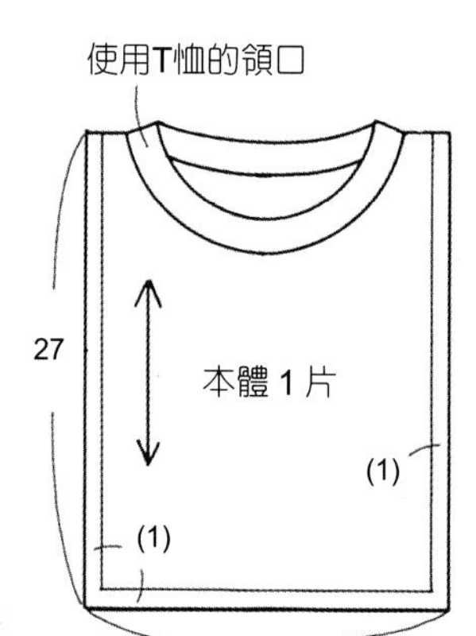

使用T恤的領口
27
本體1片
(1)
(1)

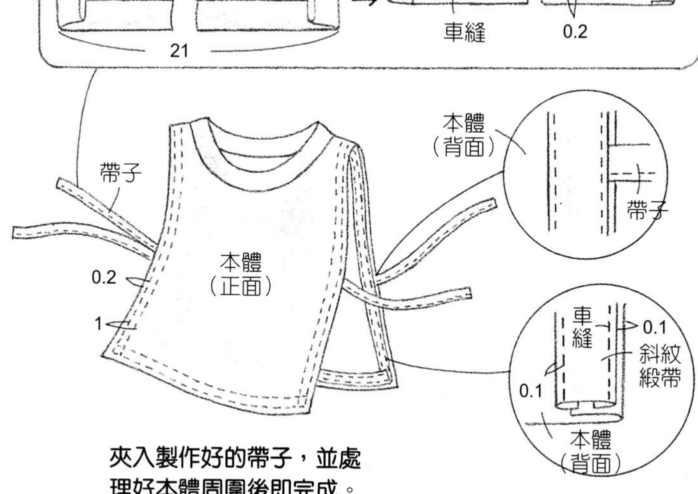

0.5
斜紋緞帶
0.5
21
車縫
0.2
帶子
本體
(背面)
帶子
本體
(正面)
0.2
1
車縫
0.1
斜紋緞帶
0.1
本體
(背面)

夾入製作好的帶子，並處理好本體周圍後即完成。

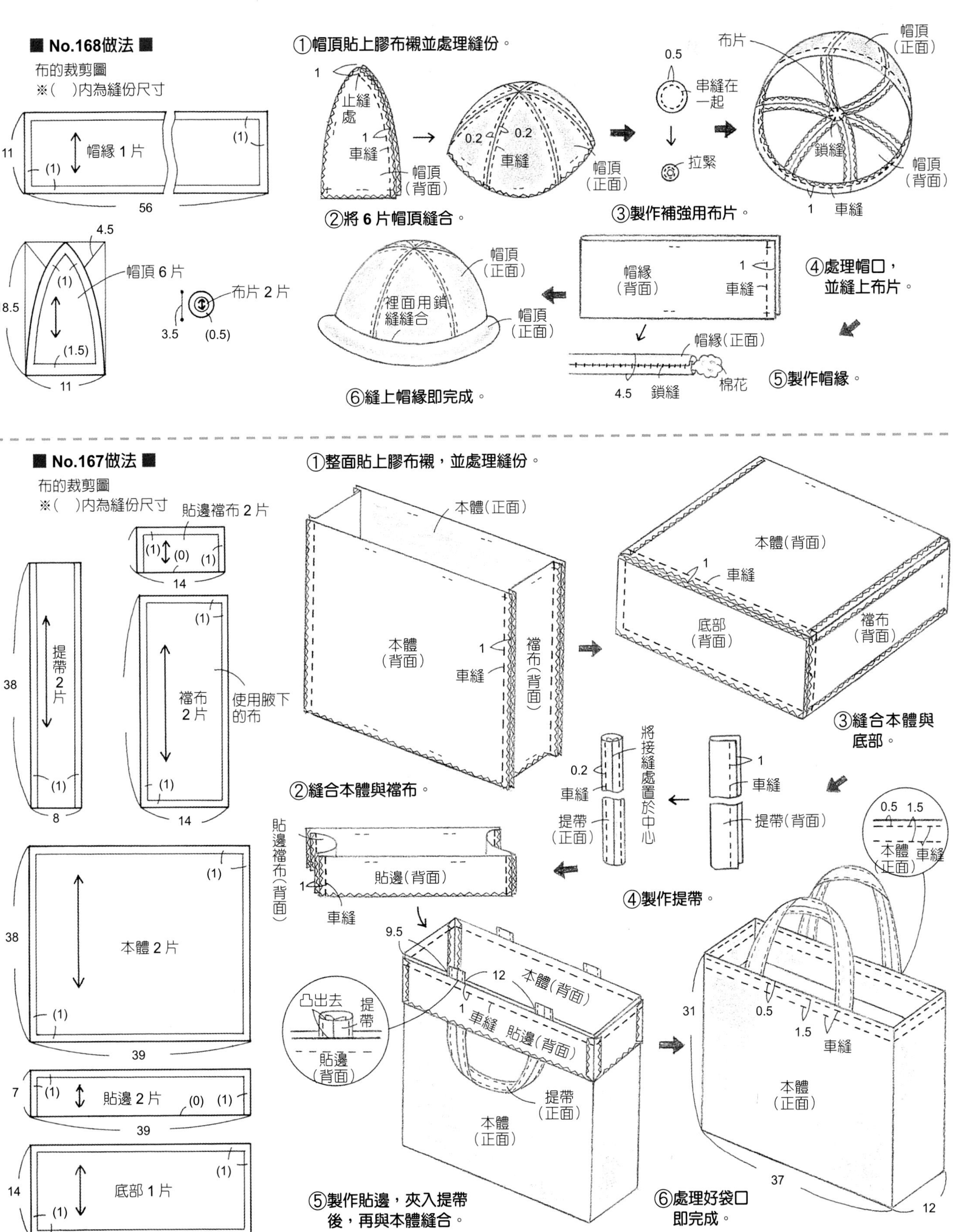

■ No.168做法 ■
布的裁剪圖
※( )內為縫份尺寸
帽緣 1 片
11
56
(1)
4.5
帽頂 6 片
18.5
(1)
(1.5)
11
布片 2 片
3.5
(0.5)
①帽頂貼上膠布襯並處理縫份。
1
止縫處
車縫
帽頂(背面)
②將 6 片帽頂縫合。
0.2
車縫
帽頂(正面)
0.5
串縫在一起
拉緊
③製作補強用布片。
布片
帽頂(正面)
鎖縫
帽頂(背面)
1
車縫
④處理帽口，並縫上布片。
帽緣(背面)
1
車縫
⑤製作帽緣。
帽緣(正面)
4.5
鎖縫
棉花
⑥縫上帽緣即完成。
帽頂(正面)
裡面用鎖縫縫合
帽頂(正面)
■ No.167做法 ■
布的裁剪圖
※( )內為縫份尺寸
貼邊襠布 2 片
(1)
(0)
14
提帶 2 片
38
8
襠布 2 片
使用腋下的布
14
本體 2 片
38
39
貼邊 2 片
7
(0)
39
底部 1 片
14
39
①整面貼上膠布襯，並處理縫份。
本體(正面)
本體(背面)
1
車縫
襠布(背面)
②縫合本體與襠布。
本體(背面)
1
車縫
底部(背面)
襠布(背面)
③縫合本體與底部。
將接縫處置於中心
0.2
車縫
提帶(正面)
1
車縫
提帶(背面)
④製作提帶。
貼邊襠布(背面)
1
貼邊(背面)
車縫
9.5
12
本體(背面)
1
車縫
貼邊(背面)
凸出去
提帶
貼邊(背面)
提帶(正面)
本體(正面)
⑤製作貼邊，夾入提帶後，再與本體縫合。
0.5
1.5
本體(正面)
車縫
31
0.5
1.5
車縫
本體(正面)
37
12
⑥處理好袋口即完成。

利用原來的圖樣，將喜歡的衣服進行大改造！

直接使用舊衣服的印花，再搭配一部分衣服，成為設計重點，
這技法可充分享受縫紉大改造的樂趣！

before
170
171
172
173
campino
SUN SHIELD

做法見第110頁

橫紋T恤改造成束口背包與化妝包

利用橫紋T恤的紋路做縱橫變化，製作愛心拼布包！這技法可將舊衣改造得更具設計感。

T恤改造成的斜背包與束口袋

利用心愛T恤上的圖案做成斜背包。袋口是利用領口的部分，斜背包開口處便有著可愛的縮口設計。

做法見109頁

用牛仔裙做成的側背包・筆袋・束口袋、胸針

直接利用牛仔裙做成的袋子，設計簡單又有趣！裙擺的部分可做成包中包與束口袋的組合。將同樣是牛仔布的胸針，別在袋子上也很棒!

做法見第58頁

before
174
175
176
177

174~177
第57頁
側背包・筆袋・束口袋・胸針

【材料】

牛仔裙

【配件】

■ No.175
20cm的拉鍊⋯ 1 條

■ No.176
人造花蕊（黑色・無光澤）⋯50根
花莖鐵絲⋯（#28）2 條、（#30）1 條
別針⋯ 1 個

■ No.177
0.5cm粗的圓棉繩⋯100cm

布的裁剪圖　※（　）內為縫份尺寸

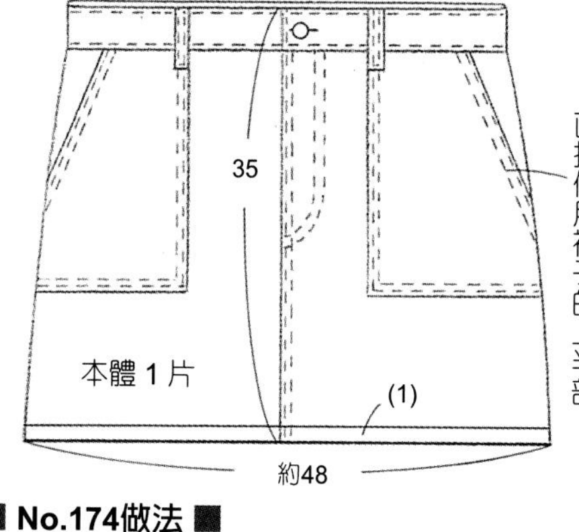
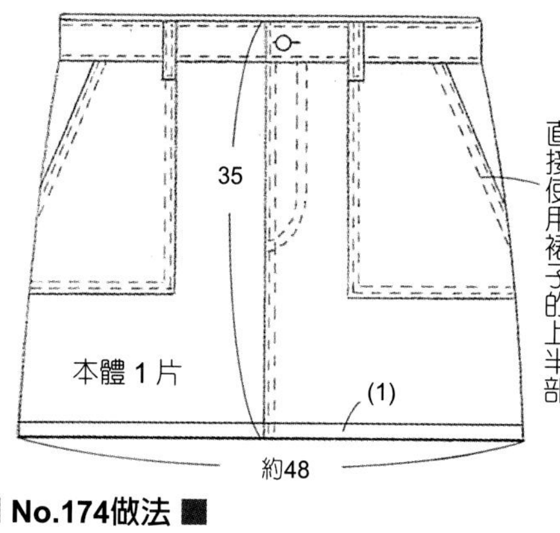
35
本體 1 片
(1)
約48
直接使用裙子的上半部

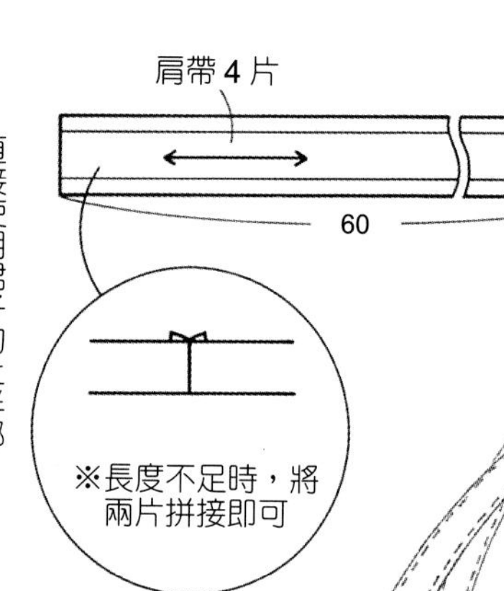
肩帶 4 片
(1)
5.5
60
※長度不足時，將兩片拼接即可

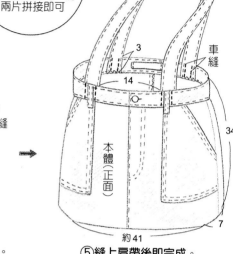

■ No.174做法 ■

①處理裙擺的縫份。

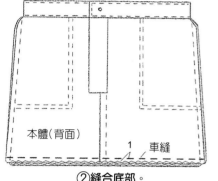

本體（背面）
1
車縫
本體（背面）
側邊
3.5
3.5
車縫
本體（背面）
0.3
車縫
肩帶（正面）

3
車縫
14
34
本體（正面）
7
約41

②縫合底部。　③縫三角形袋底。　④製作肩帶。　⑤縫上肩帶後即完成。

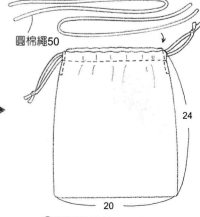

■ No.175做法 ■

布的裁剪圖
※（　）內為縫份尺寸

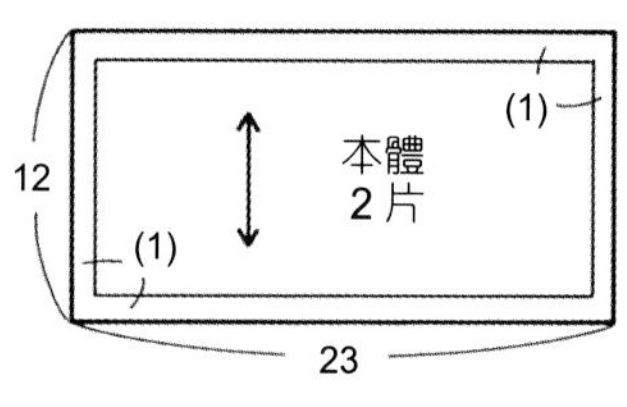
12
(1)
本體
2 片
(1)
23

①處理縫份。

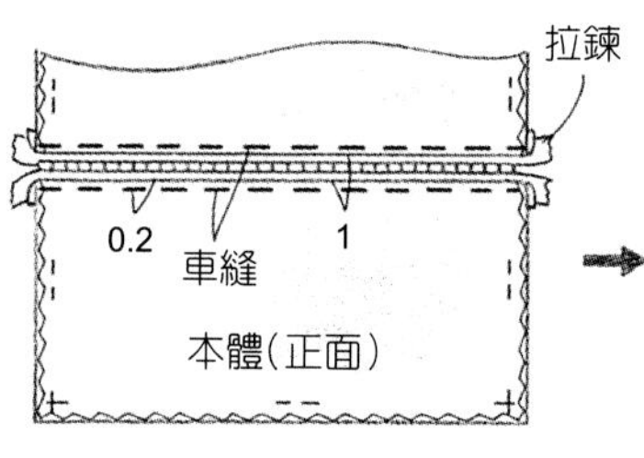
拉鍊
0.2
車縫
1
本體（正面）

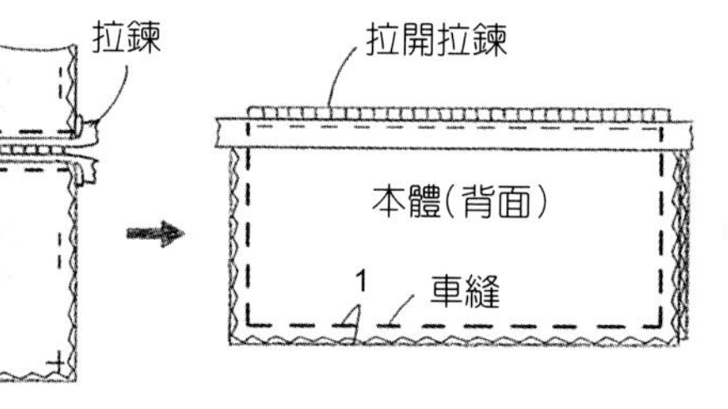
拉開拉鍊
本體（背面）
1
車縫

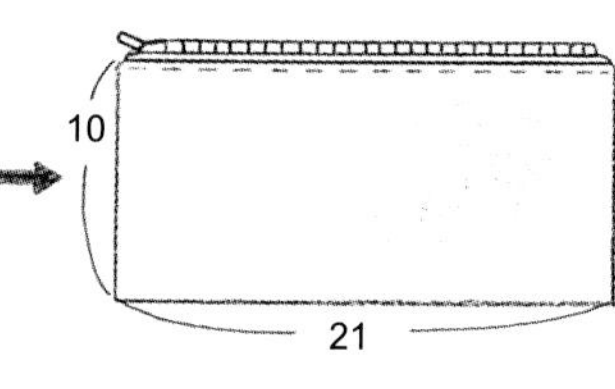
10
21

②縫上拉鍊。　③縫合本體周圍。　④翻回正面後即完成。

■ No.177做法 ■

布的裁剪圖
※（　）內為縫份尺寸

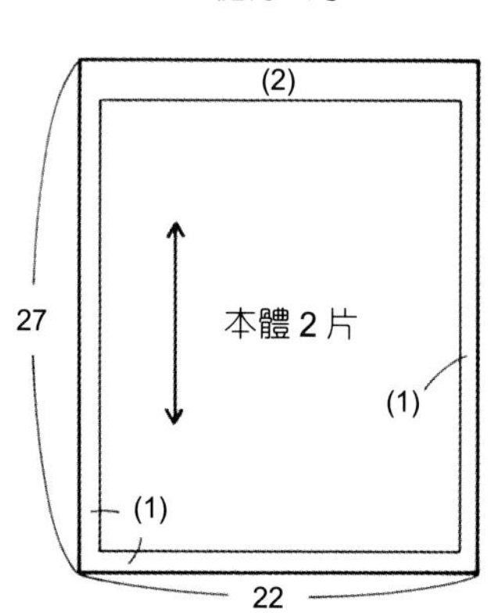
(2)
27
本體 2 片
(1)
(1)
22

①處理縫份。

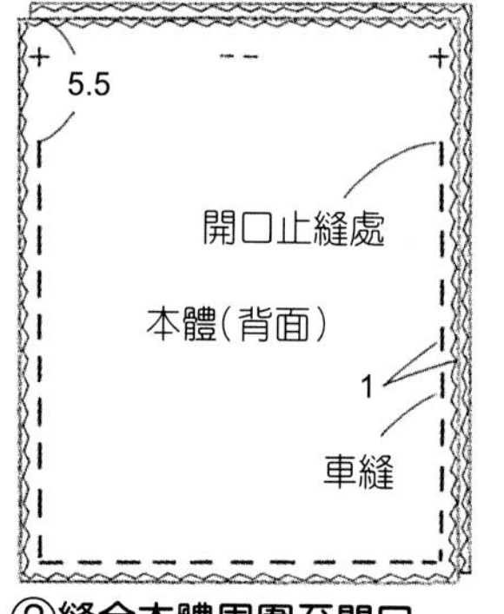
5.5
開口止縫處
本體（背面）
1
車縫

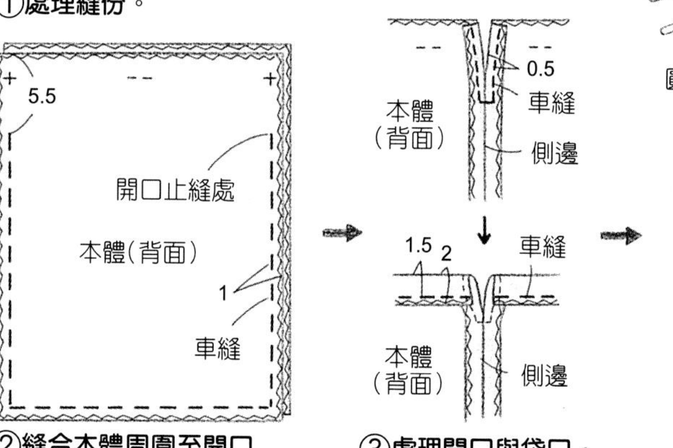
0.5
車縫
本體（背面）
側邊
1.5
2
車縫
本體（背面）
側邊
圓棉繩50
24
20

②縫合本體周圍至開口止縫處。　③處理開口與袋口。　④將圓棉繩依圖示穿過袋口，前端打結後即完成。

■ No.176做法 ■

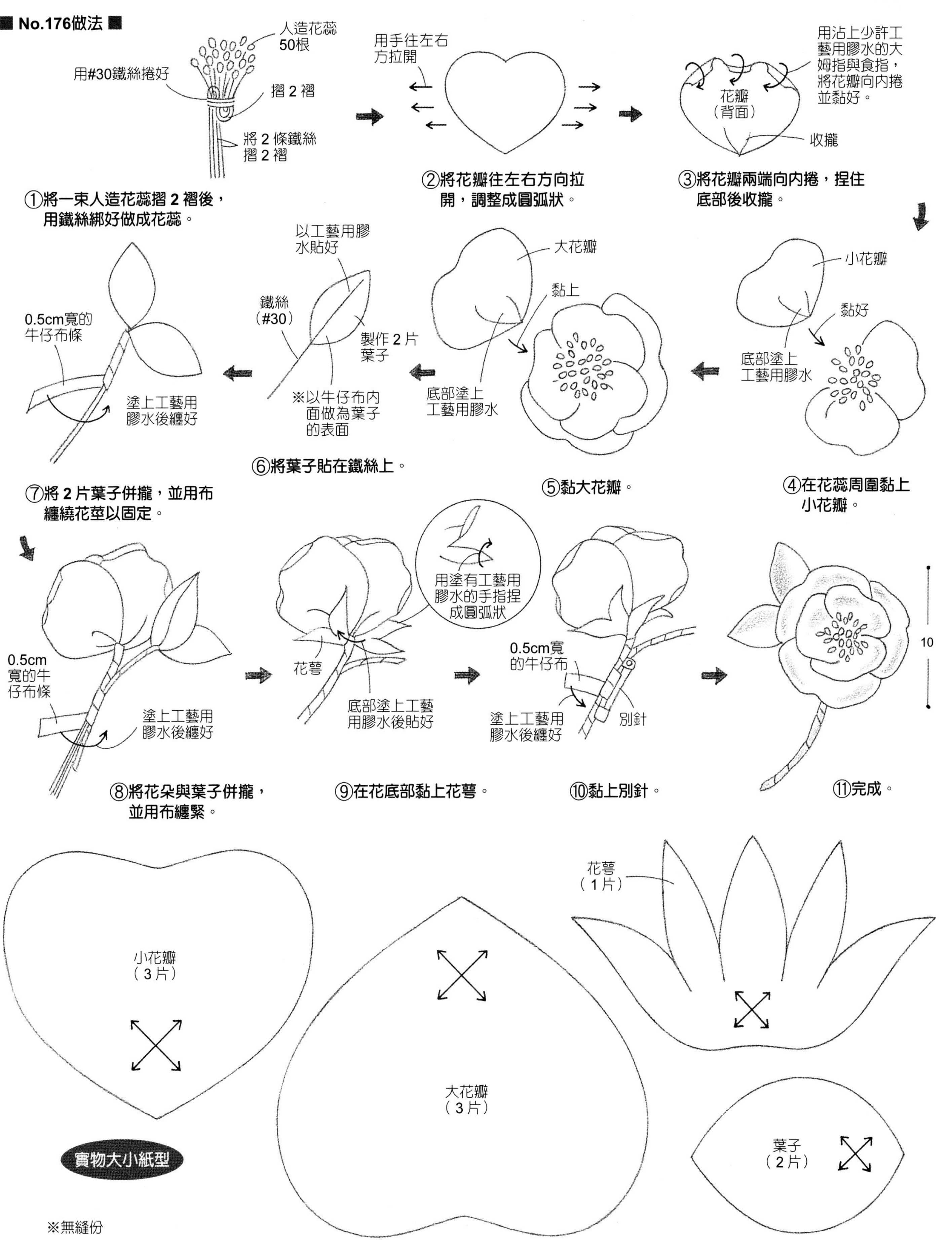

人造花蕊
50根
用#30鐵絲捲好
摺2褶
將2條鐵絲
摺2褶
①將一束人造花蕊摺2褶後，
用鐵絲綁好做成花蕊。
用手往左右
方拉開
②將花瓣往左右方向拉
開，調整成圓弧狀。
用沾上少許工
藝用膠水的大
姆指與食指，
將花瓣向內捲
並黏好。
花瓣
（背面）
收攏
③將花瓣兩端向內捲，捏住
底部後收攏。
小花瓣
黏好
底部塗上
工藝用膠水
④在花蕊周圍黏上
小花瓣。
大花瓣
黏上
底部塗上
工藝用膠水
⑤黏大花瓣。
以工藝用膠
水貼好
鐵絲
（#30）
製作2片
葉子
※以牛仔布內
面做為葉子
的表面
⑥將葉子貼在鐵絲上。
0.5cm寬的
牛仔布條
塗上工藝用
膠水後纏好
⑦將2片葉子併攏，並用布
纏繞花莖以固定。
0.5cm
寬的牛
仔布條
塗上工藝用
膠水後纏好
⑧將花朵與葉子併攏，
並用布纏緊。
用塗有工藝用
膠水的手指捏
成圓弧狀
花萼
底部塗上工藝
用膠水後貼好
⑨在花底部黏上花萼。
0.5cm寬
的牛仔布
塗上工藝用
膠水後纏好
別針
⑩黏上別針。
10
⑪完成。
小花瓣
（3片）
大花瓣
（3片）
花萼
（1片）
葉子
（2片）
實物大小紙型
※無縫份

before
179
178
180
181

掛壁式收納袋與三款萬用包

將褲子側邊的縫線置於中央，貼上後面的口袋就成了好用的掛壁式收納袋。只有舊衣改造才能享受這種設計的樂趣。

做法見第111頁

超級受歡迎！利用牛仔褲做成各式布小物！

改造牛仔褲做成的衣物或雜貨，至今依然相當受歡迎。先做一個標準的布小物，
再製作風格截然不同的布小物來搭配，享受改造的樂趣。

小提包・斜背包・零錢包・熊寶寶

小提包附有圓形袋底，看起來更有牛仔包的感覺。組成方式與掛壁式收納袋相同的斜背包，是可愛的長方設計。

182・184・185的做法見第63頁
183的做法見第62頁

before
182
183
Loacker
185
184

182~185 第61頁 小提包・斜背包・零錢包・熊寶寶

【材料】

牛仔褲

【配件】

■ No.182
直徑2cm的鈕扣…4個
直徑1.2cm的鈕扣眼珠…2個
25號繡線…藍色，適量
化纖棉…適量

■ No.183
厚紙板…20cm×20cm

■ No.185
9cm的拉鍊…1條

■ No.183做法 ■

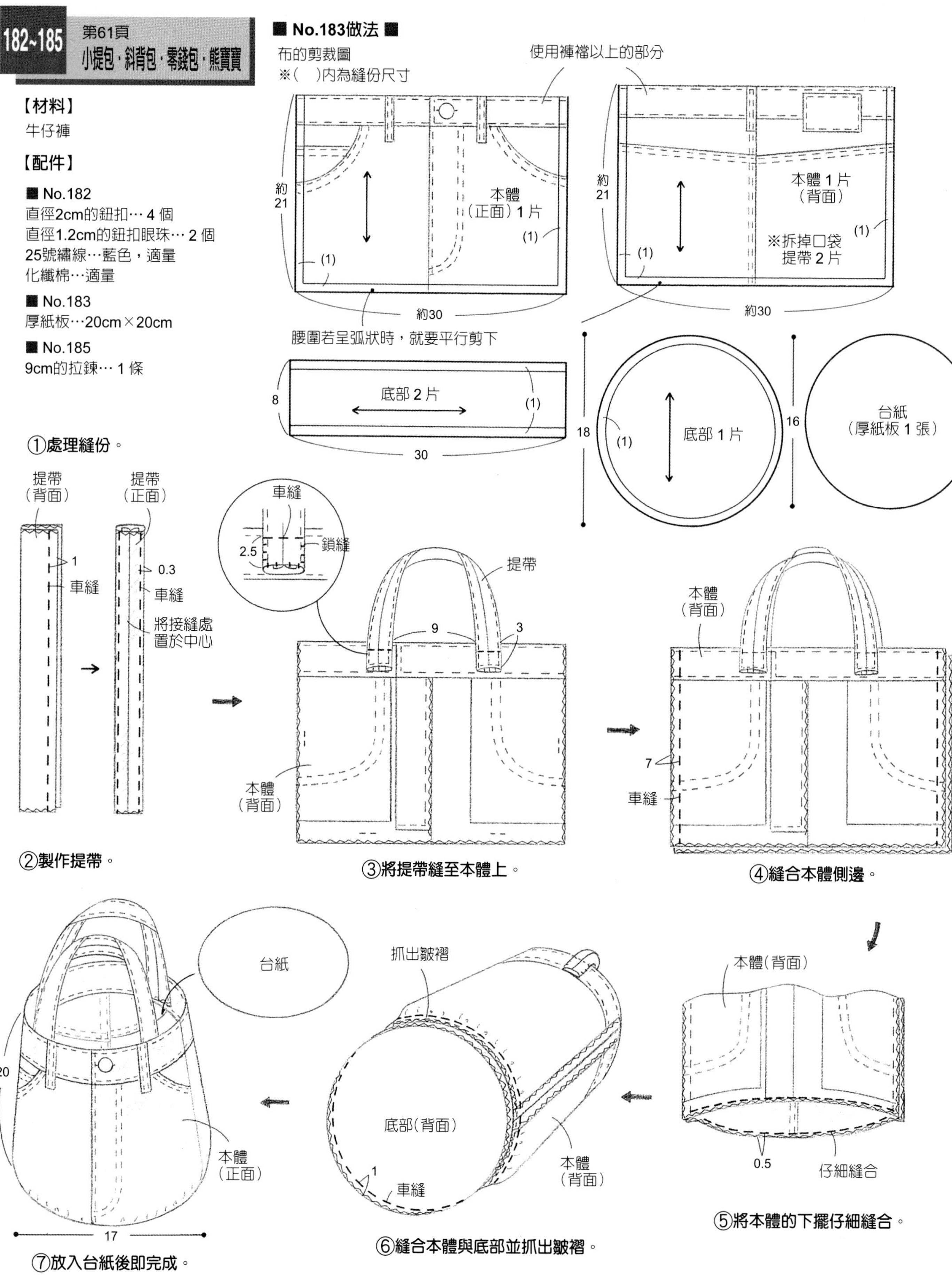

布的剪裁圖
※(　)內為縫份尺寸
使用褲襠以上的部分
約21
本體
(正面) 1片
(1)
(1)
約30
腰圍若呈弧狀時，就要平行剪下
約21
本體 1片
(背面)
(1)
(1)
※拆掉口袋
提帶 2片
約30
8
底部 2片
(1)
30
18
(1)
底部 1片
16
台紙
(厚紙板 1 張)
①處理縫份。
提帶
(背面)
1
車縫
提帶
(正面)
0.3
車縫
將接縫處
置於中心
②製作提帶。
車縫
2.5
鎖縫
提帶
9
3
本體
(背面)
③將提帶縫至本體上。
本體
(背面)
7
車縫
④縫合本體側邊。
本體(背面)
0.5
仔細縫合
⑤將本體的下擺仔細縫合。
抓出皺褶
底部(背面)
1
車縫
本體
(背面)
⑥縫合本體與底部並抓出皺褶。
台紙
20
本體
(正面)
17
⑦放入台紙後即完成。

■ No.184做法 ■

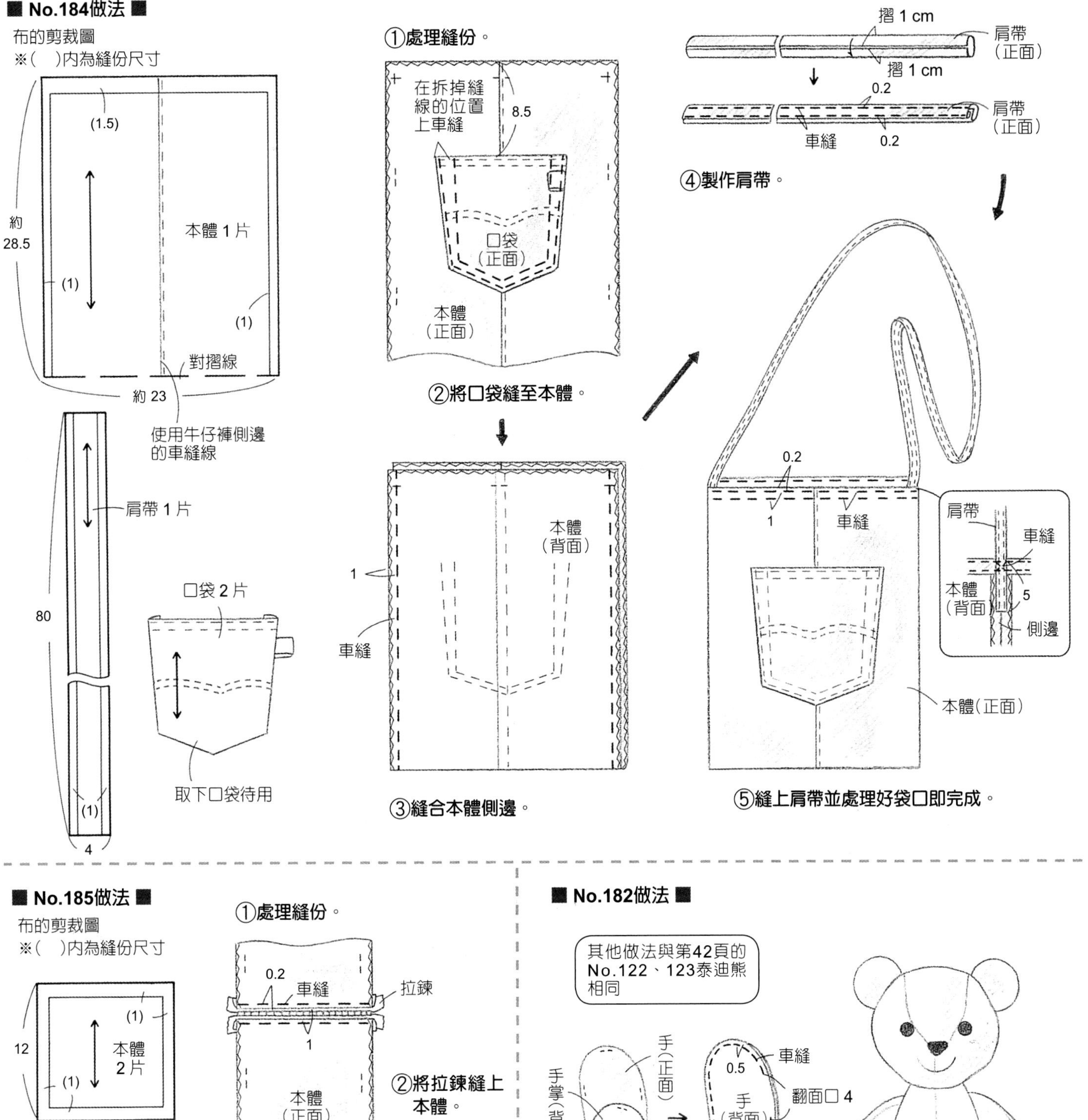

布的剪裁圖
※(　)內為縫份尺寸
(1.5)
約
28.5
本體 1 片
(1)
(1)
對摺線
約 23
使用牛仔褲側邊的車縫線
肩帶 1 片
80
口袋 2 片
取下口袋待用
(1)
4
①處理縫份。
在拆掉縫線的位置上車縫
8.5
口袋
(正面)
本體
(正面)
②將口袋縫至本體。
本體
(背面)
1
車縫
③縫合本體側邊。
摺 1 cm
肩帶
(正面)
摺 1 cm
0.2
肩帶
(正面)
車縫
0.2
④製作肩帶。
0.2
1
車縫
肩帶
車縫
本體
(背面)
5
側邊
本體(正面)
⑤縫上肩帶並處理好袋口即完成。

■ No.185做法 ■

布的剪裁圖
※(　)內為縫份尺寸
(1)
本體
2 片
12
(1)
12
①處理縫份。
0.2
車縫
拉鍊
1
本體
(正面)
②將拉鍊縫上本體。
拉開拉鍊
本體
(背面)
1
車縫

③縫合本體。

④翻回正面即完成。

■ No.182做法 ■

其他做法與第42頁的No.122、123泰迪熊相同
手(正面)
手掌(背面)
0.5
車縫
0.5
車縫
手
(背面)
翻面口 4
縫合
棉花
手
(正面)

縫合手與手掌後便完成手的部分。手掌與腳底則使用牛仔布的背面。

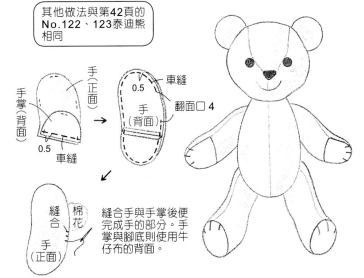

超 簡單！用毛巾與手帕做成布小物

毛巾與手帕的大變身，超級簡單！只要摺一摺、縫一縫就能做出各種小物。
本篇是各種毛巾與手帕改造小物的大集合。

做法見第112頁
186
187

毛巾玩偶

將毛巾摺一摺、縫一縫，再翻個面，就能完成一個可愛簡單的玩偶。毛巾玩偶可用水洗滌，是最適合小寶寶的玩具。

迷你束口袋

將手帕邊緣直接當成袋口，只要將側邊縫起來就成了簡單的裁縫作品！手帕波浪形的邊緣相當可愛，也成了束口袋的一大特色！

做法見第66頁
188
189

190
191
做法見第95頁
192

面紙包

這款面紙包是直接折疊手帕就完成了。用五顏六色的棉質手帕來製作，最可愛了！

毛巾環保袋

將毛巾對摺再縫合即可完成，提帶是織帶。試著用質感較粗的毛巾素材，做成可愛又有趣的環保袋吧！

做法見第66頁
193
ASHLEY

毛巾圍裙

將毛巾一端裁下做成口袋，就是一條漂亮的圍裙了。因為是用毛巾改造的，所以在圍巾上擦手也沒問題，水洗後也很容易就乾了。

194

195

做法見第67頁

196
197
做法見第67頁

毛巾束口袋

將毛巾對摺後縫成簡單的束口袋。毛巾風味的柔軟設計，也可作為裝運動服用的袋子。

做法見第112頁
198
200
199

印花髮帶・手帕大髮束

樣式活潑的印花大手帕最適合做成髮帶了！花色典雅的手帕則可做成大髮束。配合花色改造成小物也有不同的樂趣喔！

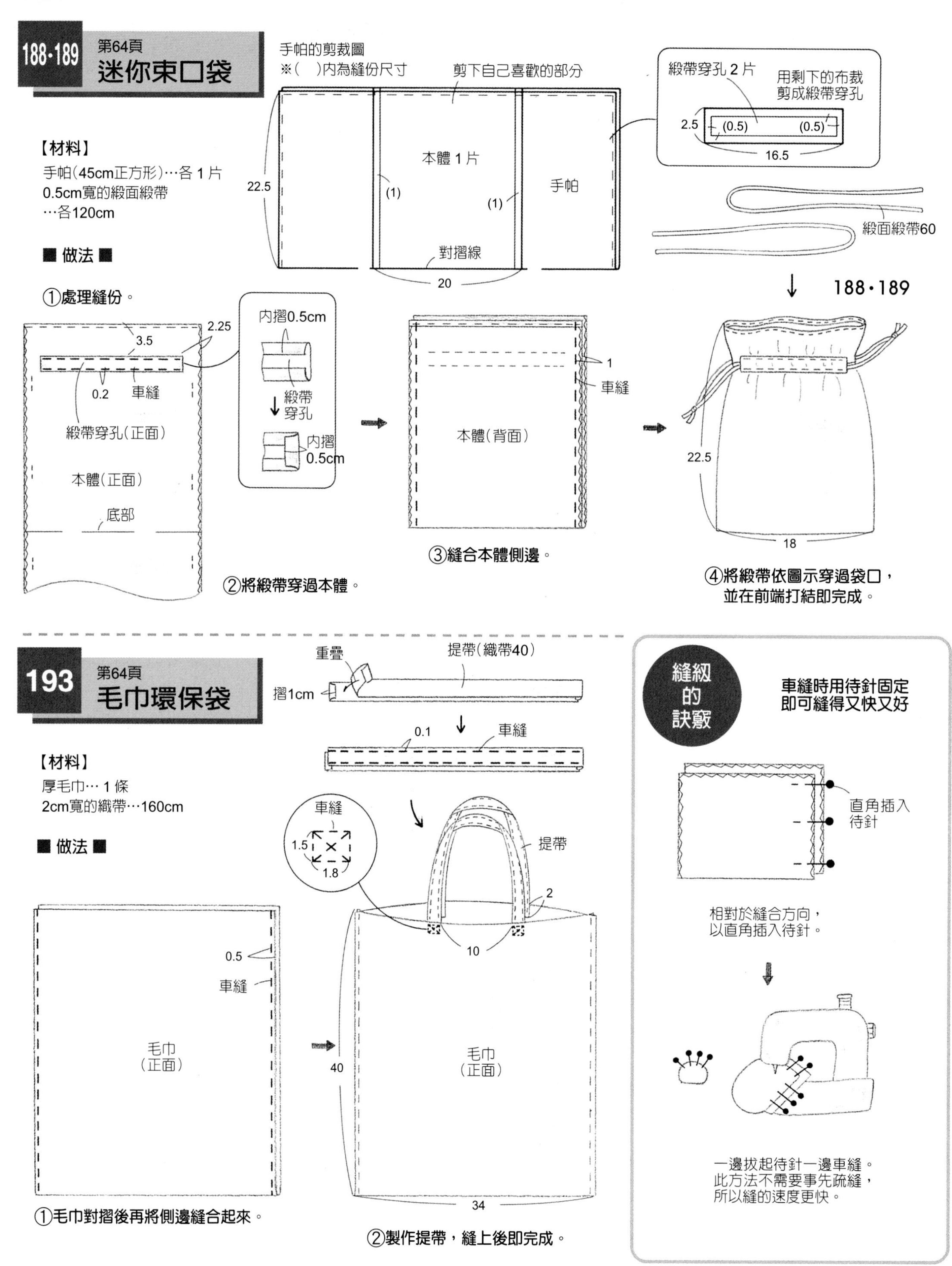
188·189
第64頁
迷你束口袋
【材料】
手帕(45cm正方形)…各 1 片
0.5cm寬的緞面緞帶
…各120cm
■ 做法 ■
手帕的剪裁圖
※( )內為縫份尺寸
剪下自己喜歡的部分
本體 1 片
手帕
22.5
(1)
(1)
對摺線
20
緞帶穿孔 2 片
用剩下的布裁剪成緞帶穿孔
2.5
(0.5)
(0.5)
16.5
緞面緞帶60
①處理縫份。
3.5
2.25
0.2
車縫
緞帶穿孔(正面)
本體(正面)
底部
內摺0.5cm
緞帶穿孔
內摺
0.5cm
②將緞帶穿過本體。
1
車縫
本體(背面)
③縫合本體側邊。
188·189
22.5
18
④將緞帶依圖示穿過袋口，並在前端打結即完成。
193
第64頁
毛巾環保袋
【材料】
厚毛巾… 1 條
2cm寬的織帶…160cm
■ 做法 ■
重疊
提帶(織帶40)
摺1cm
0.1
車縫
車縫
1.5
1.8
提帶
2
10
40
34
0.5
車縫
毛巾
(正面)
毛巾
(正面)
①毛巾對摺後再將側邊縫合起來。
②製作提帶，縫上後即完成。
縫紉的訣竅
車縫時用待針固定即可縫得又快又好
直角插入待針
相對於縫合方向，以直角插入待針。
一邊拔起待針一邊車縫。此方法不需要事先疏縫，所以縫的速度更快。

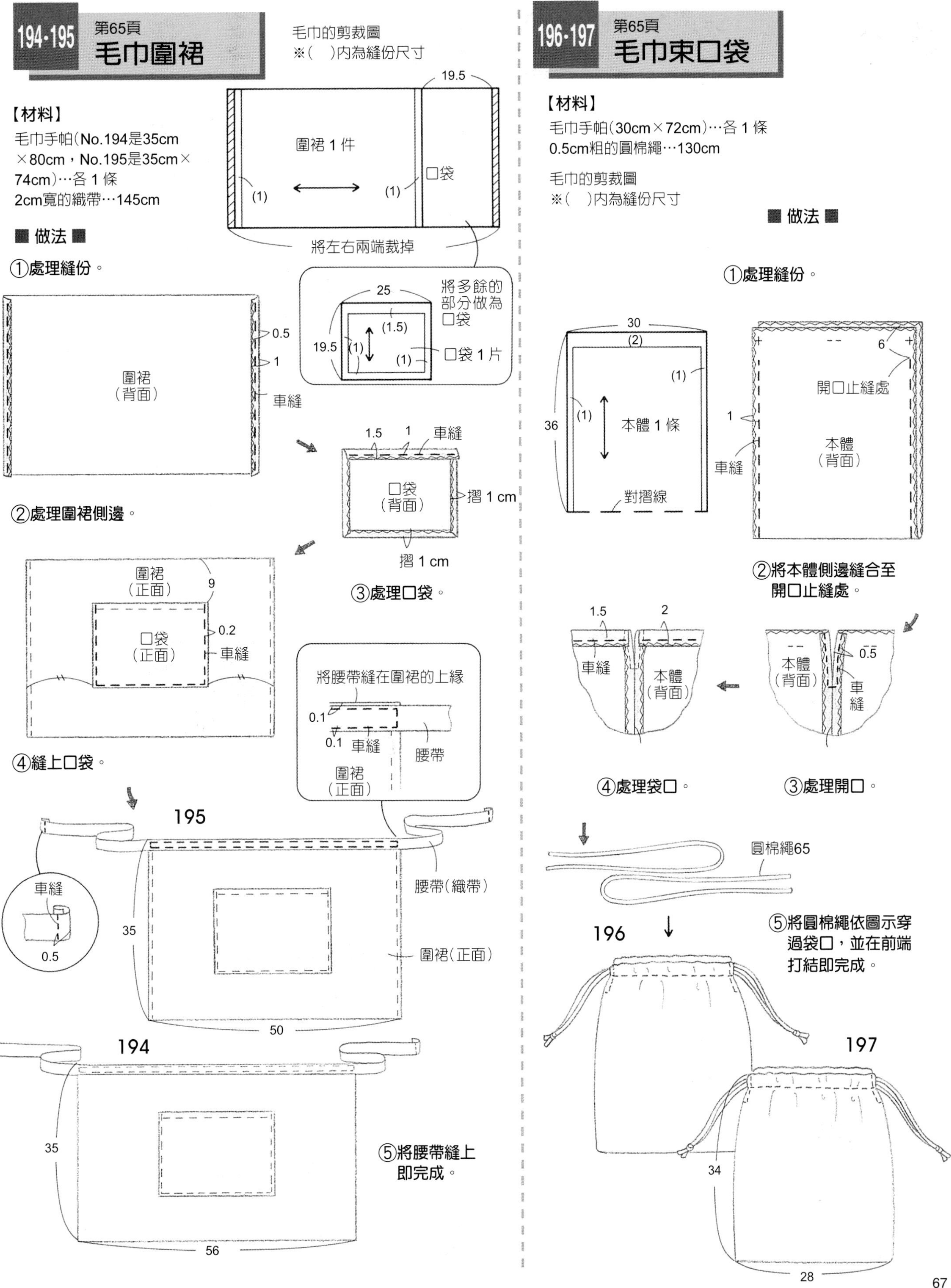
194·195
第65頁
毛巾圍裙
【材料】
毛巾手帕(No.194是35cm×80cm，No.195是35cm×74cm)…各 1 條
2cm寬的織帶…145cm
毛巾的剪裁圖
※( )內為縫份尺寸
19.5
圍裙 1 件
(1)
(1)
口袋
將左右兩端裁掉
25
將多餘的部分做為口袋
(1.5)
19.5
(1)
(1)
口袋 1 片
■ 做法 ■
①處理縫份。
0.5
1
圍裙
(背面)
車縫
1.5
1
車縫
口袋
(背面)
摺 1 cm
摺 1 cm
②處理圍裙側邊。
圍裙
(正面)
9
口袋
(正面)
0.2
車縫
③處理口袋。
④縫上口袋。
將腰帶縫在圍裙的上緣
0.1
0.1
車縫
腰帶
圍裙
(正面)
195
車縫
0.5
35
腰帶(織帶)
圍裙(正面)
50
194
35
56
⑤將腰帶縫上即完成。
196·197
第65頁
毛巾束口袋
【材料】
毛巾手帕(30cm×72cm)…各 1 條
0.5cm粗的圓棉繩…130cm
毛巾的剪裁圖
※( )內為縫份尺寸
■ 做法 ■
①處理縫份。
30
(2)
(1)
(1)
36
本體 1 條
對摺線
6
開口止縫處
1
本體
(背面)
車縫
②將本體側邊縫合至開口止縫處。
1.5
2
車縫
本體
(背面)
本體
(背面)
0.5
車縫
④處理袋口。
③處理開口。
圓棉繩65
196
⑤將圓棉繩依圖示穿過袋口，並在前端打結即完成。
197
34
28

填充乾燥花散發清香的布小物

將乾燥花放入布小物之中吧！柔和清香的香氣能夠放鬆心情。

鞋用香包

可以保持鞋形的鞋用香包。製作時如果放入薰衣草等香氣濃郁的乾燥花，就能具備除臭功能。

201

做法見第70頁

做法見第70頁

202

香包

出門時請隨身攜帶裝著乾燥花的香包吧！只要放在袋子或口袋中，身體一動就會散發出淡淡清香，味道清新宜人。

眼罩

要不要試試在眼罩中放入乾燥花呢？放入有鎮定效果的甘菊，一定能讓你安安穩穩地一夜好眠。

203

做法見第70頁

包 包裡的便利小物

包包裡的東西若能擺放整齊，
拿東西的動作也會變得很優雅。
利用收納小包，將東西收納得井井有條。

口金包

上口金的方法非常簡單。口金包給人很俐落的感覺，就算只帶口金包出門也沒問題。

204

205

204的做法見第78頁
205的做法見第71頁

包中包

可將東西收納整齊、包包專用的收納包。換包包時直接移動包中包，就不會發生想找的東西在另一個袋子裡的窘境。

206

做法見第71頁

201 第68頁 鞋用香包

【材料】

布(棉布)…長60cm寬20cm
1.5cm寬的緞面緞帶…120cm
乾燥花…適量

布的剪裁圖
※( )内為縫份尺寸

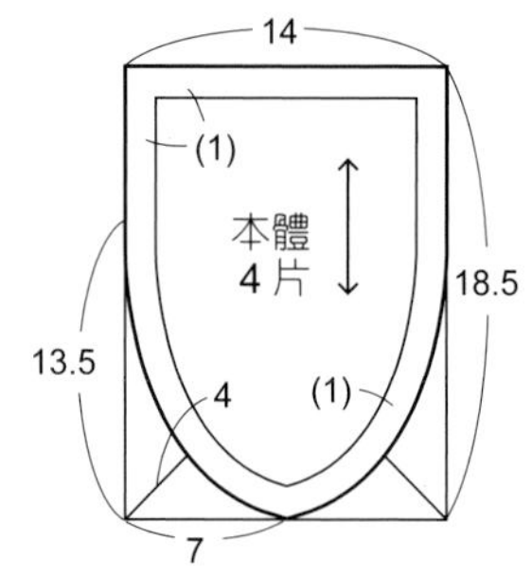

14
(1)
本體
4片
18.5
13.5
4
(1)
7

■ 做法 ■

①處理縫份並預留袋口。

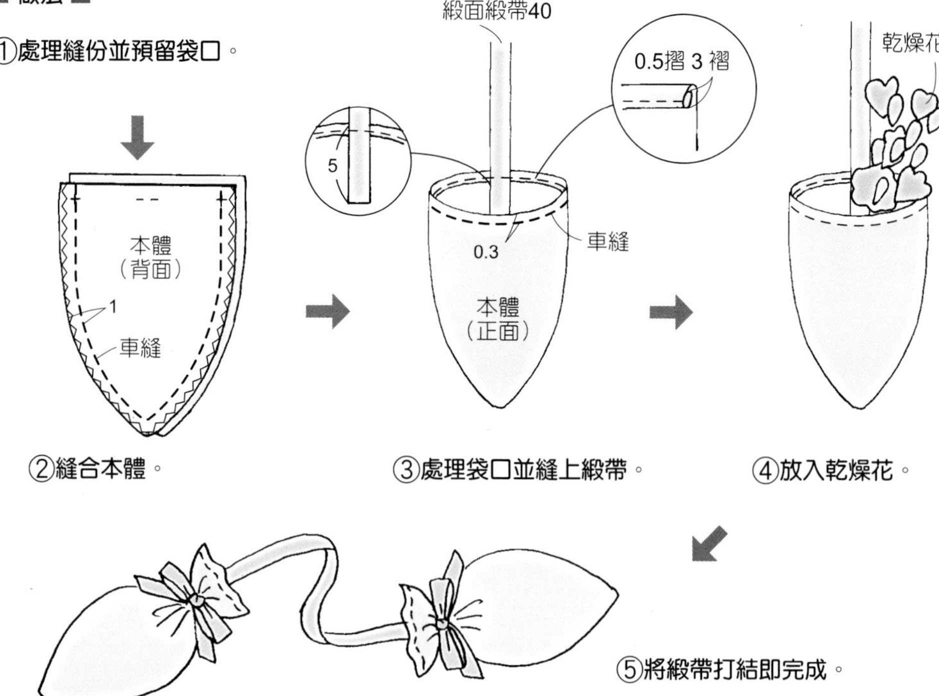

本體
(背面)
1
車縫
緞面緞帶40
5
0.5摺3摺
0.3
車縫
本體
(正面)
乾燥花

②縫合本體。

③處理袋口並縫上緞帶。

④放入乾燥花。

⑤將緞帶打結即完成。

202 第68頁 香包

【材料】

布(棉布)…各長20cm寬15cm
0.9cm寬的緞面緞帶…各35cm
乾燥花…適量

布的剪裁圖
※( )内為縫份尺寸

■ 做法 ■

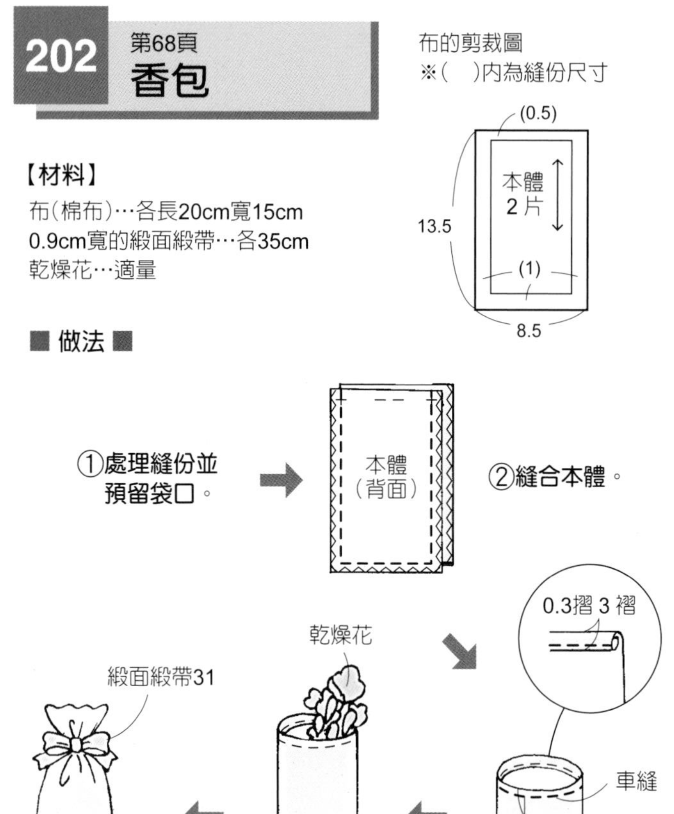

(0.5)
本體
2片
13.5
(1)
8.5
本體
(背面)
0.3摺3摺
乾燥花
緞面緞帶31
車縫
0.2
本體(正面)

①處理縫份並預留袋口。

②縫合本體。

③處理袋口。

④放入乾燥花。

⑤將緞帶打結即完成。

203 第68頁 眼罩

【材料】

布(棉布)…長45cm寬15cm
膠布襯…長25cm寬15cm
棉襯…長25cm寬15cm
0.3cm寬的平鬆緊帶…30cm
乾燥花…適量

布的剪裁圖
※( )内為縫份尺寸

■ 做法 ■

①只在本體正面貼上膠布襯。

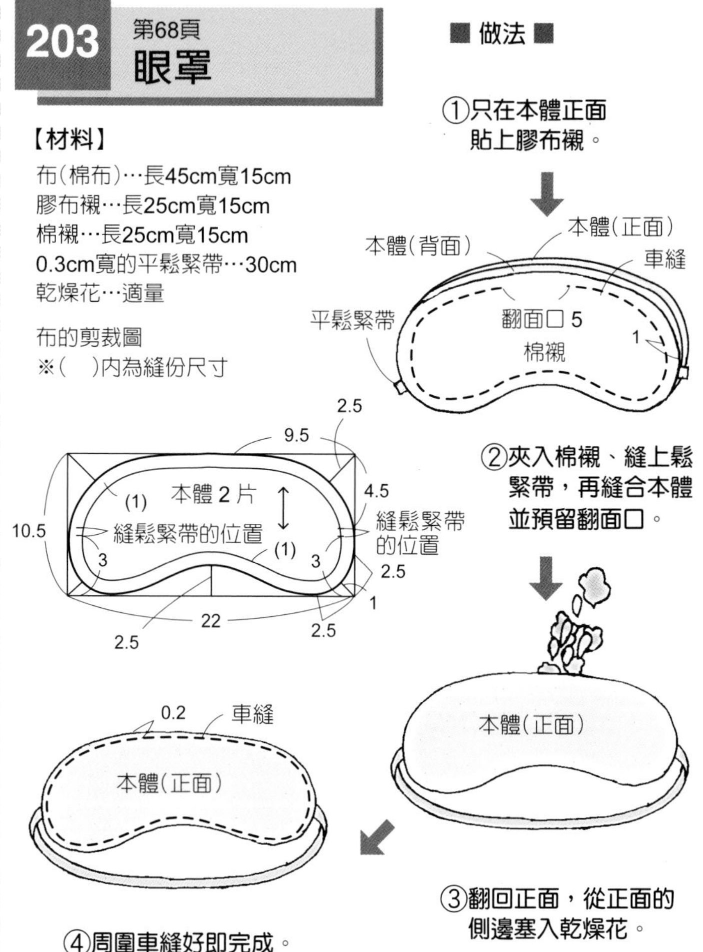

本體(正面)
本體(背面)
車縫
平鬆緊帶
翻面口5
棉襯
1
2.5
9.5
4.5
本體2片
(1)
10.5
縫鬆緊帶的位置
縫鬆緊帶的位置
(1)
3
3
2.5
1
22
2.5
2.5
本體(正面)
0.2
車縫
本體(正面)

②夾入棉襯、縫上鬆緊帶，再縫合本體並預留翻面口。

③翻回正面，從正面的側邊塞入乾燥花。

④周圍車縫好即完成。

206 第69頁 包中包

布的剪裁圖
※(　)內為縫份尺寸

本體2片 (22 × 28，縫份(2)、(1))
口袋2片 (13 × 32，縫份(1))

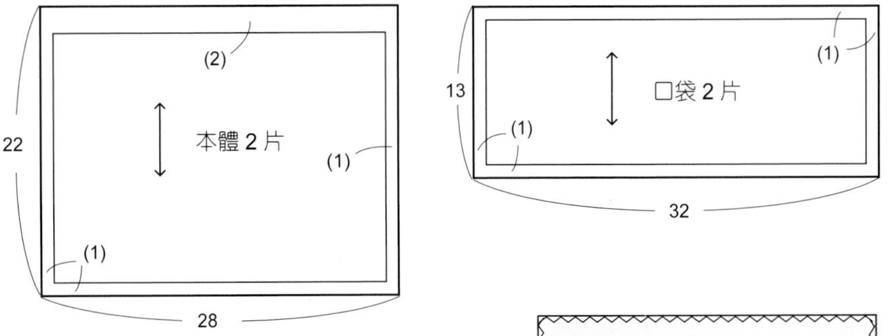

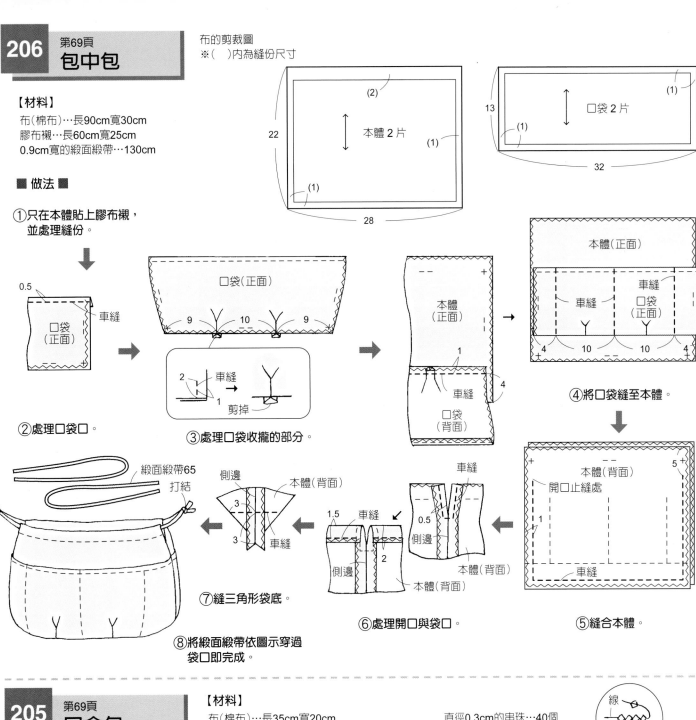

【材料】

布(棉布)…長90cm寬30cm
膠布襯…長60cm寬25cm
0.9cm寬的緞面緞帶…130cm

■ 做法 ■

①只在本體貼上膠布襯，並處理縫份。

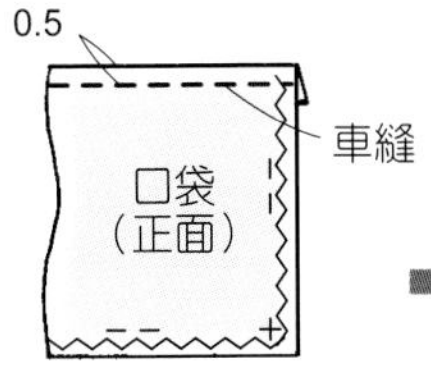

②處理口袋口。

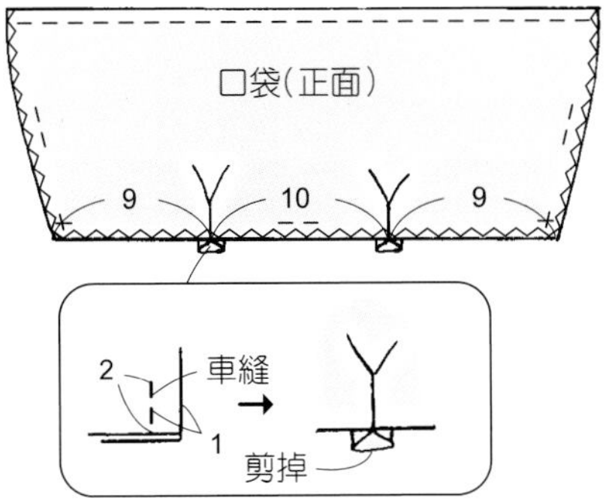

③處理口袋收攏的部分。

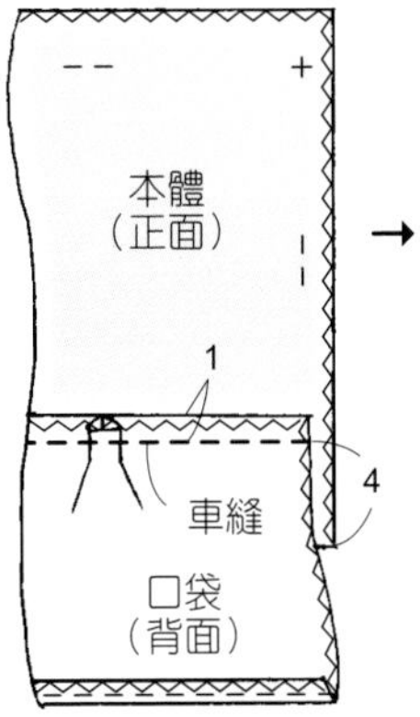

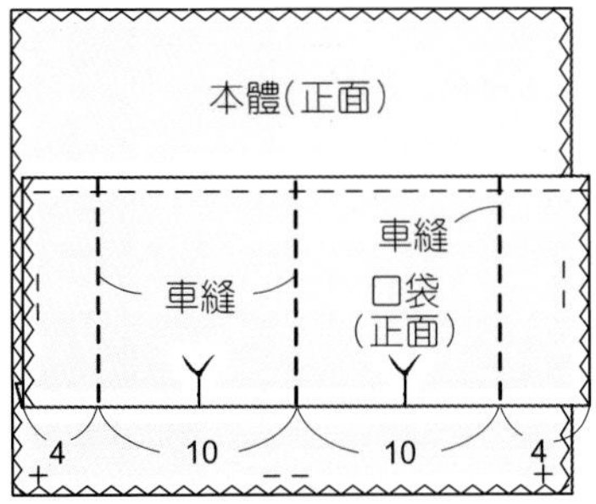

④將口袋縫至本體。

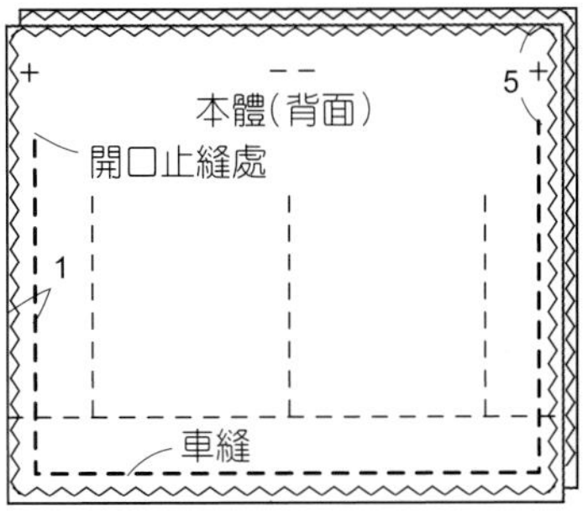

⑤縫合本體。

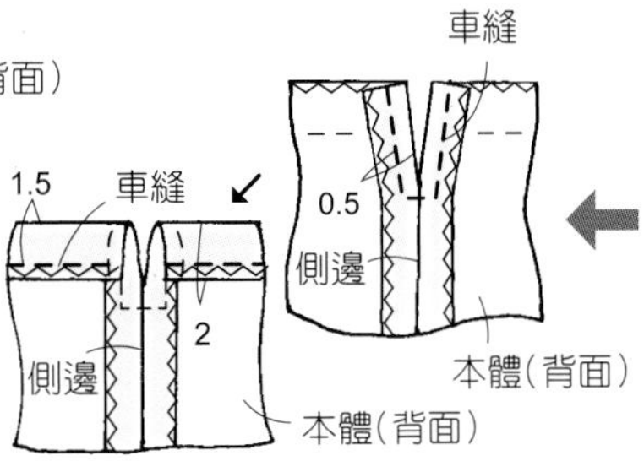

⑥處理開口與袋口。

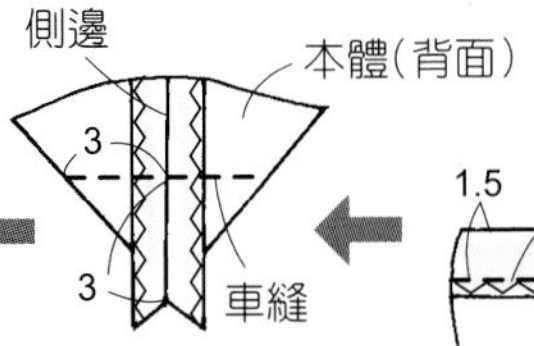

⑦縫三角形袋底。

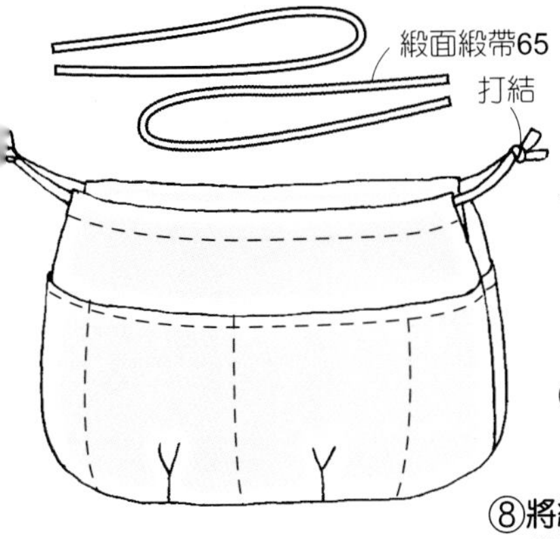

⑧將緞面緞帶依圖示穿過袋口即完成。

205 第69頁 口金包

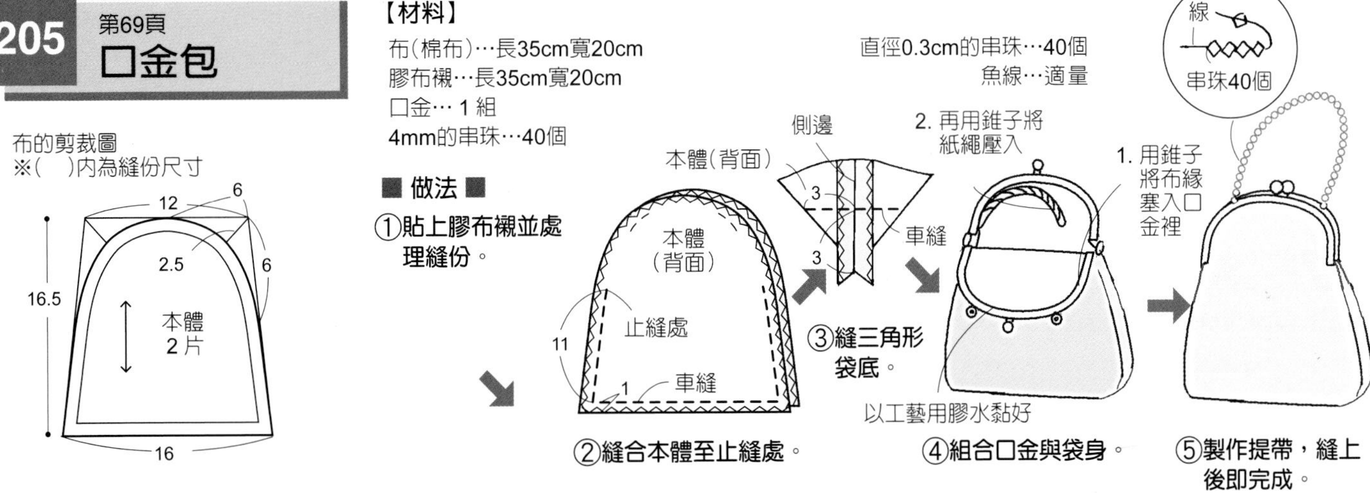

布的剪裁圖
※(　)內為縫份尺寸
12
6
2.5
6
16.5
本體
2片
16
本體(背面)
11
止縫處
1
車縫
側邊
3
3
車縫
2. 再用錐子將紙繩壓入
1. 用錐子將布緣塞入口金裡
以工藝用膠水黏好
線
串珠40個

【材料】

布(棉布)…長35cm寬20cm
膠布襯…長35cm寬20cm
口金…1組
4mm的串珠…40個
直徑0.3cm的串珠…40個
魚線…適量

■ 做法 ■

①貼上膠布襯並處理縫份。

②縫合本體至止縫處。

③縫三角形袋底。

④組合口金與袋身。

⑤製作提帶，縫上後即完成。

女孩專用…漂亮可愛的隨身小物

因為是女孩子，身邊的小東西一定要可愛才行。
隨身攜帶心愛小物的女孩，最迷人了！

購物袋

想要出去一下時隨手拿的袋子。用同色系的格紋布與素布搭配，正方形的造型也可愛無比！

手帕 & 面紙包

為防丟三落四的，把手帕與面紙整理在同一個包包裡吧。連隨身的必需品都可以收納得如此完美。

做法見第74頁

208

207

做法見第74頁

背面是可放面紙的口袋，用素布與花紋來區分正面與背面，也很別出心裁。

209

210

做法見第74頁

貼花手帕

將碎布裁成幸運草或心型做成貼花後縫上。也可縫上個人標誌。

男孩專用…充滿活力的隨身小物

為活潑好動的男孩子，做一個流行又可愛的外出小物吧。使用深色的布就不會顯得太甜美，是較男性化的設計。

迷你背包

只有蓋子的部分用素布來點綴，只需一點零碼布即可完成。最後用深藍色的繩子將整個背包收緊。

211

做法見第75頁

212

做法見第79頁

做法見第75頁

貼花手帕

如果喜歡的花色有剩餘的布時，可以剪下漂亮的圖案縫在手帕上作為貼花。小朋友一定也會非常開心！

213

214

寶特瓶袋

前方是掛在脖子上的長帶子型寶特瓶袋，後方則是短帶子型的寶特瓶袋。可配合使用方法多做幾個袋子備用，非常方便。

207 第72頁 購物袋

【材料】

布A（厚棉布）…長50cm寬30cm
布B（棉布）…長20cm寬90cm

布的剪裁圖
※（　）內為縫份尺寸

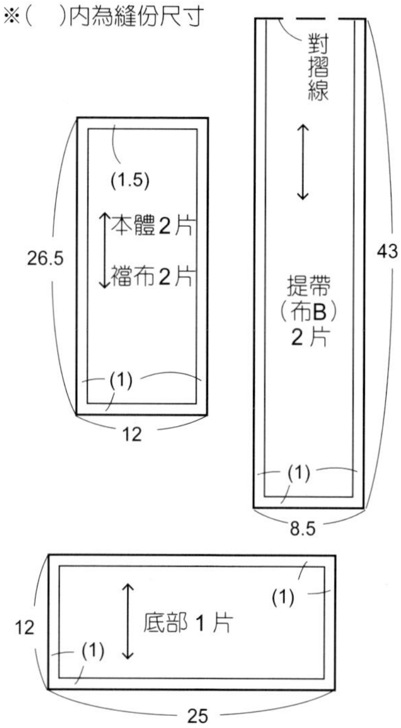

(1.5)
本體2片
襠布2片
26.5
(1)
12
對摺線
提帶（布B）2片
43
(1)
8.5
底部1片
(1)
12
(1)
25

■ 做法 ■

①處理縫份。

襠布（正面）
提帶・布B（背面）
1.5
止縫處
車縫
1
本體（背面）

②縫合本體、襠布、提帶至止縫處。

車縫
0.2
0.5
本體（正面）
提帶・布B（正面）
襠布（正面）

③將多餘的縫份剪掉並車縫。

提帶・布B（正面）
1
車縫
本體（正面）

④處理袋口。

提帶・布B（背面）
本體（背面）
襠布（背面）
1
車縫
底部（正面）

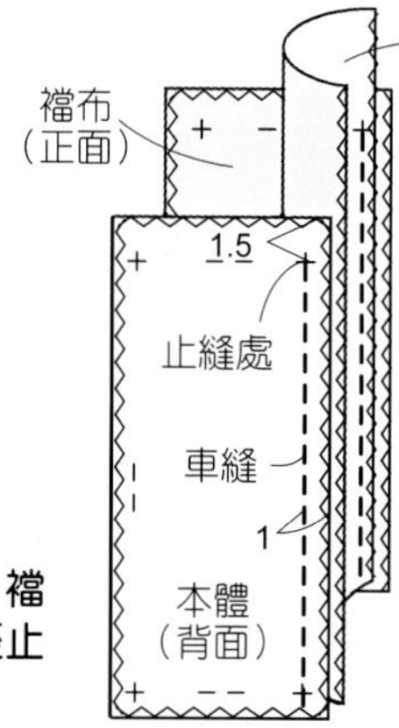

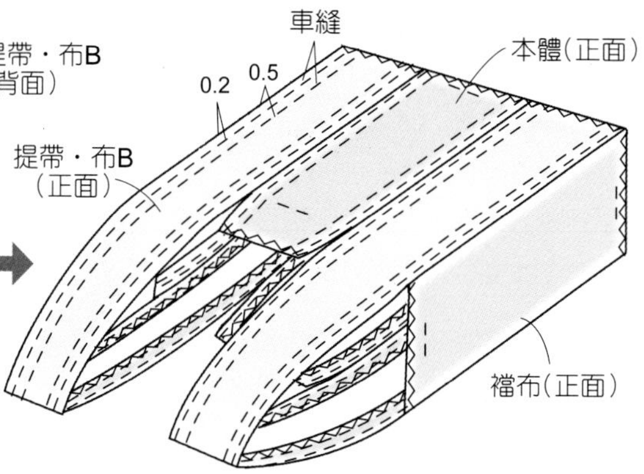

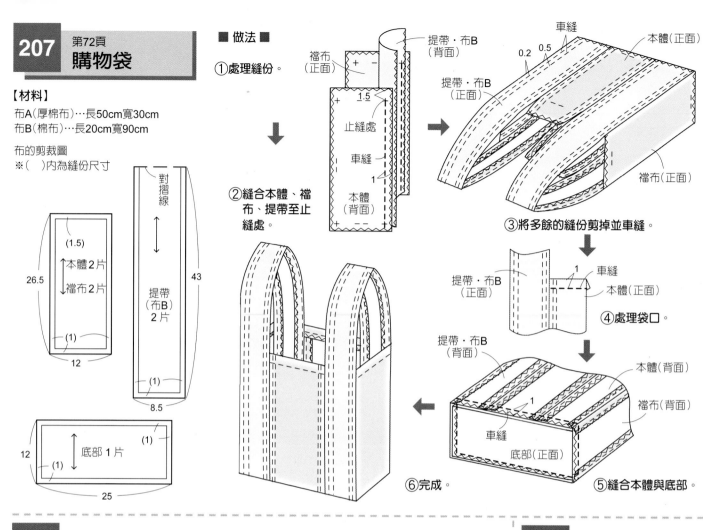

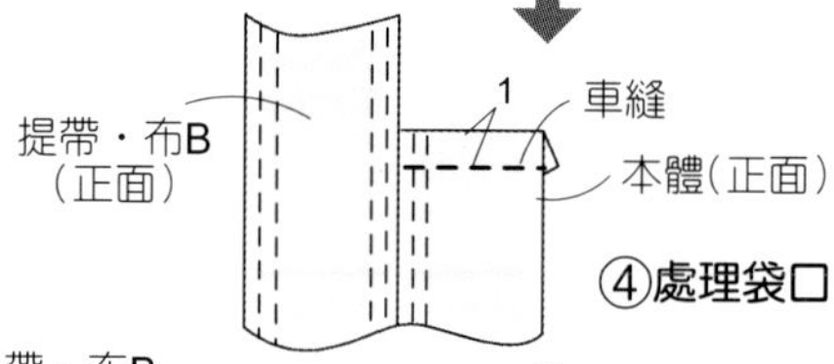

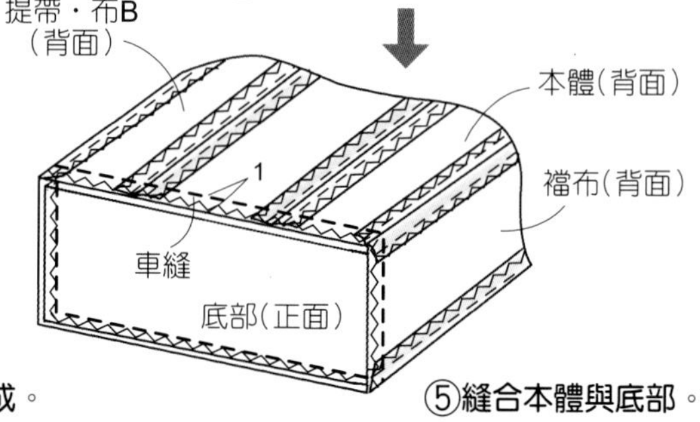

⑤縫合本體與底部。

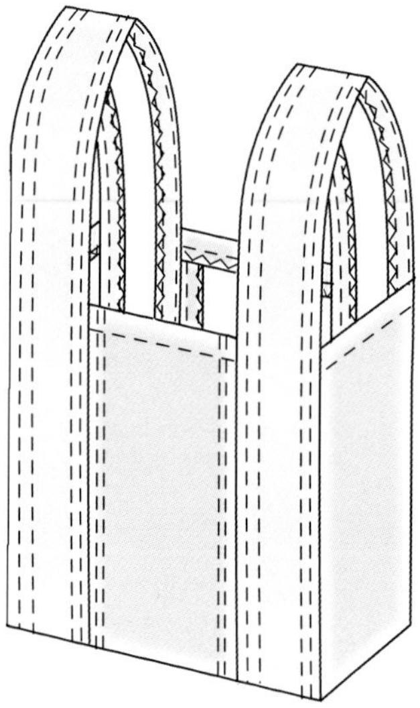

⑥完成。

208 第72頁 手帕＆面紙包

【材料】

布A（厚棉布）…長30cm寬15cm
布B（棉布）…長30cm寬10cm
膠布襯…長60cm寬15cm
貼花用的不織布…適量
※實物大小紙型見第79頁

布的剪裁圖
※（　）內為縫份尺寸

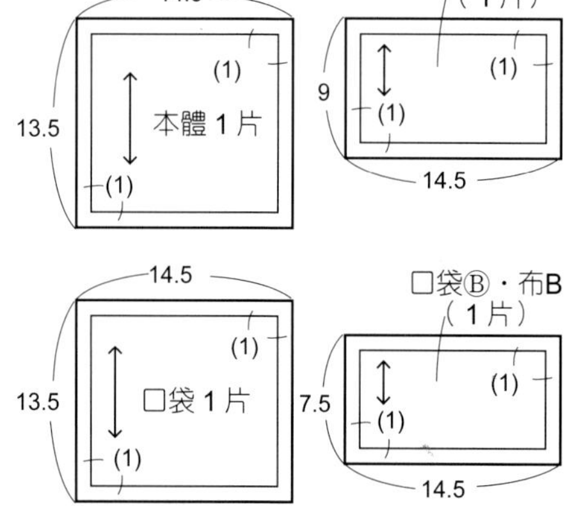

14.5
13.5
(1)
本體1片
(1)
口袋Ⓐ・布B（1片）
9
(1)
(1)
14.5
14.5
13.5
(1)
口袋1片
(1)
口袋Ⓑ・布B（1片）
7.5
(1)
(1)
14.5

■ 做法 ■

①整面貼上膠布襯，並處理縫份。

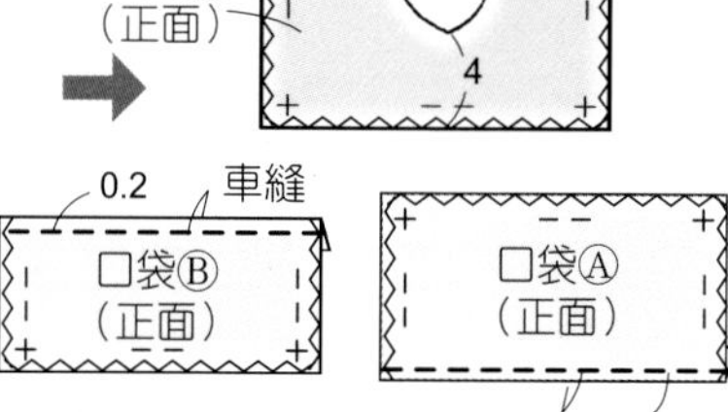

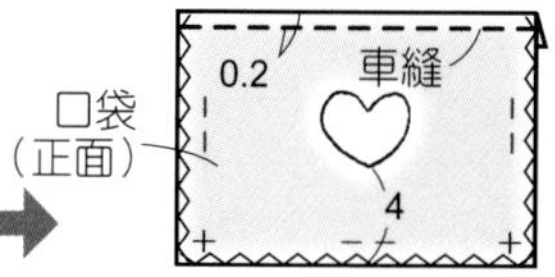

0.2
車縫
口袋（正面）
4

0.2
車縫
口袋Ⓑ（正面）
口袋Ⓐ（正面）
0.2
車縫

②縫上貼花，並處理口袋口。

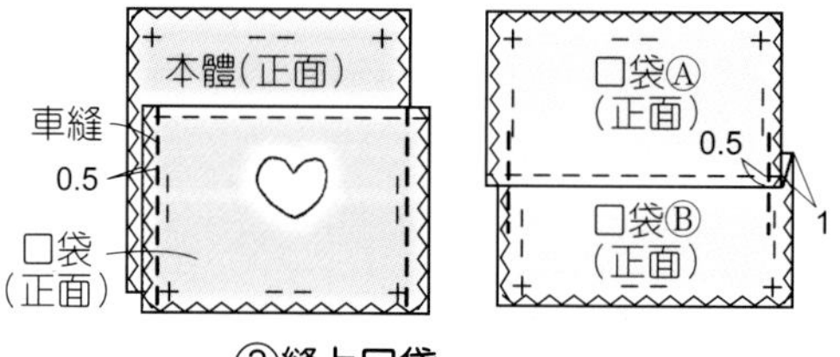

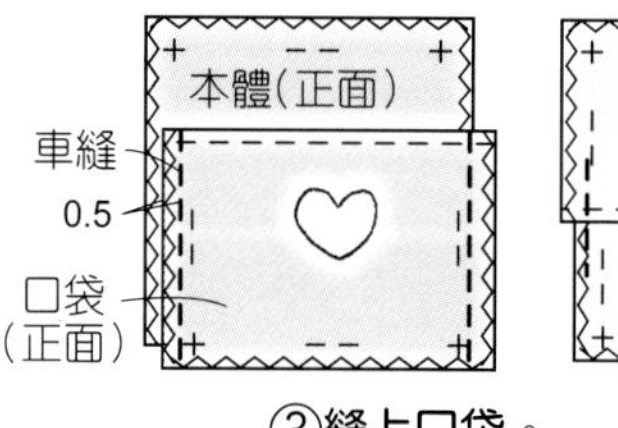

本體（正面）
車縫
0.5
口袋（正面）
口袋Ⓐ（正面）
0.5
口袋Ⓑ（正面）
1

③縫上口袋。

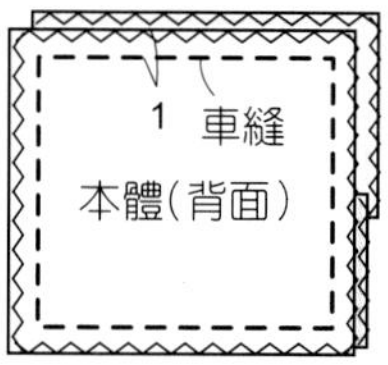

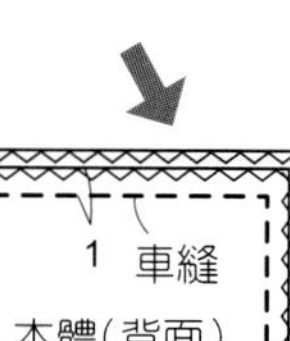

1
車縫
本體（背面）

④縫合本體。

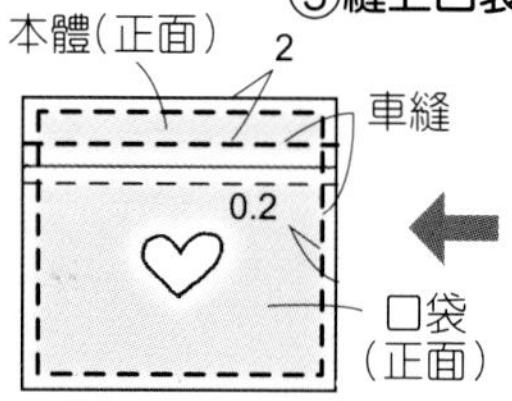

本體（正面）
2
車縫
0.2
口袋（正面）

⑤翻回表面，車縫後即完成。

209・210 第72頁 貼花手帕

【材料】

毛巾手帕…各1條
貼花用布（棉布）…適量
※實物大小紙型見第79頁

■ 做法 ■

①將貼花縫上毛巾手帕即完成。

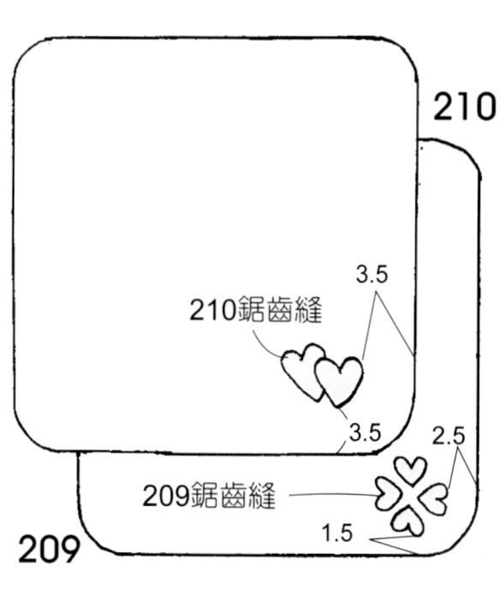

210
3.5
210鋸齒縫
3.5
2.5
209鋸齒縫
1.5
209

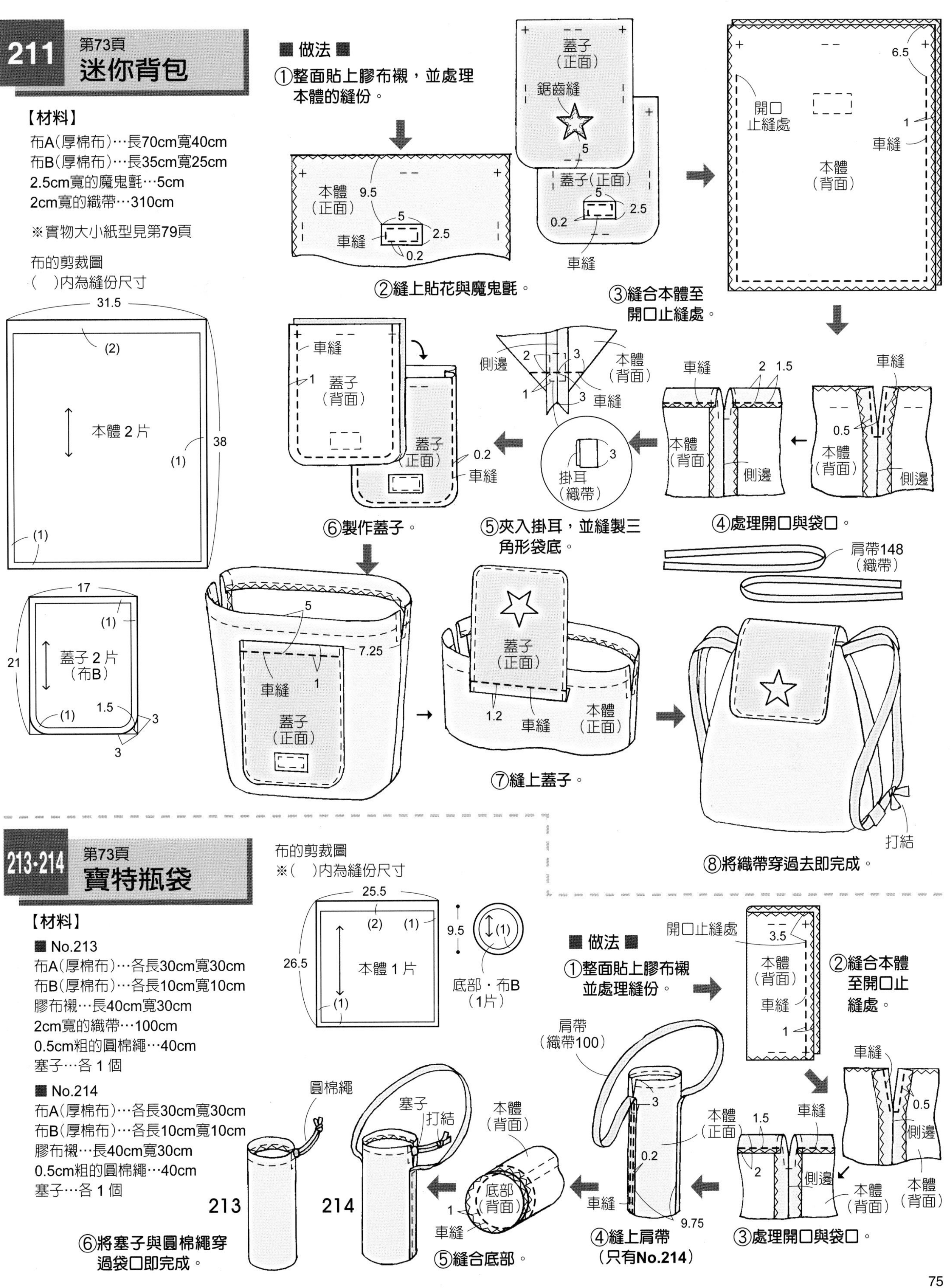
211
第73頁
迷你背包
【材料】
布A(厚棉布)…長70cm寬40cm
布B(厚棉布)…長35cm寬25cm
2.5cm寬的魔鬼氈…5cm
2cm寬的織帶…310cm
※實物大小紙型見第79頁
布的剪裁圖
( )內為縫份尺寸
31.5
(2)
本體 2 片
38
(1)
(1)
17
(1)
蓋子 2 片
(布B)
21
(1)
1.5
3
3
■ 做法 ■
①整面貼上膠布襯，並處理本體的縫份。
本體
(正面)
9.5
5
2.5
0.2
車縫
蓋子
(正面)
鋸齒縫
5
蓋子(正面)
5
2.5
0.2
車縫
②縫上貼花與魔鬼氈。
6.5
開口
止縫處
1
車縫
本體
(背面)
③縫合本體至開口止縫處。
車縫
2
1.5
本體
(背面)
側邊
車縫
0.5
本體
(背面)
側邊
④處理開口與袋口。
側邊
2
3
1
3
本體
(背面)
車縫
3
掛耳
(織帶)
⑤夾入掛耳，並縫製三角形袋底。
車縫
1
蓋子
(背面)
蓋子
(正面)
0.2
車縫
⑥製作蓋子。
5
7.25
車縫
1
蓋子
(正面)
蓋子
(正面)
1.2
車縫
本體
(正面)
⑦縫上蓋子。
肩帶148
(織帶)
打結
⑧將織帶穿過去即完成。
213·214
第73頁
寶特瓶袋
【材料】
■ No.213
布A(厚棉布)…各長30cm寬30cm
布B(厚棉布)…各長10cm寬10cm
膠布襯…長40cm寬30cm
2cm寬的織帶…100cm
0.5cm粗的圓棉繩…40cm
塞子…各 1 個
■ No.214
布A(厚棉布)…各長30cm寬30cm
布B(厚棉布)…各長10cm寬10cm
膠布襯…長40cm寬30cm
0.5cm粗的圓棉繩…40cm
塞子…各 1 個
布的剪裁圖
※( )內為縫份尺寸
25.5
(2)
(1)
26.5
本體 1 片
(1)
9.5
(1)
底部・布B
(1片)
■ 做法 ■
①整面貼上膠布襯並處理縫份。
開口止縫處
3.5
本體
(背面)
車縫
1
②縫合本體至開口止縫處。
車縫
0.5
側邊
本體
(背面)
本體
(正面)
1.5
2
車縫
側邊
本體
(背面)
③處理開口與袋口。
肩帶
(織帶100)
3
0.2
車縫
9.75
④縫上肩帶
(只有No.214)
本體
(背面)
底部
(背面)
1
車縫
⑤縫合底部。
圓棉繩
塞子
打結
213
214
⑥將塞子與圓棉繩穿過袋口即完成。

215

216

做法見第78頁

用碎布改造T恤

將裁成四方形的碎布隨意編排後縫在T恤上。樸素的T恤也能變得非常時髦！

椅子座套

將充滿回憶的衣服或和服鋪在椅子上。將布套住座面後，再用馬釘槍固定，做法相當簡單。

217

做法見第78頁

一 貼即成！用零碼布做簡單改造

即使不擅長裁縫，只要使用碎布一樣能達到改造的樂趣。
只要用貼就OK！藉由不同設計，創作出多款令人愛不釋手的小物！

明信片

將布的背面貼上雙面膠後裁剪下來，再貼於卡片或信紙上即可。雖然做法簡單，卻可以做出可愛又獨特的卡片！

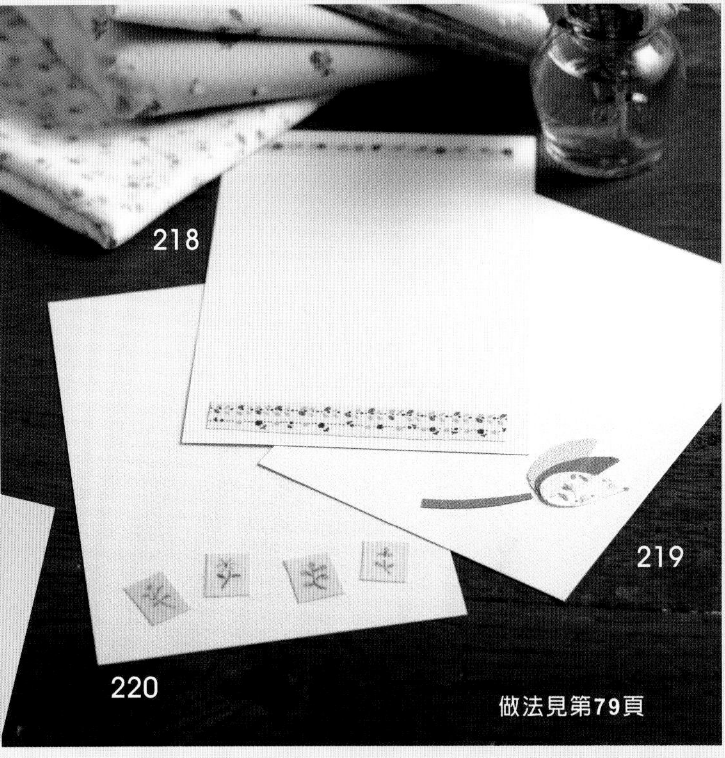
218
219
220
做法見第79頁

221
222
223
224
225

各式布貼紙

將喜歡的花色或圖案剪下來做成貼紙吧。只要用貼的，就能做出各種漂亮的小物。

做法見第79頁

226
227
做法見第79頁

改造筆記本

要不要貼上喜歡的零碼布，做成獨一無二的筆記本呢？對於經常使用的筆記本也可以享受改造的樂趣。

215·216 第76頁 用碎布改造T恤

【材料】
T恤
布(棉布)…各適量

布的剪裁圖
※( )為縫份尺寸

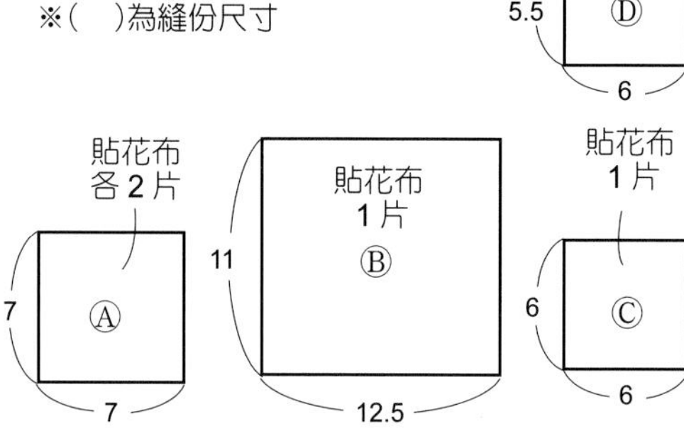

貼花布
1片
5.5
Ⓓ
6
貼花布
各2片
7
Ⓐ
7
11
貼花布
1片
Ⓑ
12.5
貼花布
1片
6
Ⓒ
6

■ 做法 ■

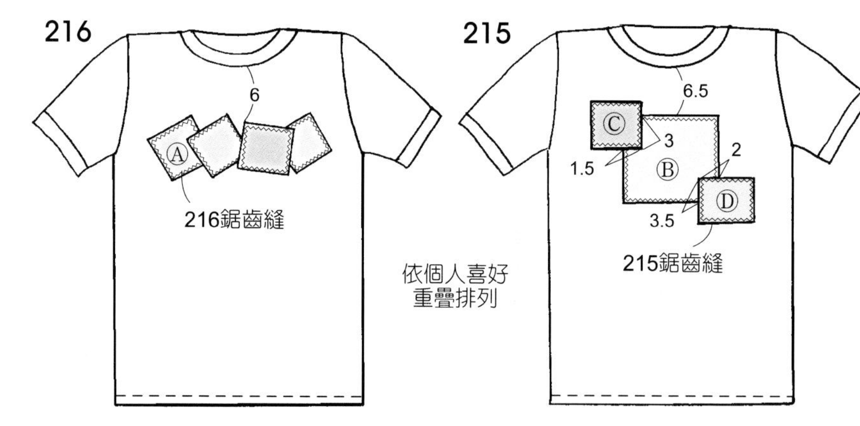

216
6
Ⓐ
216鋸齒縫
215
6.5
Ⓒ
3
2
1.5
Ⓑ
Ⓓ
3.5
215鋸齒縫
依個人喜好
重疊排列

①將貼花縫在T恤上即完成。

204 第69頁 口金包

【材料】
布(棉布)…長40cm寬20cm
膠布襯…長40cm寬20cm
口金…1組
貼花用布…適量

布的剪裁圖
※( )內為縫份尺寸

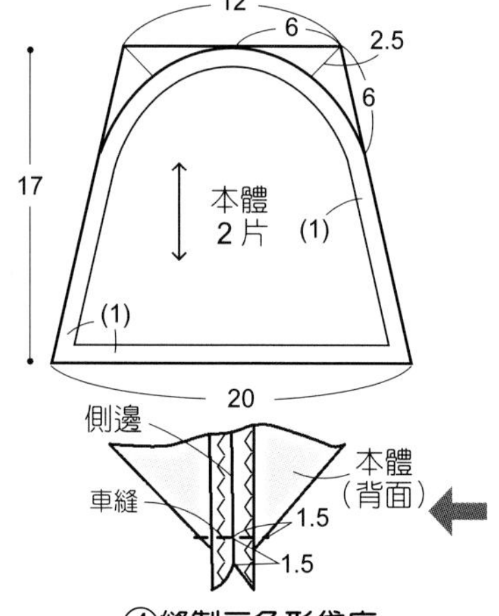

12
6
2.5
6
17
本體
2片
(1)
(1)
20

■ 做法 ■

①貼上膠布襯並處理縫份。

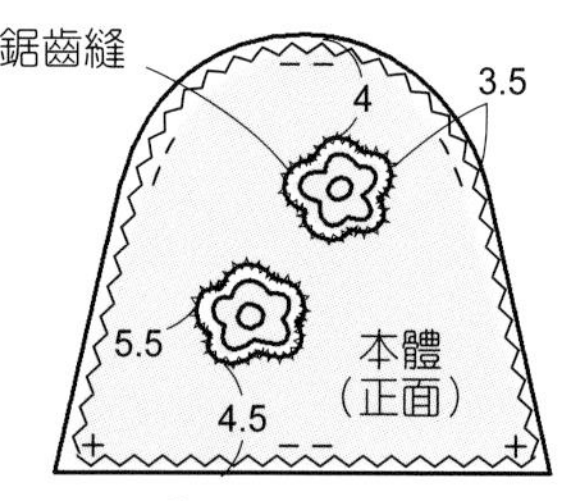

鋸齒縫
4
3.5
5.5
本體
(正面)
4.5

②縫上貼花。

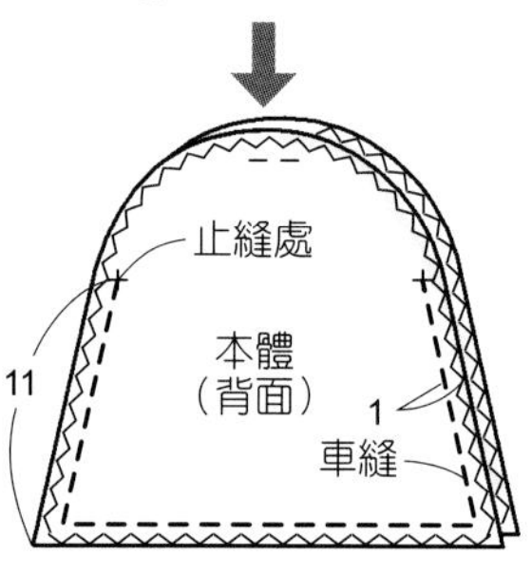

止縫處
11
本體
(背面)
1
車縫

③縫合本體至止縫處。

側邊
本體
(背面)
車縫
1.5
1.5

④縫製三角形袋底。

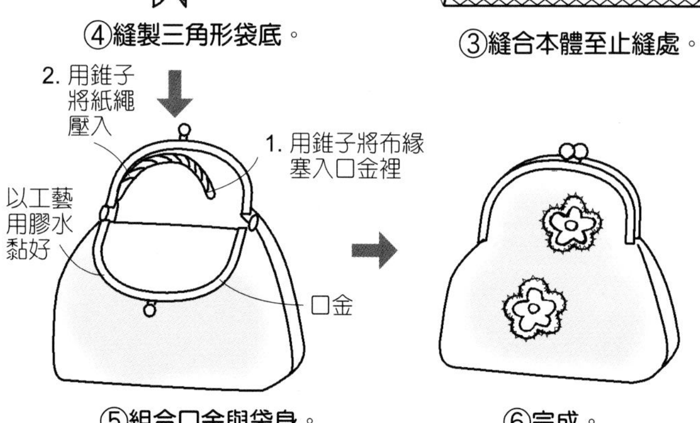

2. 用錐子
將紙繩
壓入
1. 用錐子將布緣
塞入口金裡
以工藝
用膠水
黏好
口金

⑤組合口金與袋身。

⑥完成。

217 第76頁 椅子座套

【材料】
布(棉布)…適量
椅子

■ 做法 ■

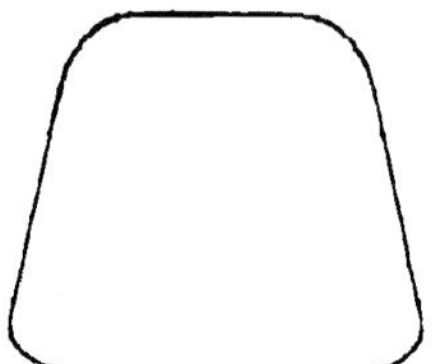

①拆下椅子的座面。

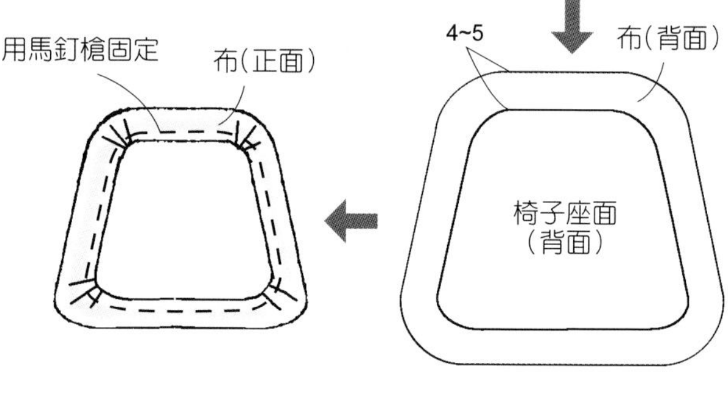

用馬釘槍固定
布(正面)
4~5
布(背面)
椅子座面
(背面)

③將布固定好。

②裁剪布。

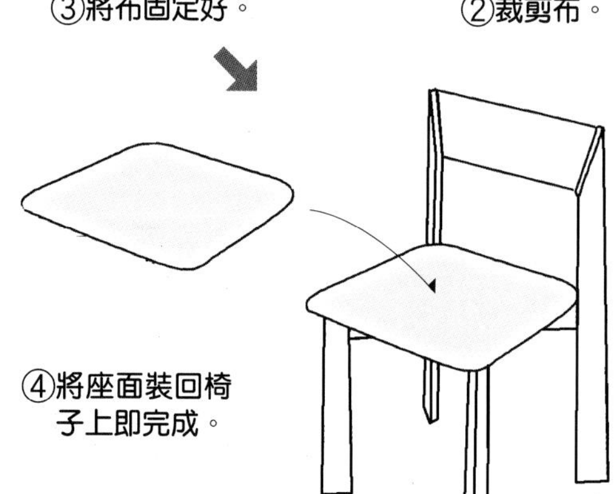

④將座面裝回椅子上即完成。

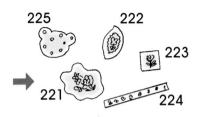

221~225 第77頁 各式布貼紙

【材料】
布(棉布)…適量
雙面膠…適量

■ 做法 ■

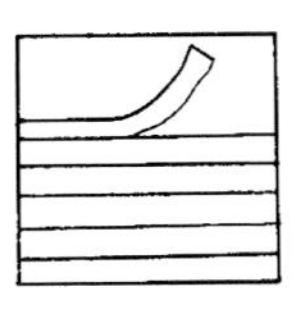

①貼上雙面膠。

雙面膠
布(背面)
剪下

②裁成喜歡的形狀
(也可配合圖樣裁剪)。

225
222
223
221
224

③完成各種布貼紙。

218~220 第77頁 明信片

【材料】
紙…15cm×10cm，每種顏色各 1 張
布(棉布)…適量
※貼紙的做法見No.221~225

■ 做法 ■

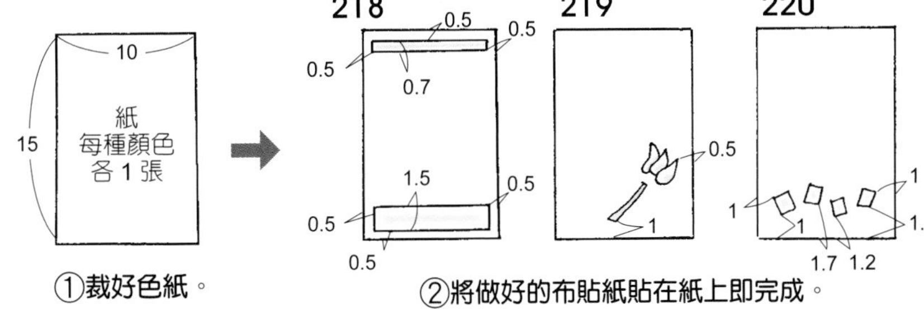
10
15
紙
每種顏色
各 1 張
218
219
220
0.5
0.5
0.5
0.7
1.5
0.5
0.5
0.5
0.5
1
1
1
1
1.5
1.7 1.2

①裁好色紙。

②將做好的布貼紙貼在紙上即完成。

226・227 第77頁 改造筆記本

【材料】
筆記本…各 1 本
布(棉布)…適量
※貼紙的做法見No.221~225

■ 做法 ■

①先製作布貼紙，
再貼上筆記本即
完成。

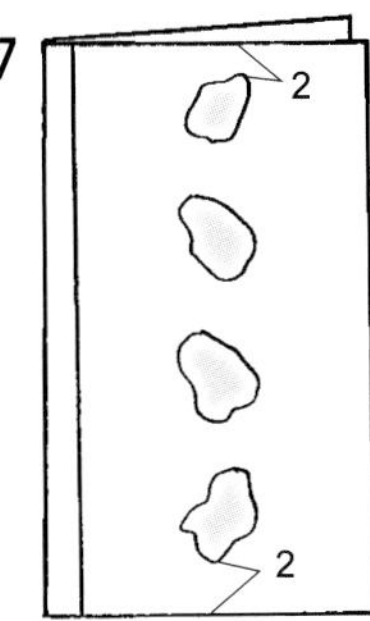
227
2
2

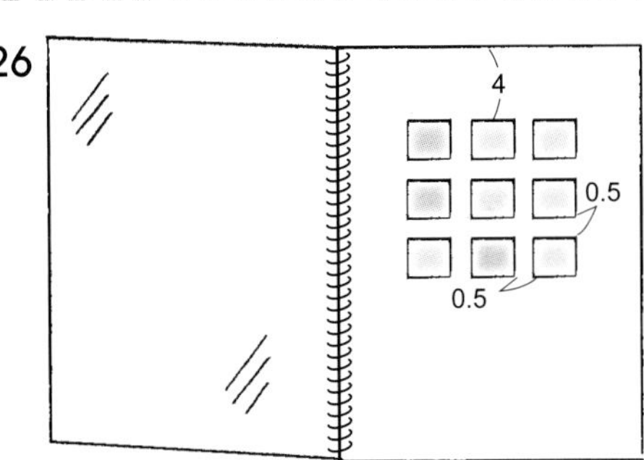
226
4
0.5
0.5

232 第80頁 牛奶盒椅

【材料】
牛奶盒(1000ml)…18個
布A(棉布)…長90cm寬25cm
布B(厚棉布)…長25cm寬25cm
鋪棉…長25cm寬25cm
廣告紙…適量

牛奶盒的剪裁與組合圖

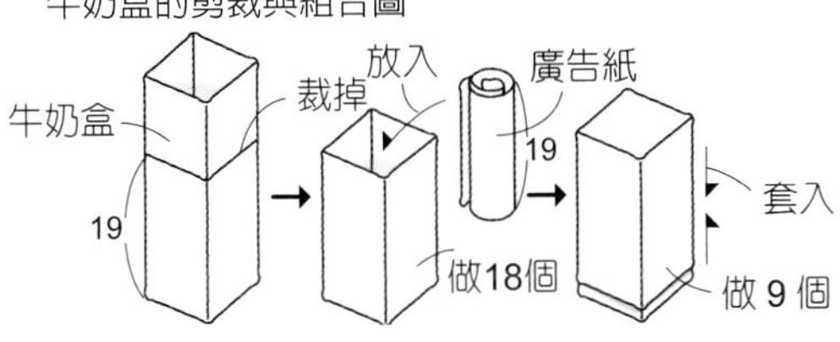
牛奶盒
裁掉
放入
廣告紙
19
19
做18個
套入
做 9 個

■ 做法 ■

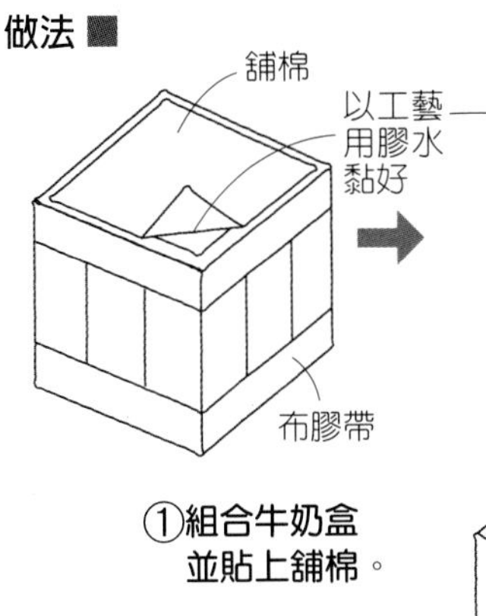
鋪棉
以工藝
用膠水
黏好
布膠帶

①組合牛奶盒
並貼上鋪棉。

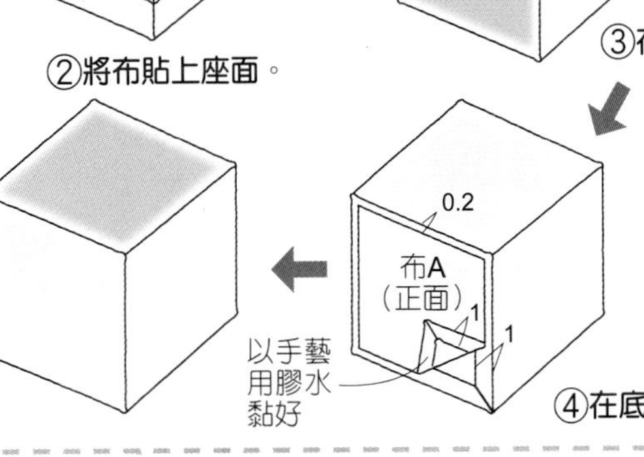
布B(正面)
1
1
1
1
1
布B
(正面)
以手藝
用膠水
黏好
0.2
布A
(正面)
1
1
以手藝
用膠水
黏好

②將布貼上座面。

③在周圍貼上布。

④在底部貼上布。

⑤完成。

212 第73頁 貼花手帕

【材料】
毛巾…各 1 條
貼花用布 (棉布)…適量

■ 做法 ■

①剪下印花圖
案，縫上貼
花即完成。

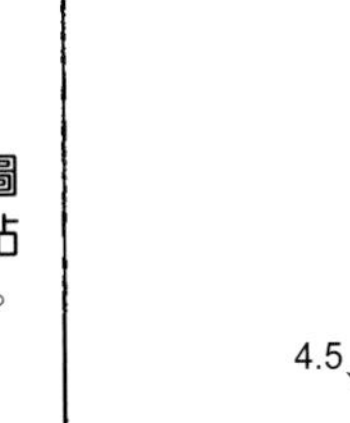
2
4.5

實物大小紙型

208
立針縫
209
對摺線
鋸齒縫
對摺線
210
鋸齒縫
211
鋸齒縫
對摺線

妥善運用漂亮的碎布，讓屋裡的氣氛溫暖起來

只要擺上親手作的布小物，就能使房裡變得溫暖。用充滿回憶或鍾愛的布，
做做這些溫馨的布小物吧。

迷你靠墊

使用兩款布做成的靠墊。就算布的尺寸不足，運用小巧思也能發揮它的魅力。靠墊的一面若使用刷毛布，則能創造出溫暖的感覺。

229

228

231

230

做法見第82頁

牛奶盒椅

將兩個牛奶盒套在一起，共做好九組之後，再做成一張大椅子。這個大小也可作為踏台，所以非常實用。素布做成的座面是這張椅子的特色。

232

做法見第79頁

·HOUSE·
233

做法見第83頁

鑰匙收納掛袋

掛壁式的鑰匙收納袋。回家後鑰匙都擺在這裡吧！再也不必四處尋覓鑰匙了。口袋的數目可依家庭人數來調整。

面紙盒

骰子狀的可愛面紙盒。可將市售的面紙稍微摺一下再放進去。

234

做法見第82頁

裝飾墊

可做為花瓶墊或桌巾使用，成為房裡的小點綴。將零碼布做成配色漂亮的拼布墊。

235

做法見第83頁

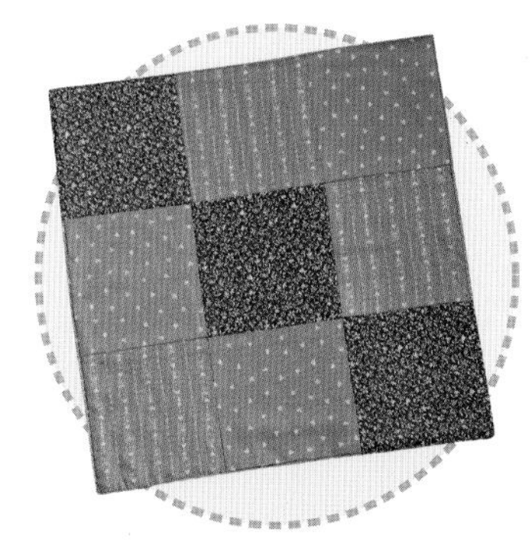

228~231 第80頁 迷你靠墊

【材料】

■ No.228・229
布A(棉布)…各長30cm寬30cm
布B(刷毛布)…各長30cm寬30cm
化纖棉…適量

■ No.230・231
布A(棉布)…各長35cm寬25cm
布B(刷毛布)…各長35cm寬25cm
化纖棉…適量

布的剪裁圖
※( )內為縫份尺寸

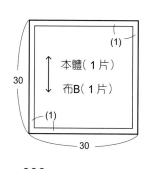

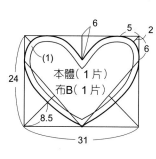

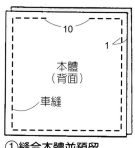

本體(1片)
布B(1片)
(1)
30
30

本體(1片)
布B(1片)
6
5
2
6
(1)
24
8.5
31

■ 做法 ■

10
1
本體
(背面)
車縫

①縫合本體並預留翻面口。

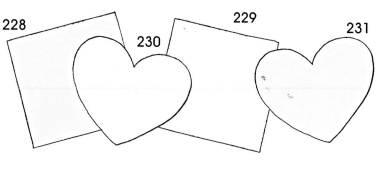

棉花
本體
(正面)

②翻回正面後塞入棉花。

翻面口
本體
(正面)

③縫合翻面口即完成。

228
229
230
231

234 第81頁 面紙盒

【材料】

布(棉布)…長80cm寬15cm
0.7cm寬的緞面緞帶…35cm
厚紙板…45cm×30cm
塑膠片…適量

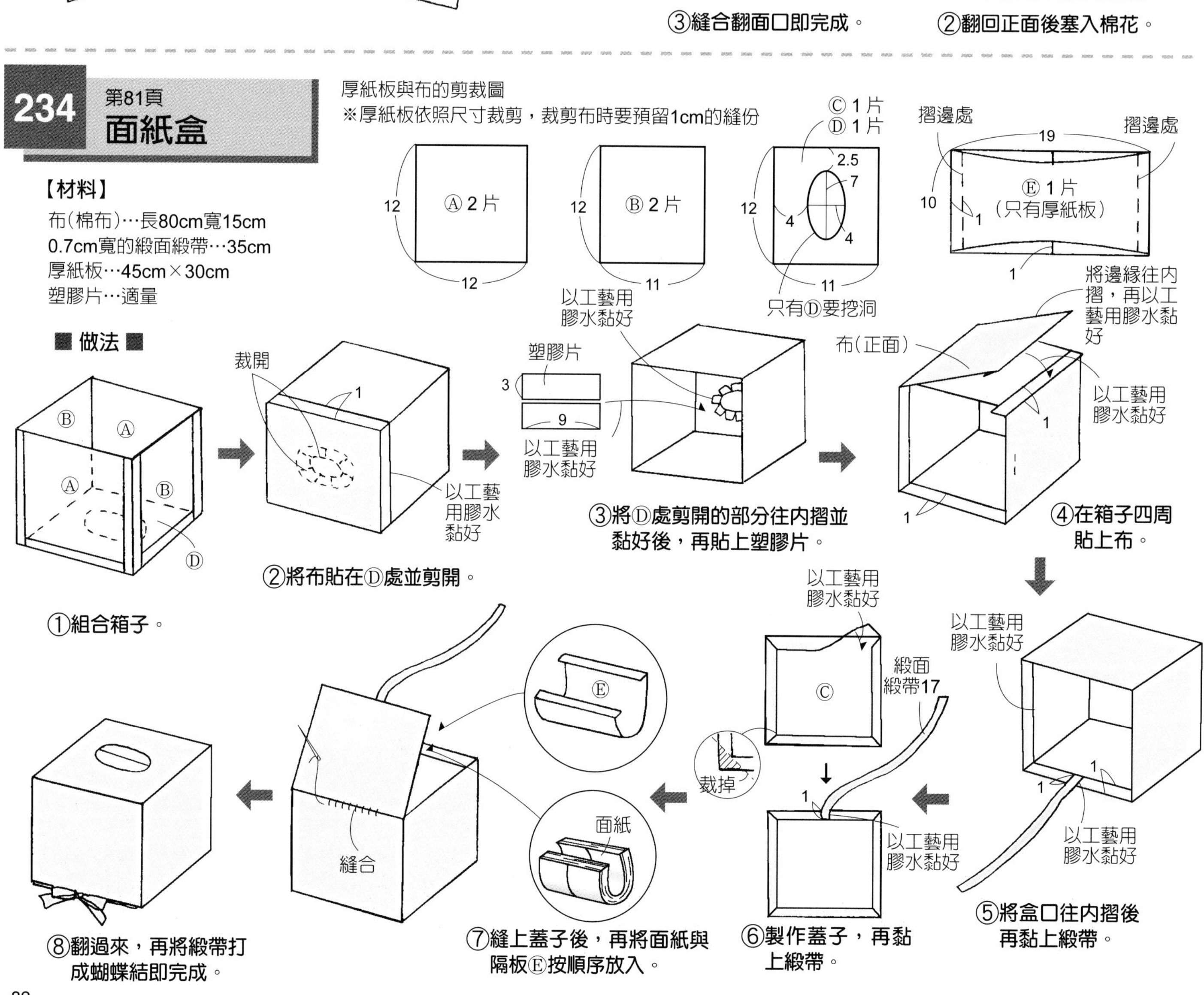

厚紙板與布的剪裁圖
※厚紙板依照尺寸裁剪，裁剪布時要預留1cm的縫份
Ⓐ 2片
12
12
Ⓑ 2片
12
11
Ⓒ 1片
Ⓓ 1片
2.5
7
4
4
12
11
只有Ⓓ要挖洞
摺邊處
摺邊處
19
Ⓔ 1片
(只有厚紙板)
10
1
1
■ 做法 ■
Ⓑ
Ⓐ
Ⓐ
Ⓑ
Ⓓ
①組合箱子。
裁開
1
以工藝用膠水黏好
②將布貼在Ⓓ處並剪開。
塑膠片
3
9
以工藝用膠水黏好
以工藝用膠水黏好
③將Ⓓ處剪開的部分往內摺並黏好後，再貼上塑膠片。
布(正面)
將邊緣往內摺，再以工藝用膠水黏好
以工藝用膠水黏好
1
1
④在箱子四周貼上布。
以工藝用膠水黏好
1
1
以工藝用膠水黏好
⑤將盒口往內摺後再黏上緞帶。
以工藝用膠水黏好
Ⓒ
緞面緞帶17
裁掉
1
以工藝用膠水黏好
⑥製作蓋子，再黏上緞帶。
Ⓔ
面紙
⑦縫上蓋子後，再將面紙與隔板Ⓔ按順序放入。
縫合
⑧翻過來，再將緞帶打成蝴蝶結即完成。

233 第81頁 鑰匙收納掛袋

【材料】

布A（棉布）…長50cm寬15cm
布B（厚棉布）…長30cm寬15cm
膠布襯…長75cm寬15cm
貼花用不織布…白色，適量

布的剪裁圖
※（ ）內為縫份尺寸

■ 做法 ■

235 第81頁 裝飾墊

【材料】

布A（厚棉布）…長30cm寬30cm
布B（棉布）…各長40cm寬15cm

布的剪裁圖
※（ ）內為縫份尺寸

■ 做法 ■

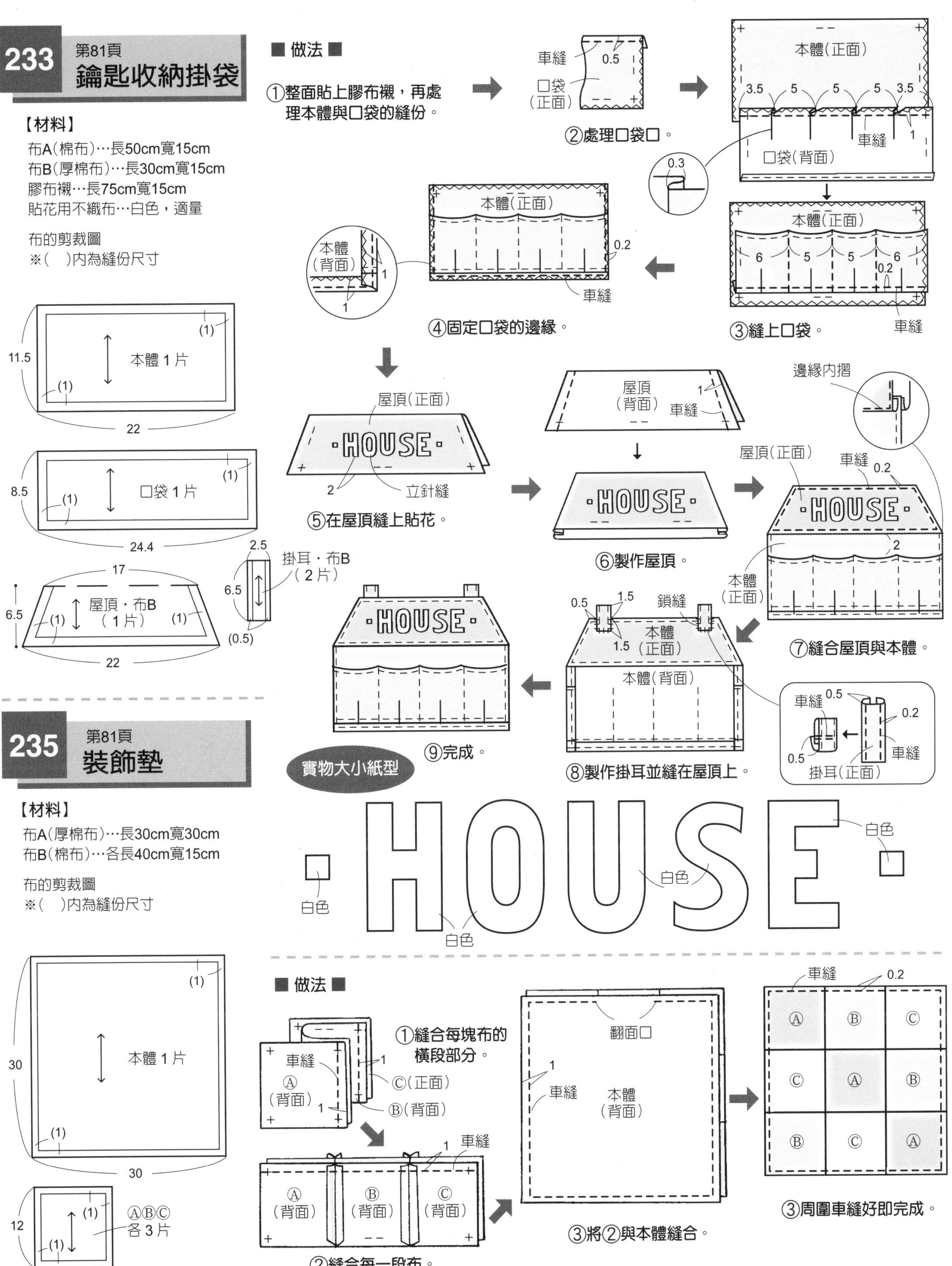

①整面貼上膠布襯，再處理本體與口袋的縫份。
車縫
0.5
口袋（正面）
②處理口袋口。
本體（正面）
3.5
5
5
5
3.5
車縫
1
口袋（背面）
0.3
③縫上口袋。
6
5
5
6
0.2
車縫
④固定口袋的邊緣。
本體（背面）
0.2
⑤在屋頂縫上貼花。
屋頂（正面）
HOUSE
2
立針縫
屋頂（背面）
⑥製作屋頂。
邊緣內摺
⑦縫合屋頂與本體。
本體（正面）
0.5
1.5
鎖縫
本體（背面）
⑧製作掛耳並縫在屋頂上。
掛耳（正面）
⑨完成。
11.5
本體 1 片
(1)
22
8.5
口袋 1 片
24.4
17
6.5
屋頂・布B（1片）
2.5
掛耳・布B（2片）
(0.5)
實物大小紙型
白色
30
本體 1 片
12
ⒶⒷⒸ各 3 片
①縫合每塊布的橫段部分。
Ⓐ（背面）
Ⓒ（正面）
Ⓑ（背面）
②縫合每一段布。
翻面口
本體（背面）
③將②與本體縫合。
③周圍車縫好即完成。

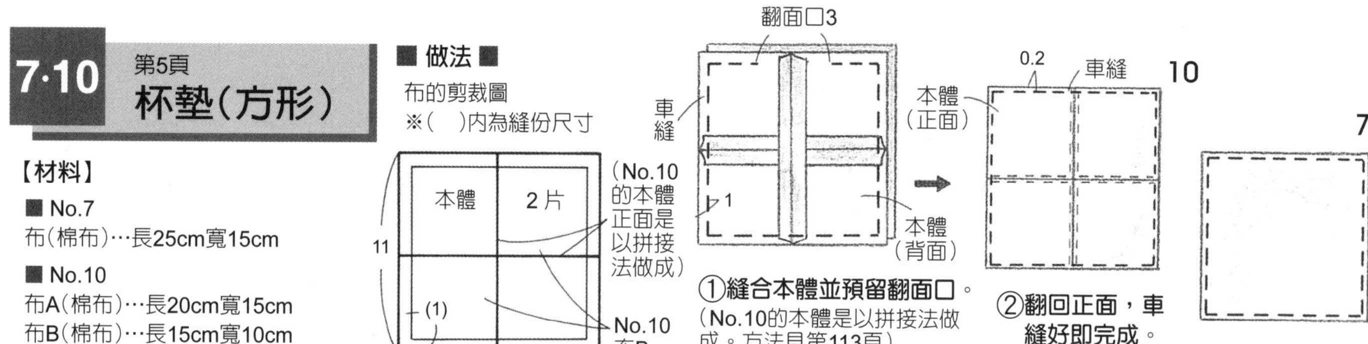

7·10 杯墊(方形)

第5頁

【材料】

■ No.7

布(棉布)…長25cm寬15cm

■ No.10

布A(棉布)…長20cm寬15cm

布B(棉布)…長15cm寬10cm

■ 做法 ■

布的剪裁圖

※( )內為縫份尺寸

本體
2片
11
(1)
11
(No.10的本體正面是以拼接法做成)
No.10布B
翻面口3
車縫
1
本體(背面)
①縫合本體並預留翻面口。(No.10的本體是以拼接法做成。方法見第113頁)
0.2
車縫
10
本體(正面)
②翻回正面，車縫好即完成。
7

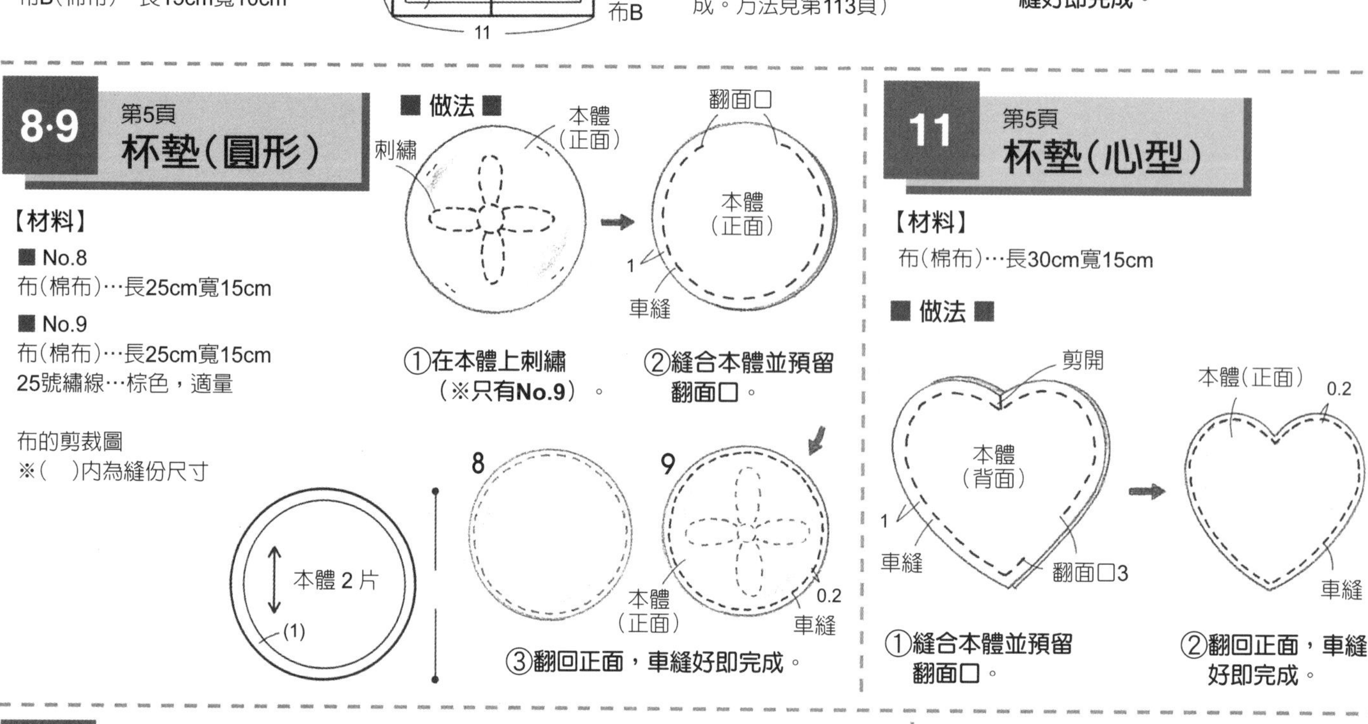

8·9 杯墊(圓形)

第5頁

【材料】

■ No.8

布(棉布)…長25cm寬15cm

■ No.9

布(棉布)…長25cm寬15cm

25號繡線…棕色，適量

布的剪裁圖

※( )內為縫份尺寸

■ 做法 ■

刺繡
本體(正面)
①在本體上刺繡(※只有No.9)。
翻面口
本體(正面)
1
車縫
②縫合本體並預留翻面口。
本體 2片
(1)
8
9
本體(正面)
0.2
車縫
③翻回正面，車縫好即完成。

11 杯墊(心型)

第5頁

【材料】

布(棉布)…長30cm寬15cm

■ 做法 ■

剪開
本體(背面)
1
車縫
翻面口3
①縫合本體並預留翻面口。
本體(正面)
0.2
車縫
②翻回正面，車縫好即完成。

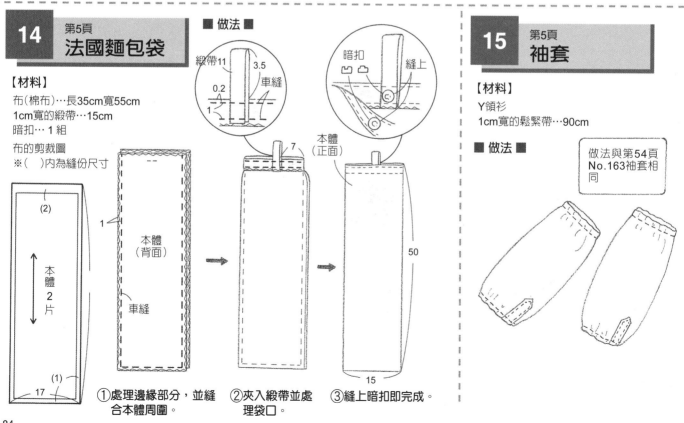

14 法國麵包袋

第5頁

【材料】

布(棉布)…長35cm寬55cm

1cm寬的緞帶…15cm

暗扣…1組

布的剪裁圖

※( )內為縫份尺寸

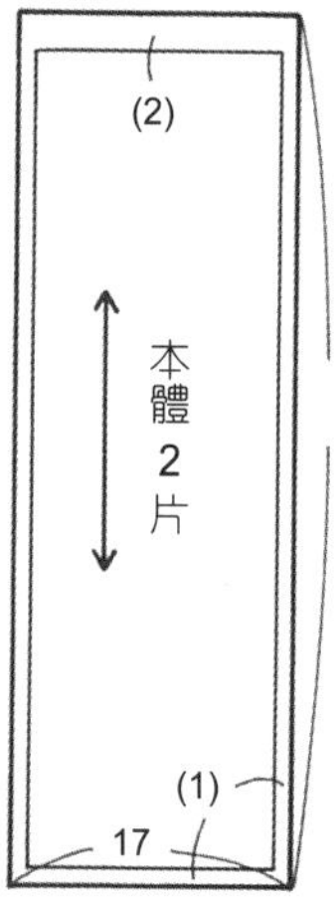

(2)

本體 2片

(1)

17

■ 做法 ■

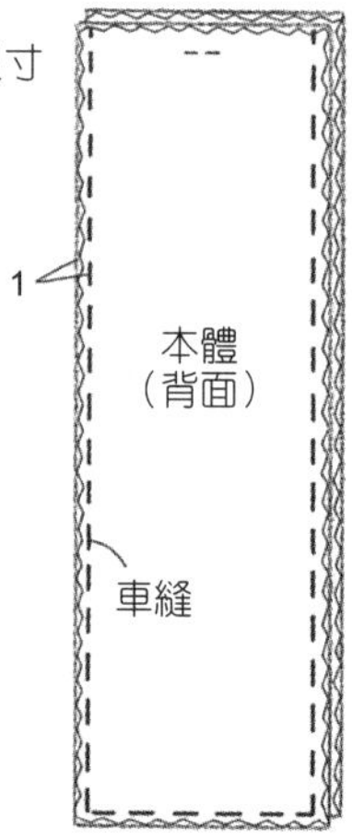

緞帶11

3.5

0.2

車縫

1

本體(背面)

車縫

①處理邊緣部分，並縫合本體周圍。

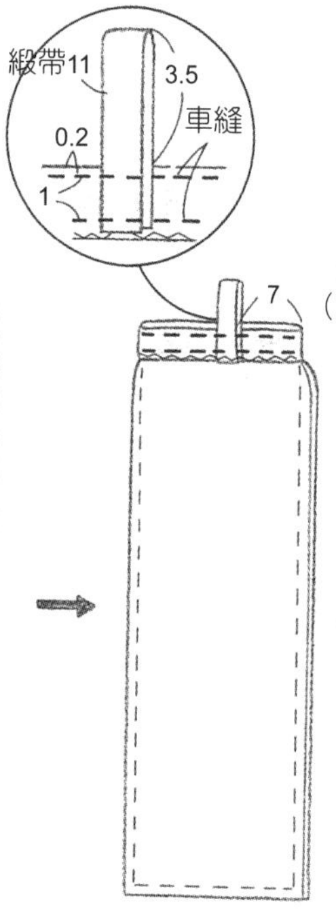

7

②夾入緞帶並處理袋口。

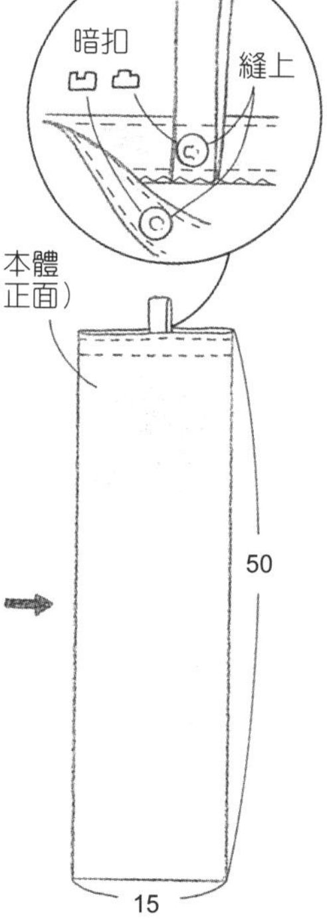

暗扣

縫上

本體(正面)

50

15

③縫上暗扣即完成。

15 袖套

第5頁

【材料】

Y領衫

1cm寬的鬆緊帶…90cm

■ 做法 ■

做法與第54頁No.163袖套相同

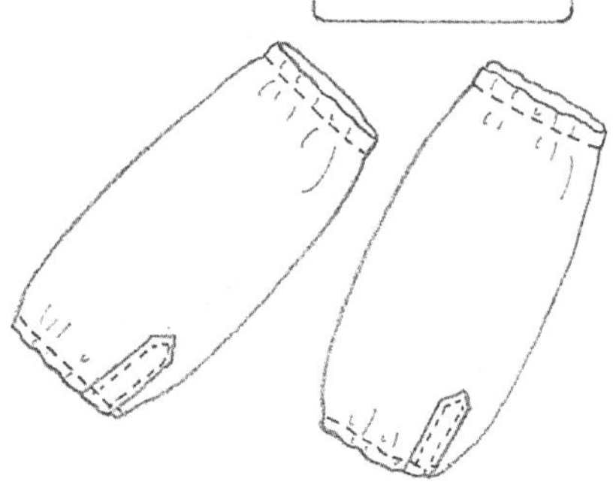

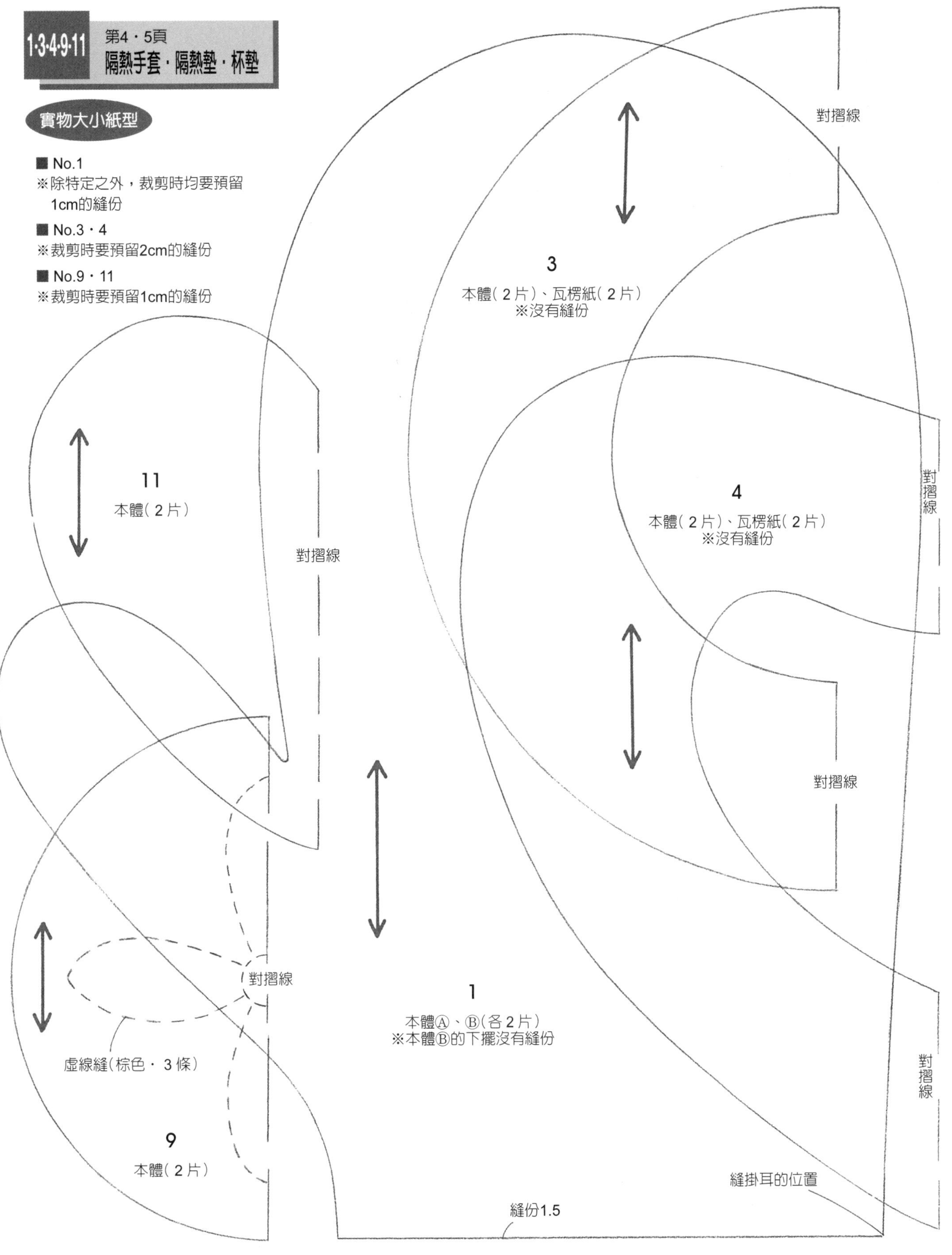
1·3·4·9·11
第4・5頁
隔熱手套・隔熱墊・杯墊
實物大小紙型
■ No.1
※除特定之外，裁剪時均要預留1cm的縫份
■ No.3・4
※裁剪時要預留2cm的縫份
■ No.9・11
※裁剪時要預留1cm的縫份
對摺線
3
本體（2片）、瓦楞紙（2片）
※沒有縫份
11
本體（2片）
對摺線
對摺線
4
本體（2片）、瓦楞紙（2片）
※沒有縫份
對摺線
對摺線
1
本體Ⓐ、Ⓑ（各2片）
※本體Ⓑ的下擺沒有縫份
虛線縫（棕色・3條）
9
本體（2片）
對摺線
縫掛耳的位置
縫份1.5

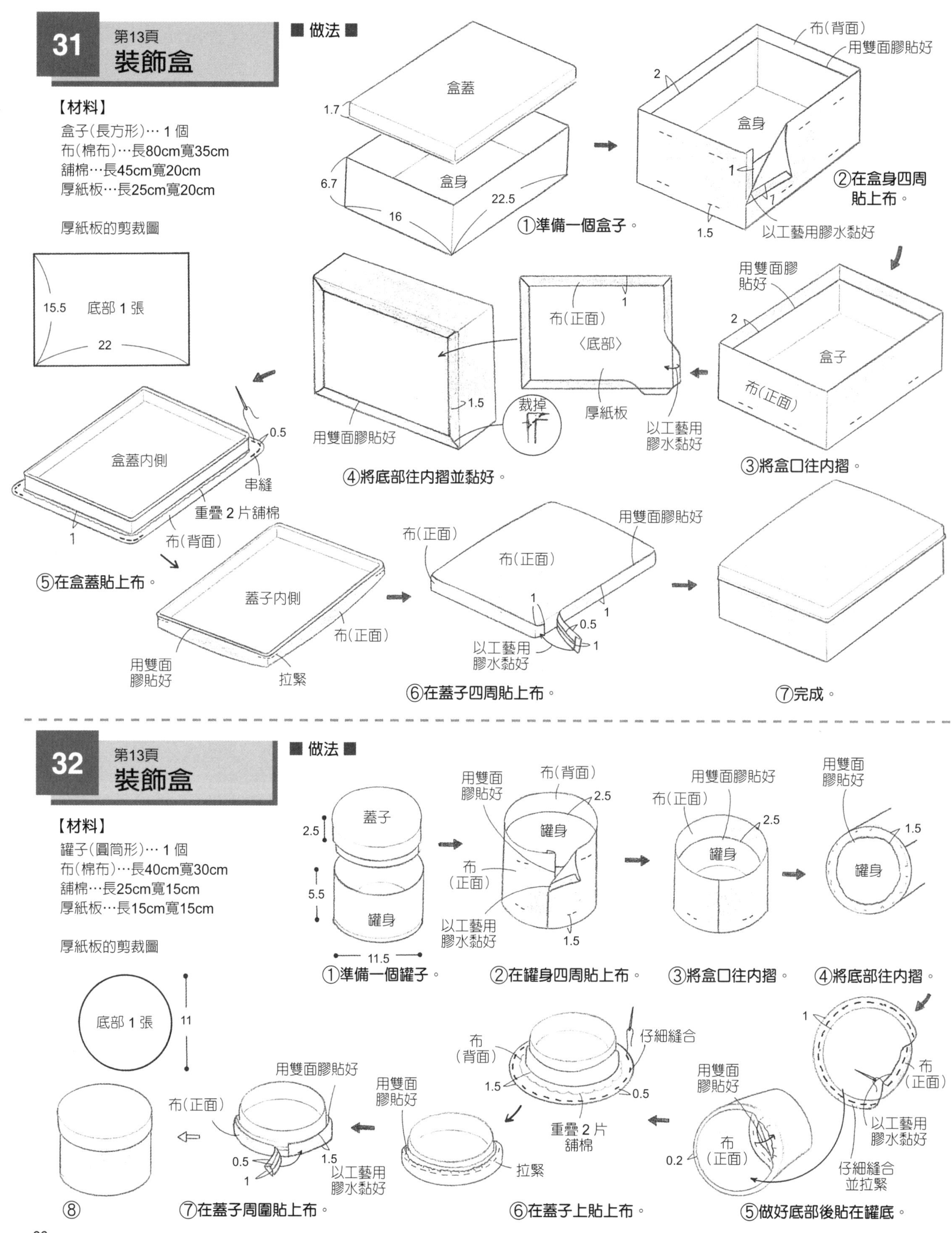
31
第13頁
裝飾盒
【材料】
盒子(長方形)…1個
布(棉布)…長80cm寬35cm
鋪棉…長45cm寬20cm
厚紙板…長25cm寬20cm
厚紙板的剪裁圖
15.5
底部1張
22
■ 做法 ■
盒蓋
1.7
盒身
6.7
16
22.5
①準備一個盒子。
布(背面)
用雙面膠貼好
2
盒身
1
1
1.5
以工藝用膠水黏好
②在盒身四周貼上布。
用雙面膠貼好
2
盒子
布(正面)
③將盒口往內摺。
1
布(正面)
〈底部〉
厚紙板
以工藝用膠水黏好
裁掉
1.5
用雙面膠貼好
④將底部往內摺並黏好。
0.5
盒蓋內側
串縫
重疊2片鋪棉
1
布(背面)
⑤在盒蓋貼上布。
蓋子內側
布(正面)
用雙面膠貼好
拉緊
布(正面)
布(正面)
用雙面膠貼好
1
1
0.5
1
以工藝用膠水黏好
⑥在蓋子四周貼上布。
⑦完成。
32
第13頁
裝飾盒
【材料】
罐子(圓筒形)…1個
布(棉布)…長40cm寬30cm
鋪棉…長25cm寬15cm
厚紙板…長15cm寬15cm
厚紙板的剪裁圖
底部1張
11
■ 做法 ■
2.5
蓋子
5.5
罐身
11.5
①準備一個罐子。
用雙面膠貼好
布(背面)
2.5
罐身
布(正面)
以工藝用膠水黏好
1.5
②在罐身四周貼上布。
用雙面膠貼好
布(正面)
2.5
罐身
③將盒口往內摺。
用雙面膠貼好
1.5
罐身
④將底部往內摺。
1
布(正面)
以工藝用膠水黏好
仔細縫合並拉緊
用雙面膠貼好
布(正面)
0.2
⑤做好底部後貼在罐底。
布(背面)
仔細縫合
1.5
0.5
重疊2片鋪棉
拉緊
⑥在蓋子上貼上布。
用雙面膠貼好
用雙面膠貼好
布(正面)
0.5
1
1.5
以工藝用膠水黏好
⑦在蓋子周圍貼上布。
⑧

20 第9頁 蝶古巴特面紙盒

【材料】

布(棉布)…適量
瓦楞紙…35cm×25cm

瓦楞紙剪裁圖
※使用0.5cm厚的瓦楞紙

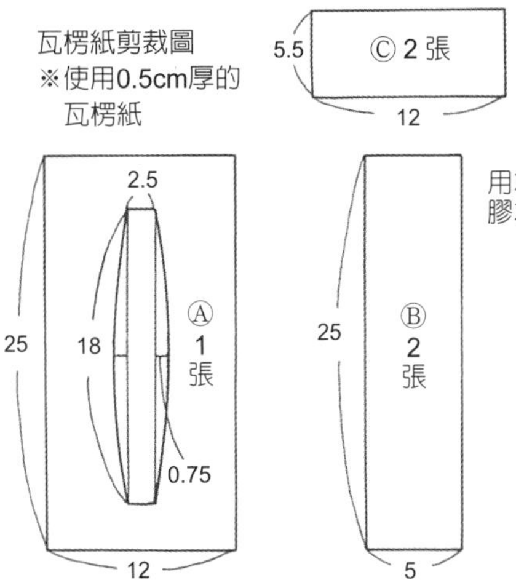

5.5
Ⓒ 2 張
12
2.5
25
18
Ⓐ 1 張
0.75
12
25
Ⓑ 2 張
5

■ 做法 ■

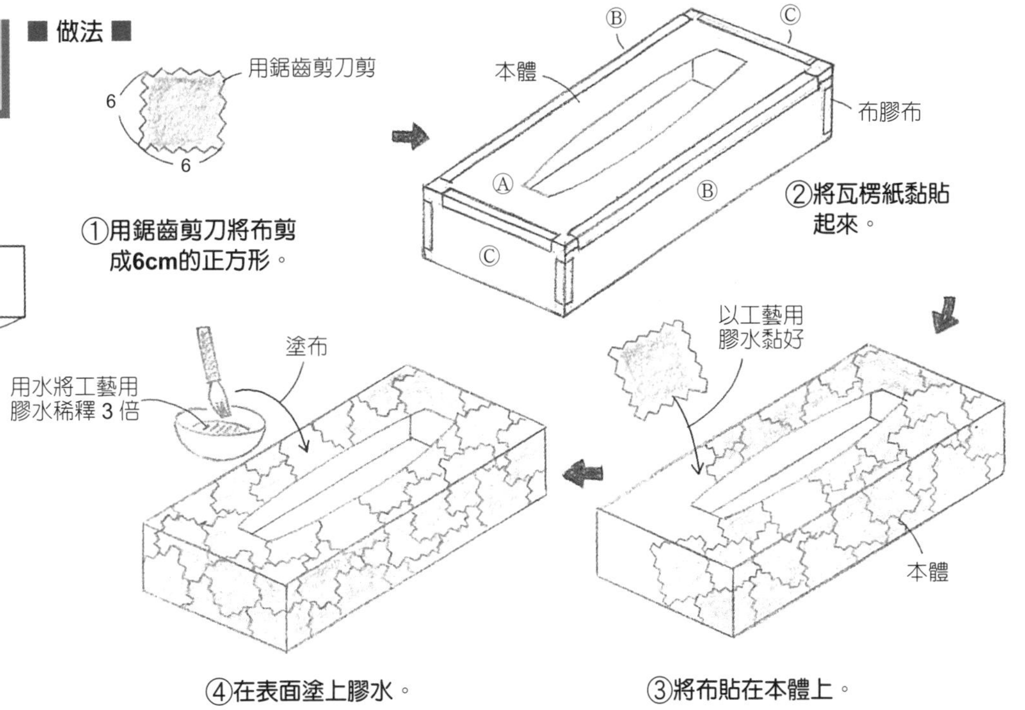

用鋸齒剪刀剪
6
6
本體
Ⓑ
Ⓒ
布膠布
Ⓐ
Ⓑ
Ⓒ
以工藝用膠水黏好
塗布
用水將工藝用膠水稀釋 3 倍
本體

①用鋸齒剪刀將布剪成6cm的正方形。

②將瓦楞紙黏貼起來。

③將布貼在本體上。

④在表面塗上膠水。

21 第9頁 迷你盒

【材料】

小盒子… 1 個
布(棉布)…適量

■ 做法 ■

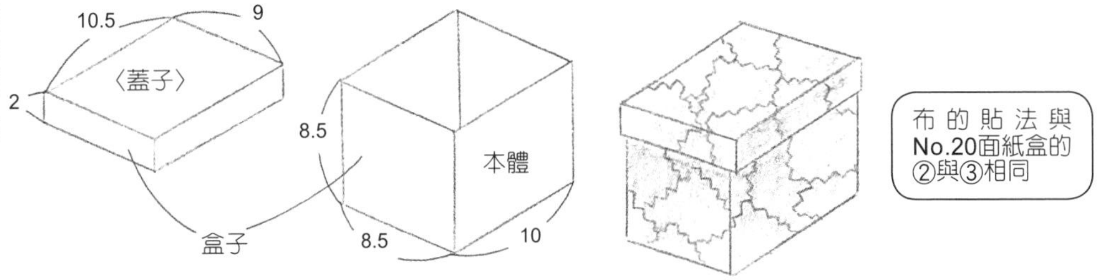

10.5
9
2
〈蓋子〉
8.5
本體
盒子
8.5
10

布的貼法與No.20面紙盒的②與③相同

22~24 第9頁 迷你籃子

【材料】

■ No.22
裝櫻桃蕃茄的塑膠盒… 2 個
布(棉布)…適量
25號繡線…卡其色，適量

■ No.23
裝球芽甘藍的塑膠盒… 2 個
布(棉布)…適量
25號繡線…棕色，適量

■ No.24
裝草莓的塑膠盒… 2 個
布(棉布)…適量
25號繡線…咖啡色，適量

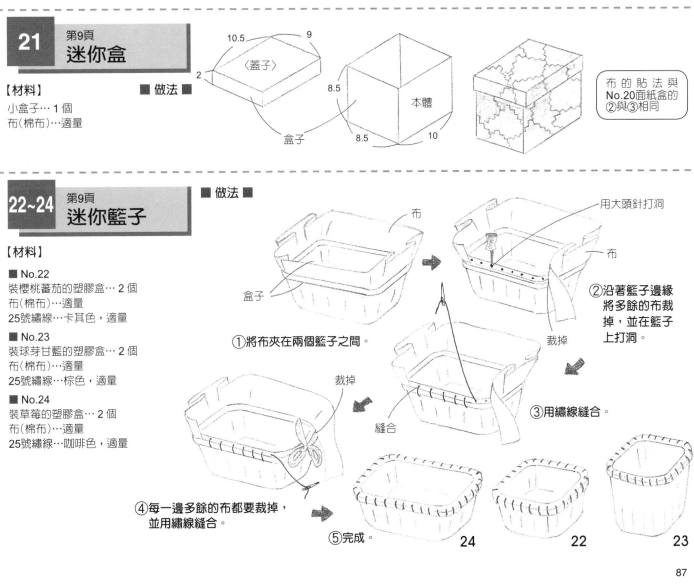

■ 做法 ■

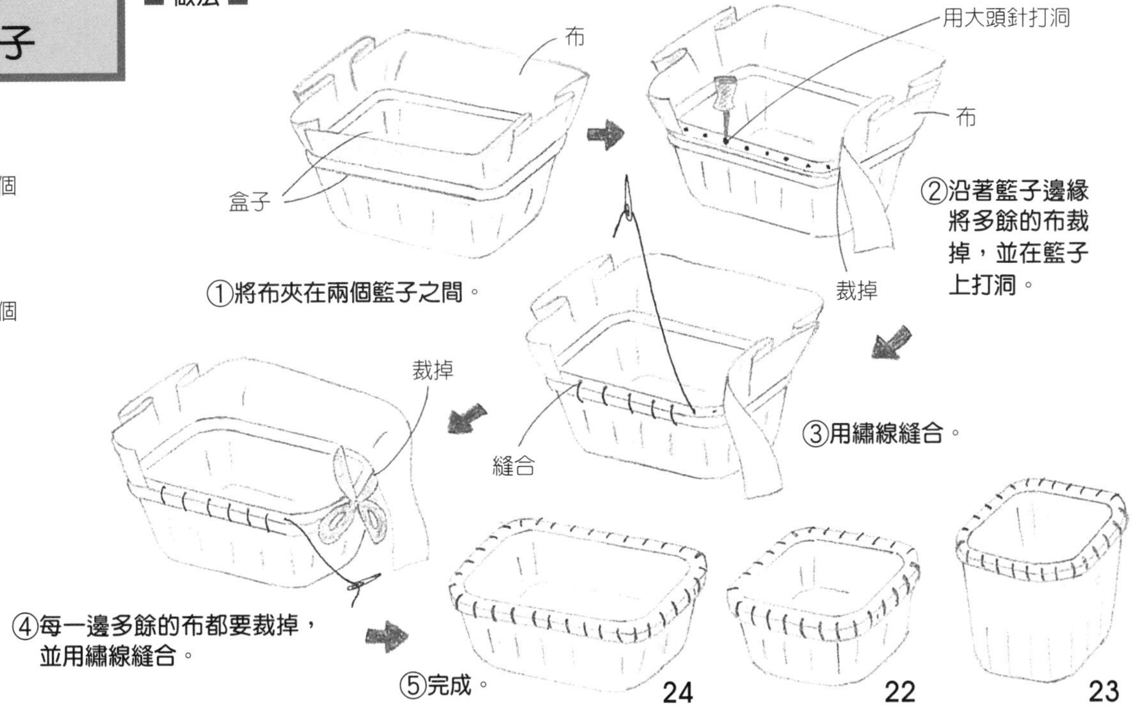

布
盒子
用大頭針打洞
布
裁掉
縫合
裁掉
24
22
23

①將布夾在兩個籃子之間。

②沿著籃子邊緣將多餘的布裁掉，並在籃子上打洞。

③用繡線縫合。

④每一邊多餘的布都要裁掉，並用繡線縫合。

⑤完成。

33 第13頁 迷你掛壁式收納袋（格紋）

【材料】

布A（棉布）…長50cm寬35cm
布B（厚棉布）…長25cm寬25cm
2.5cm寬的織帶…20cm
0.5cm寬的緞面緞帶…30cm
厚紙板…30cm×25cm

■ 做法 ■

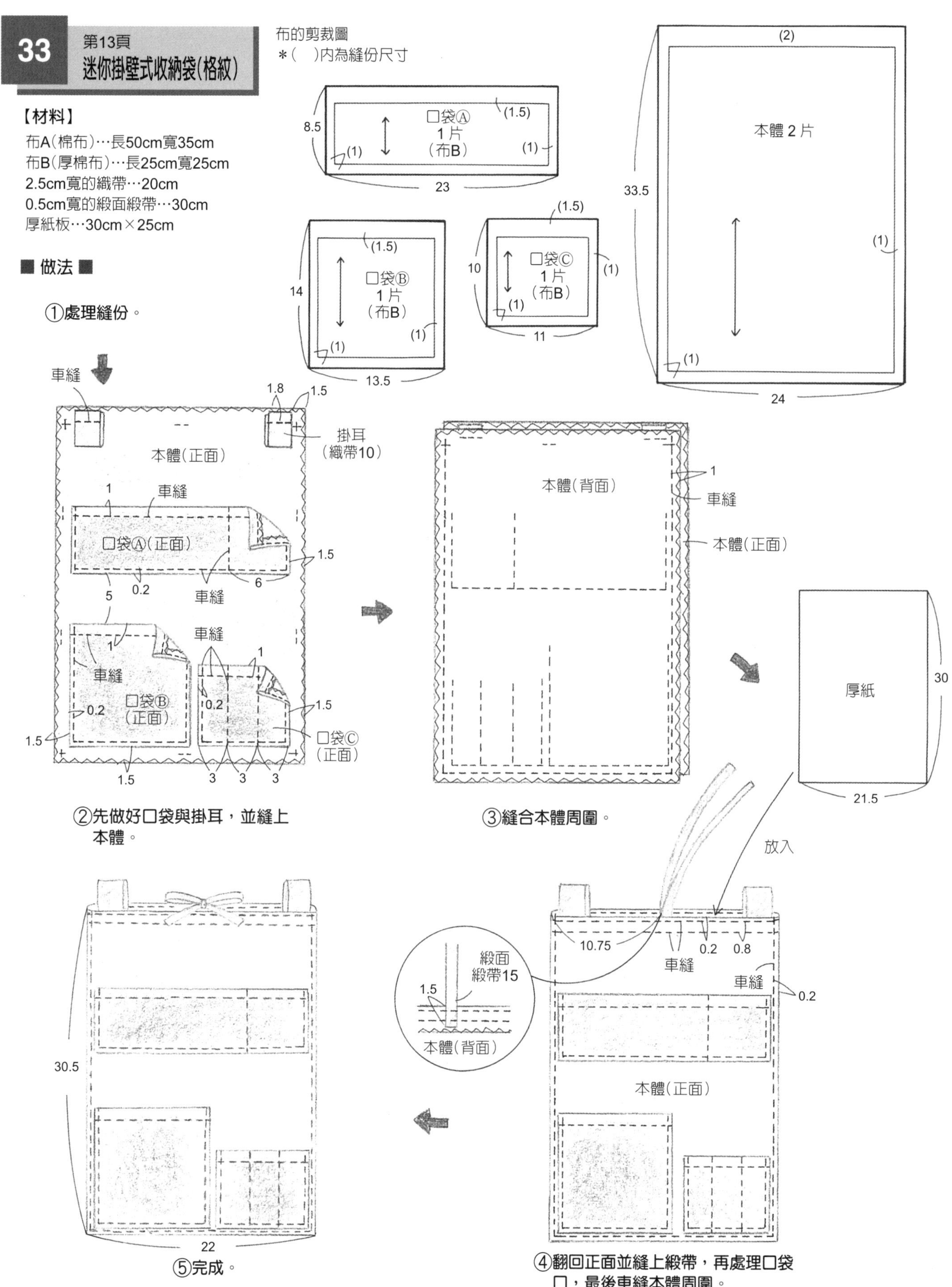

布的剪裁圖
＊（ ）內為縫份尺寸
口袋Ⓐ
1片
（布B）
8.5
23
(1.5)
(1)
口袋Ⓑ
1片
（布B）
14
13.5
口袋Ⓒ
1片
（布B）
10
11
本體 2 片
33.5
24
(2)
①處理縫份。
車縫
1.8
1.5
掛耳
（織帶10）
本體（正面）
口袋Ⓐ（正面）
口袋Ⓑ
（正面）
口袋Ⓒ
（正面）
②先做好口袋與掛耳，並縫上本體。
本體（背面）
③縫合本體周圍。
厚紙
30
21.5
放入
10.75
0.2
0.8
緞面
緞帶15
本體（背面）
④翻回正面並縫上緞帶，再處理口袋口，最後車縫本體周圍。
30.5
22
⑤完成。

34 第13頁 迷你掛壁式收納袋(條紋)

【材料】

布A(鋪棉布)…長30cm寬50cm
布B(厚棉布)…長60cm寬15cm
2.5cm寬的織帶…20cm

■ 做法 ■

①處理縫份。

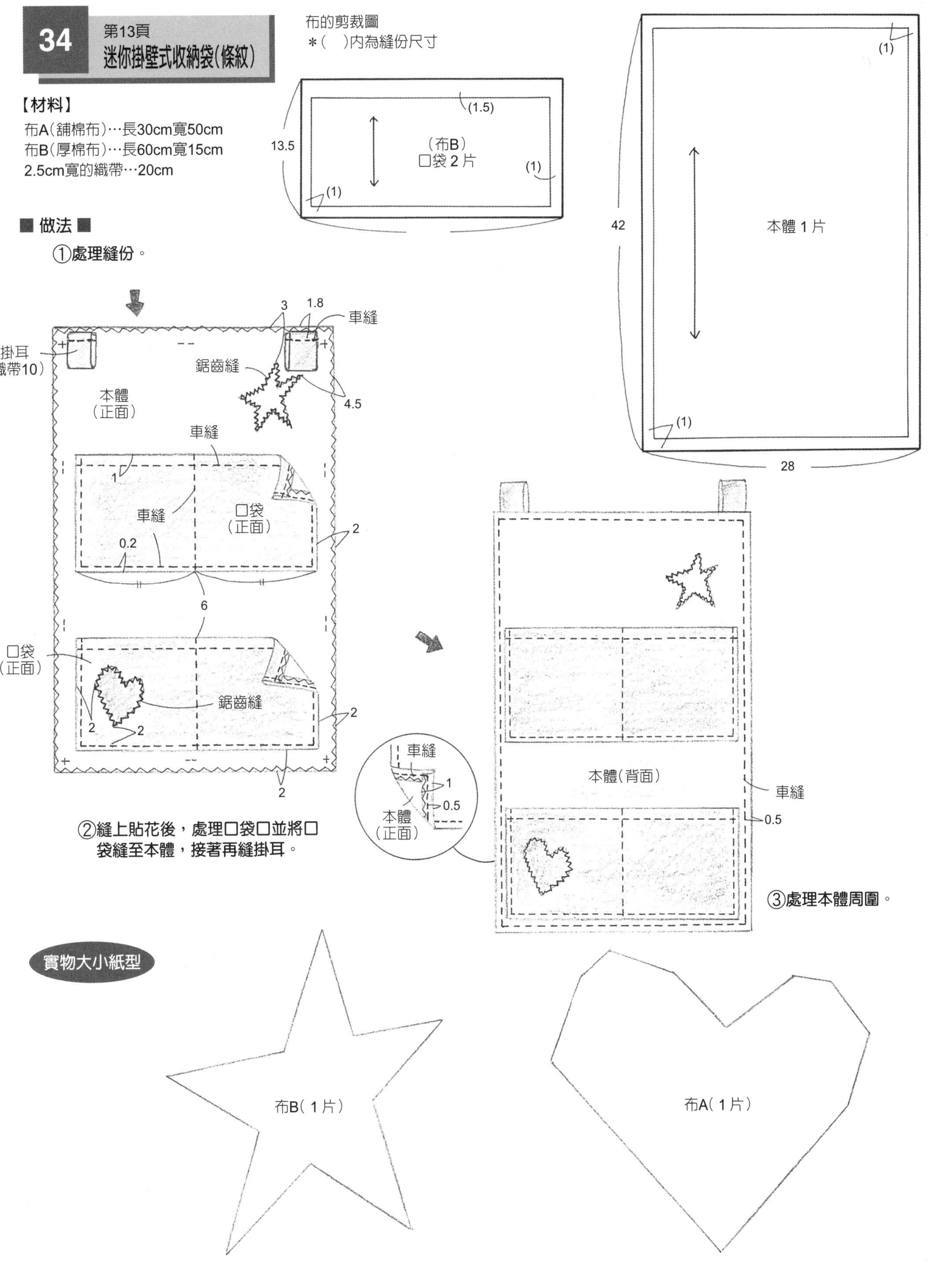

布的剪裁圖
＊( )內為縫份尺寸
(1.5)
13.5
(布B)
口袋 2 片
(1)
(1)
(1)
42
本體 1 片
(1)
28
3
1.8
車縫
掛耳
(織帶10)
鋸齒縫
本體
(正面)
4.5
車縫
1
車縫
口袋
(正面)
2
0.2
6
口袋
(正面)
鋸齒縫
2
2
2
2
車縫
1
0.5
本體
(正面)
本體(背面)
車縫
0.5
實物大小紙型
布B(1 片)
布A(1 片)

②縫上貼花後，處理口袋口並將口袋縫至本體，接著再縫掛耳。

③處理本體周圍。

42 第17頁 搖控器盒

【材料】
牛奶盒…4個
布(棉布)…長80cm寬50cm

■ 做法 ■

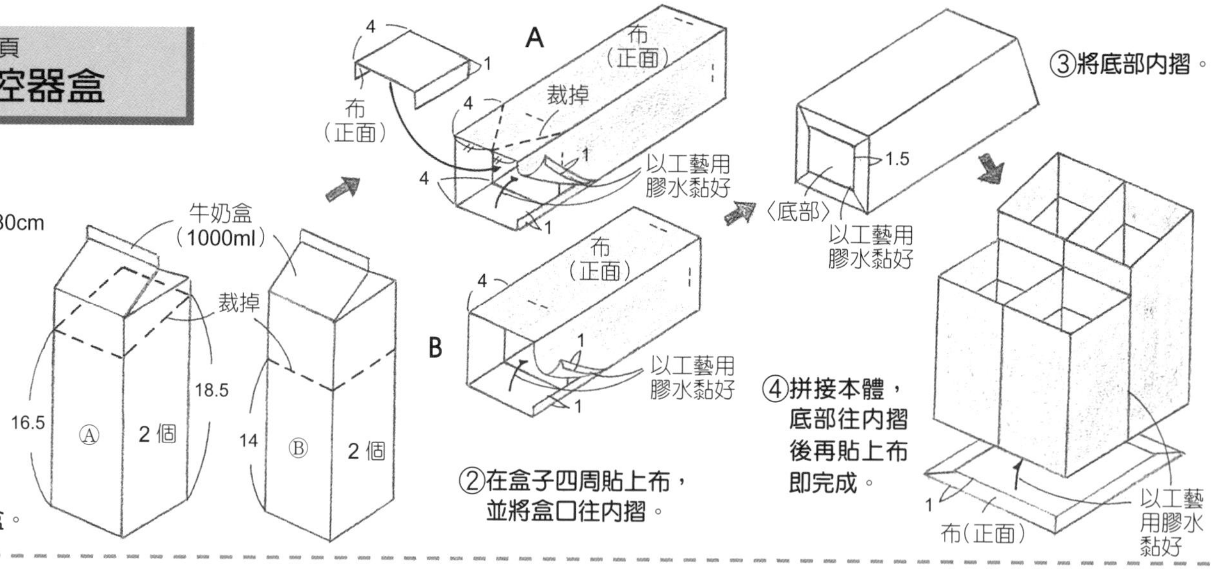

牛奶盒(1000ml)
裁掉
16.5 Ⓐ 2個 18.5
14 Ⓑ 2個

①裁剪牛奶盒。

A
4 布(正面) 1
布(正面) 裁掉 4 4 1 1
以工藝用膠水黏好

B
4 布(正面) 1 1
以工藝用膠水黏好

②在盒子四周貼上布，並將盒口往內摺。

〈底部〉 1.5
以工藝用膠水黏好

③將底部內摺。

④拼接本體，底部往內摺後再貼上布即完成。

1 布(正面)
以工藝用膠水黏好

43 第17頁 萬用盒

【材料】
牛奶盒…3個
瓦楞紙…15cm×10cm
布(棉布)…長70cm寬35cm

■ 做法 ■

瓦楞紙剪裁圖

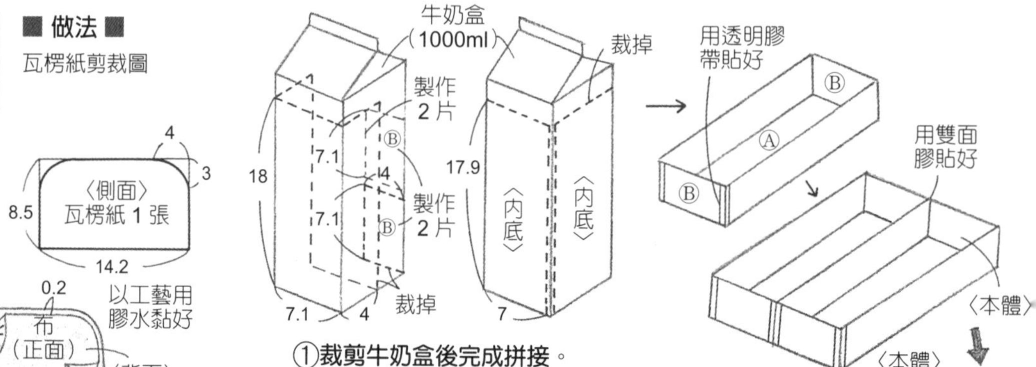

〈側面〉瓦楞紙1張
4 3 8.5 14.2

牛奶盒(1000ml)
製作2片 Ⓑ 製作2片 Ⓑ
18 7.1 4 7.1 7.1 4 裁掉
17.9 〈內底〉 〈內底〉 7 裁掉

①裁剪牛奶盒後完成拼接。

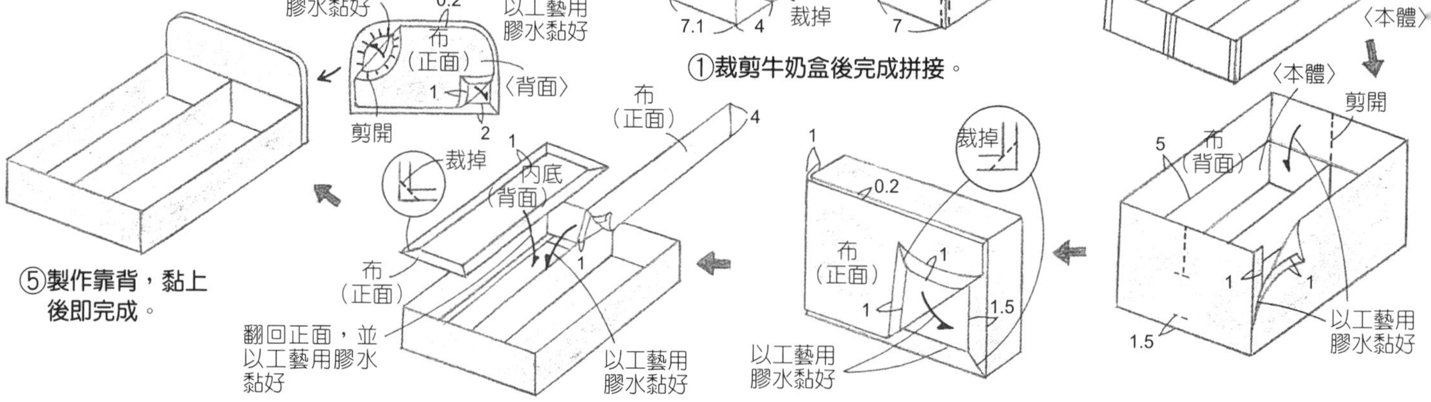

用透明膠帶貼好 Ⓑ Ⓐ Ⓑ
用雙面膠貼好
〈本體〉

〈本體〉 剪開
5 布(背面)
1 1 1.5
以工藝用膠水黏好

②在本體周圍貼上布，再將盒口往內摺。

1 裁掉 0.2
布(正面) 1 1 1.5
以工藝用膠水黏好

③將底部往內摺並貼上布。

布(正面) 4
1 裁掉 內底(背面)
布(正面) 1
翻回正面，並以工藝用膠水黏好
以工藝用膠水黏好

④製作隔板與內底，並黏在本體上。

以工藝用膠水黏好 0.2 以工藝用膠水黏好
布(正面) 1 〈背面〉
剪開 2

⑤製作靠背，黏上後即完成。

44 第17頁 筆筒

【材料】
牛奶盒…2個
厚紙板…10cm×10cm
布A(棉布)…長40cm寬30cm
布B(棉布)…長20cm寬15cm

厚紙板剪裁圖

■ 做法 ■

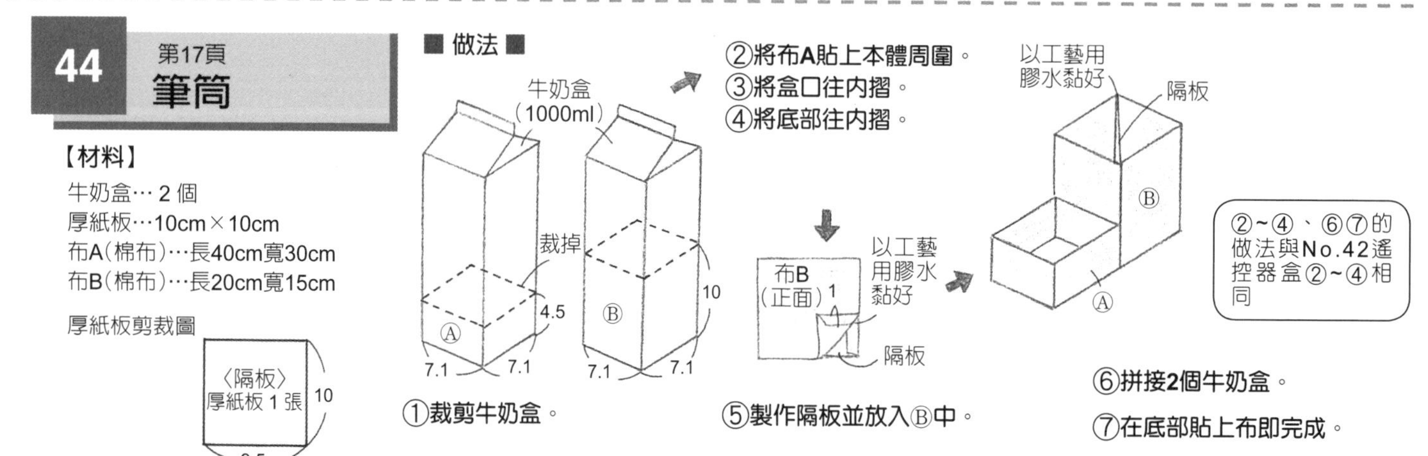

〈隔板〉
厚紙板1張
10
9.5
牛奶盒
(1000ml)
裁掉
4.5
Ⓐ
10
Ⓑ
7.1
7.1
7.1
7.1
①裁剪牛奶盒。
②將布A貼上本體周圍。
③將盒口往內摺。
④將底部往內摺。
布B
(正面) 1
以工藝用膠水黏好
隔板
⑤製作隔板並放入Ⓑ中。
以工藝用膠水黏好
隔板
Ⓑ
Ⓐ
②~④、⑥⑦的做法與No.42遙控器盒②~④相同
⑥拼接2個牛奶盒。
⑦在底部貼上布即完成。

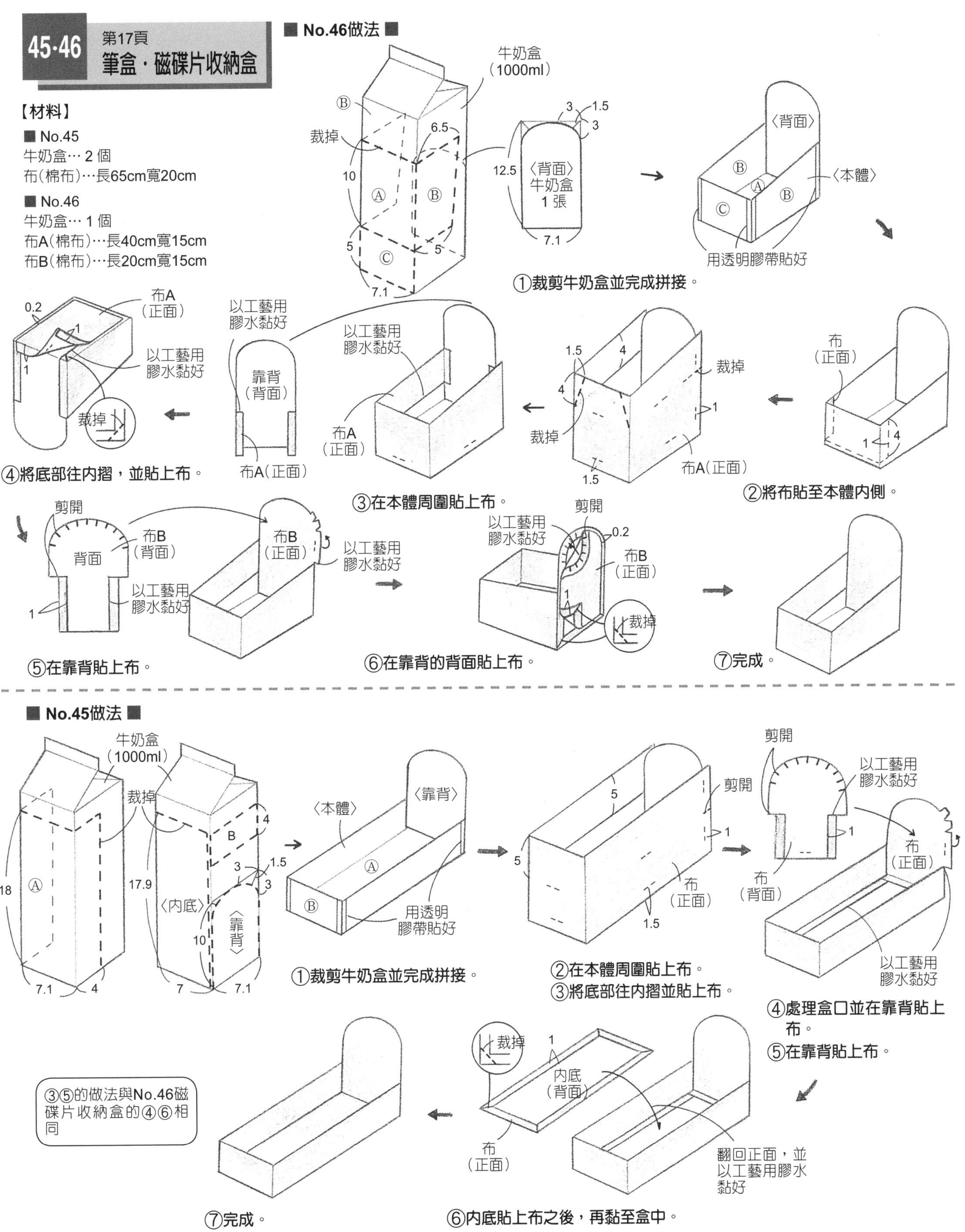

45·46
第17頁
筆盒·磁碟片收納盒
【材料】
■ No.45
牛奶盒…2個
布(棉布)…長65cm寬20cm
■ No.46
牛奶盒…1個
布A(棉布)…長40cm寬15cm
布B(棉布)…長20cm寬15cm
■ No.46做法 ■
牛奶盒（1000ml）
裁掉
〈背面〉牛奶盒 1張
〈背面〉
〈本體〉
用透明膠帶貼好
①裁剪牛奶盒並完成拼接。
布（正面）
②將布貼至本體內側。
裁掉
布A(正面)
以工藝用膠水黏好
靠背（背面）
布A（正面）
③在本體周圍貼上布。
布A（正面）
④將底部往內摺，並貼上布。
剪開
背面
布B（背面）
布B（正面）
以工藝用膠水黏好
⑤在靠背貼上布。
剪開
以工藝用膠水黏好
布B（正面）
裁掉
⑥在靠背的背面貼上布。
⑦完成。
■ No.45做法 ■
牛奶盒（1000ml）
裁掉
〈內底〉
〈靠背〉
〈本體〉
用透明膠帶貼好
①裁剪牛奶盒並完成拼接。
剪開
布（正面）
②在本體周圍貼上布。
③將底部往內摺並貼上布。
剪開
以工藝用膠水黏好
布（背面）
布（正面）
以工藝用膠水黏好
④處理盒口並在靠背貼上布。
⑤在靠背貼上布。
裁掉
內底（背面）
布（正面）
翻回正面，並以工藝用膠水黏好
⑥內底貼上布之後，再黏至盒中。
③⑤的做法與No.46磁碟片收納盒的④⑥相同
⑦完成。

52 第21頁 和風手提包

【材料】

布A(棉布)…長75cm寬45cm
布B(棉布)…長30cm寬35cm
膠布襯…長90cm寬70cm

布的剪裁圖
＊(　)內為縫份尺寸

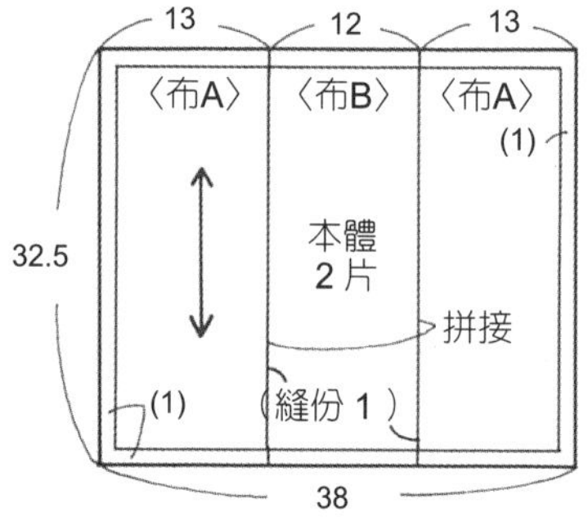

13
12
13
〈布A〉
〈布B〉
〈布A〉
(1)
32.5
本體
2片
拼接
(1)
(縫份 1)
38

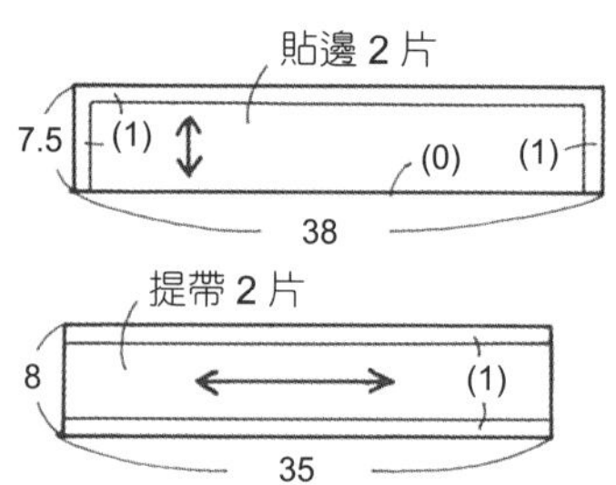

貼邊 2 片
7.5
(1)
(0)
(1)
38
提帶 2 片
8
(1)
35

■ 做法 ■

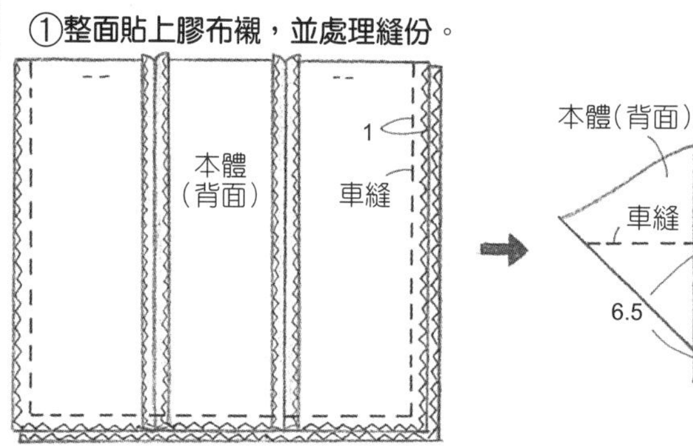

①整面貼上膠布襯，並處理縫份。
本體
(背面)
1
車縫
本體(背面)
側邊
車縫
6.5
6.5
1
車縫
將接縫處置於中心
0.2
車縫
提帶
(背面)
提帶
(正面)

②拼接本體後處理縫份。
(※拼接方法見第97頁)

③縫三角形袋底。

④製作提帶。

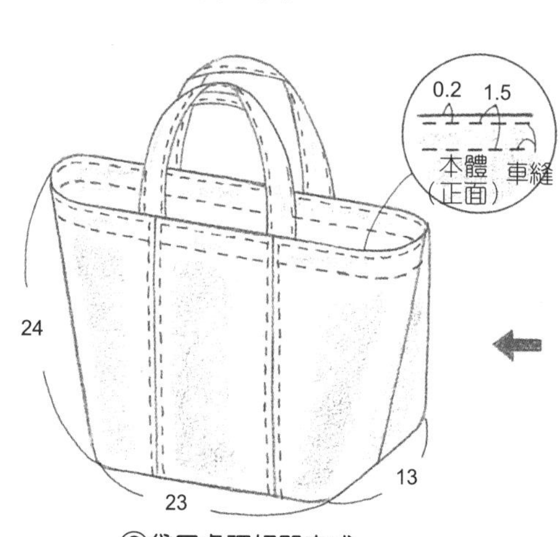

0.2
1.5
本體
(正面)
車縫
24
23
13

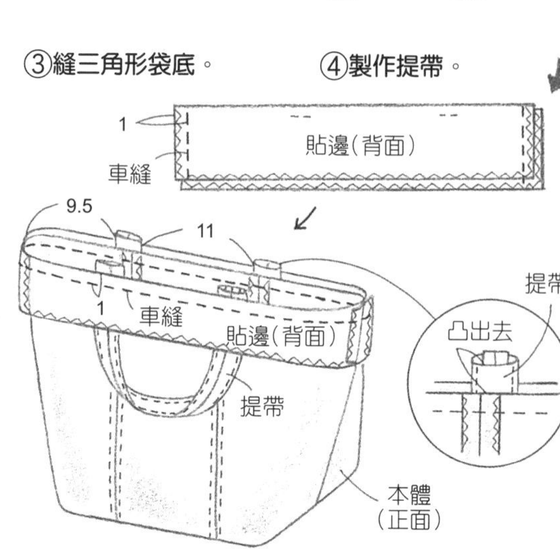

1
貼邊(背面)
車縫
9.5
11
1
車縫
貼邊(背面)
提帶
提帶
凸出去
本體
(正面)

⑤製作貼邊、夾入提帶並與本體縫合。

⑥袋口處理好即完成。

54 第21頁 拼布斜背包

【材料】

布A(厚棉布)…長25cm寬110cm
布B(棉布)…長15cm寬25cm
布C(棉布)…長15cm寬25cm
膠布襯…長75cm寬25cm

布的剪裁圖
※(　)內為縫份尺寸

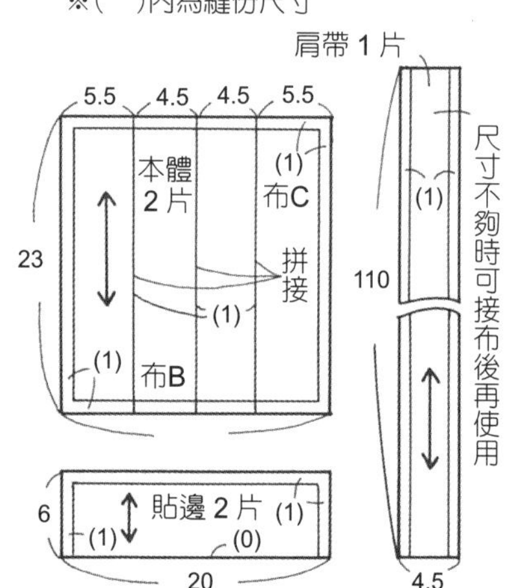

肩帶 1 片
5.5
4.5
4.5
5.5
本體
2片
(1)
布C
23
拼接
(1)
(1)
布B
110
(1)
尺寸不夠時可接布後再使用
6
貼邊 2 片
(1)
(1)
(0)
20
4.5

■ 做法 ■

①本體與貼邊都貼上膠布襯並處理縫份。

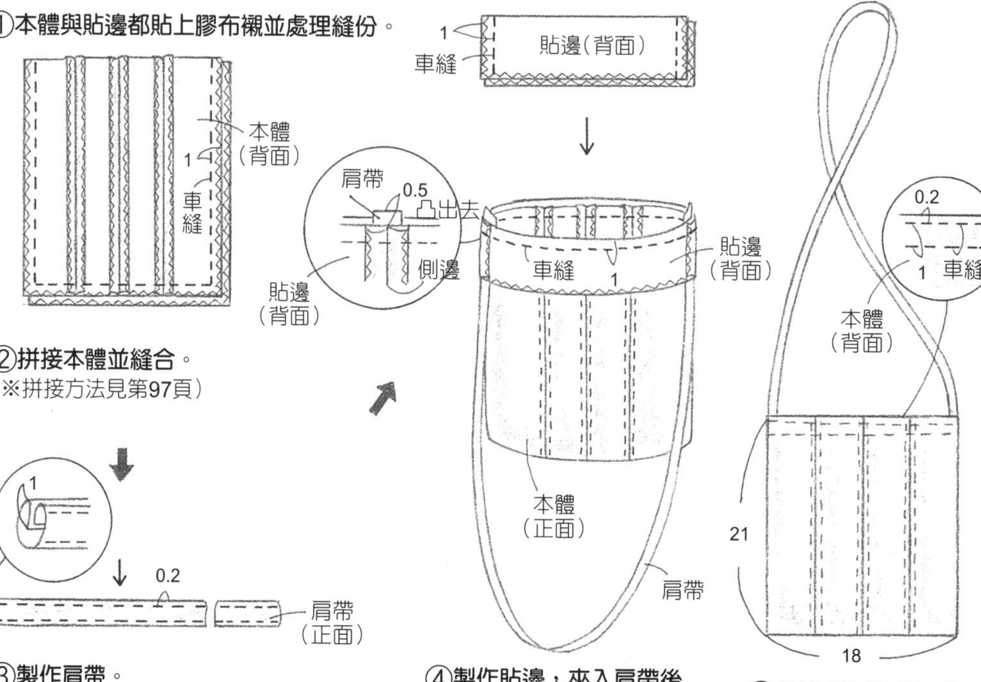

本體
(背面)
1
車縫
1
貼邊(背面)
車縫
肩帶
0.5
凸出去
側邊
貼邊
(背面)
車縫
1
貼邊
(背面)
1
0.2
肩帶
(正面)
本體
(正面)
肩帶
0.2
1
車縫
本體
(背面)
21
18

②拼接本體並縫合。
(※拼接方法見第97頁)

③製作肩帶。

④製作貼邊，夾入肩帶後再與本體縫合。

⑤袋口處理好即完成。

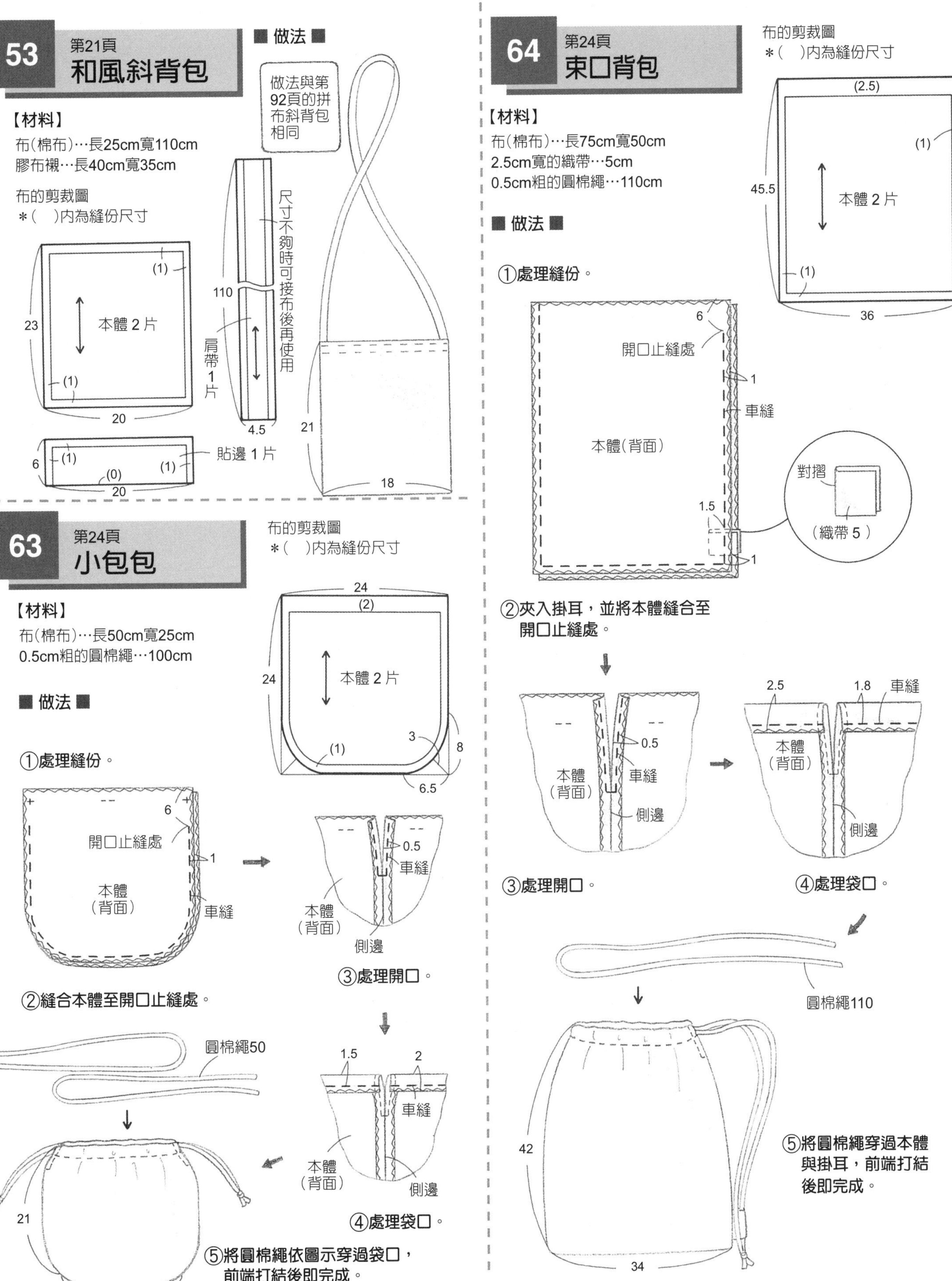
53
第21頁
和風斜背包
【材料】
布(棉布)…長25cm寬110cm
膠布襯…長40cm寬35cm
布的剪裁圖
＊(　)內為縫份尺寸
(1)
23
本體 2 片
(1)
20
110
肩帶 1 片
尺寸不夠時可接布後再使用
4.5
6
(1)
(0)
(1)
20
貼邊 1 片
■ 做法 ■
做法與第92頁的拼布斜背包相同
21
18
63
第24頁
小包包
【材料】
布(棉布)…長50cm寬25cm
0.5cm粗的圓棉繩…100cm
■ 做法 ■
布的剪裁圖
＊(　)內為縫份尺寸
24
(2)
24
本體 2 片
(1)
3
8
6.5
①處理縫份。
6
開口止縫處
1
本體
(背面)
車縫
②縫合本體至開口止縫處。
0.5
車縫
本體
(背面)
側邊
③處理開口。
1.5
2
車縫
本體
(背面)
側邊
④處理袋口。
圓棉繩50
21
22
⑤將圓棉繩依圖示穿過袋口，
前端打結後即完成。
64
第24頁
束口背包
【材料】
布(棉布)…長75cm寬50cm
2.5cm寬的織帶…5cm
0.5cm粗的圓棉繩…110cm
■ 做法 ■
布的剪裁圖
＊(　)內為縫份尺寸
(2.5)
(1)
45.5
本體 2 片
(1)
36
①處理縫份。
6
開口止縫處
1
車縫
本體(背面)
對摺
1.5
(織帶 5)
1
②夾入掛耳，並將本體縫合至
開口止縫處。
0.5
本體
(背面)
車縫
側邊
③處理開口。
2.5
1.8
車縫
本體
(背面)
側邊
④處理袋口。
圓棉繩110
42
34
⑤將圓棉繩穿過本體
與掛耳，前端打結
後即完成。

57~59 24頁 三角袋底束口袋

【材料】

■ No.57
布(棉布)…長45cm寬30cm
0.5cm粗的圓棉繩…130cm

■ No.58
布(棉布)…長55cm寬35cm
貼花用布…適量
膠布襯…適量
0.5cm粗的圓棉繩…150cm

■ No.59
布A(棉布)…長70cm寬30cm
布B(棉布)…長35cm寬25cm
0.5cm粗的圓棉繩…170cm

■ No.58做法 ■

布的剪裁圖
＊(　)內為縫份尺寸

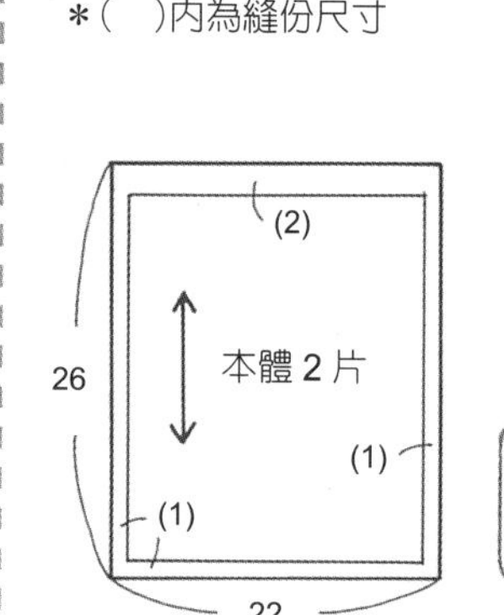

(2)
30.5
本體2片
(1)
(1)
27

①處理縫份。

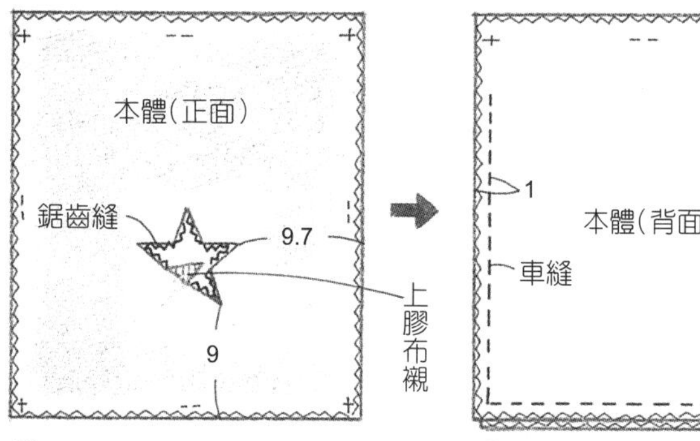

本體(正面)
鋸齒縫
9.7
上膠布襯
9

②縫上貼花。

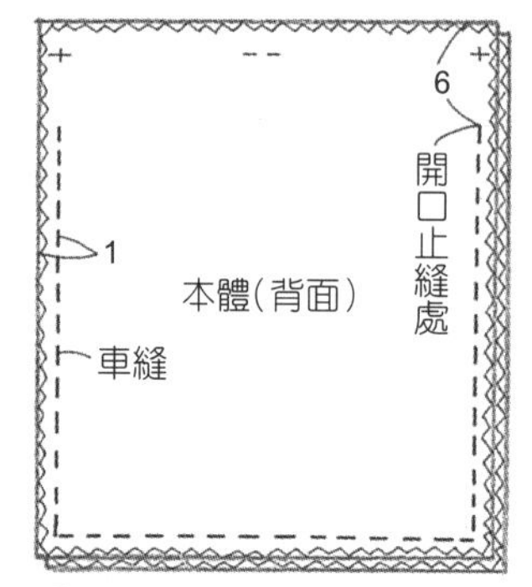

6
開口止縫處
1
本體(背面)
車縫

③縫合本體至開口止縫處。

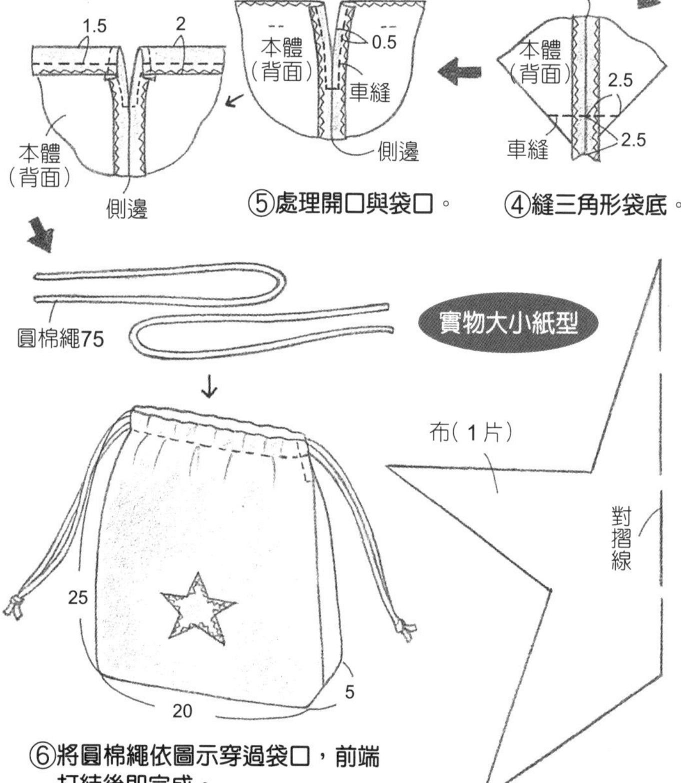

側邊
本體(背面)
2.5
車縫
2.5
④縫三角形袋底。
本體(背面)
0.5
車縫
側邊
1.5
2
本體(背面)
側邊
⑤處理開口與袋口。
圓棉繩75
實物大小紙型
布(1片)
對摺線
25
5
20

⑥將圓棉繩依圖示穿過袋口，前端打結後即完成。

■ No.57做法 ■

布的剪裁圖
＊(　)內為縫份尺寸

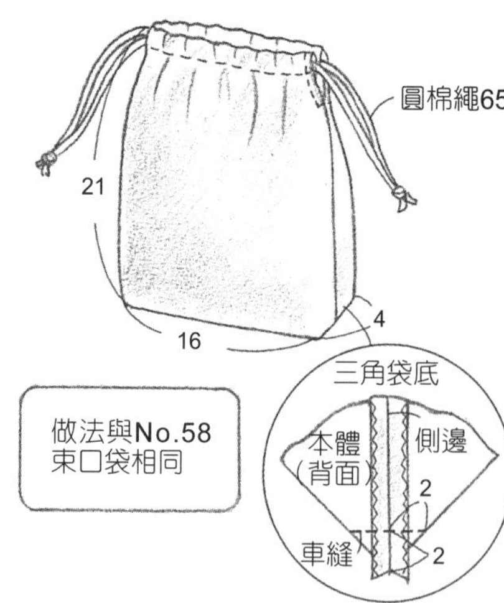

(2)
26
本體2片
(1)
(1)
22
圓棉繩65
21
16
4
三角袋底
本體(背面)
側邊
2
車縫
2
做法與No.58束口袋相同

■ No.59做法 ■

布的剪裁圖
＊(　)內為縫份尺寸

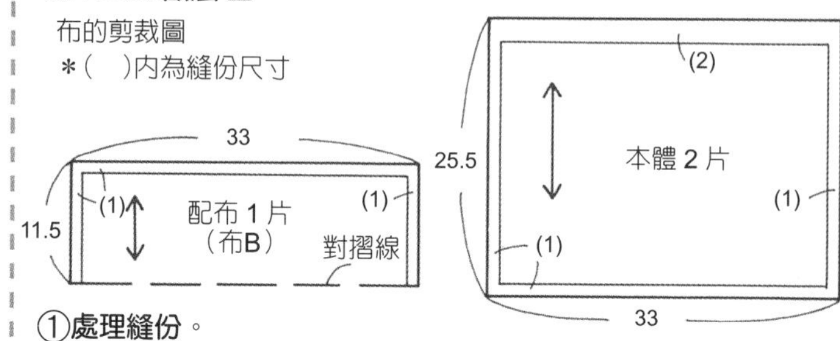

33
11.5
(1)
配布1片(布B)
(1)
對摺線
(2)
25.5
本體2片
(1)
(1)
33

①處理縫份。

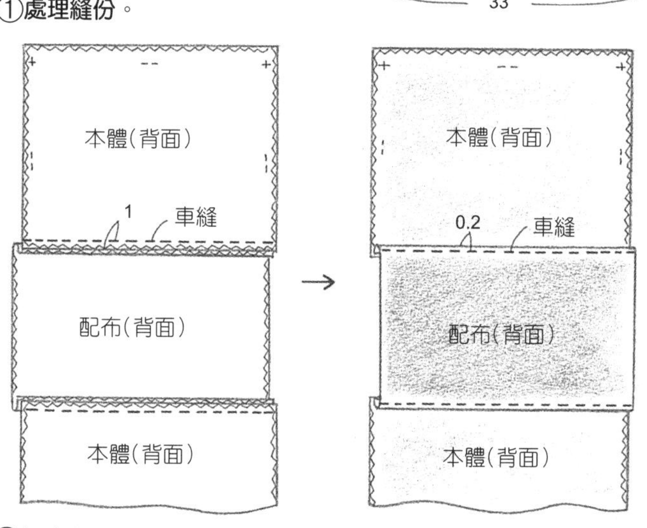

本體(背面)
1
車縫
配布(背面)
本體(背面)
本體(背面)
0.2
車縫
配布(背面)
本體(背面)

②縫合本體與配布，再從正面車縫。

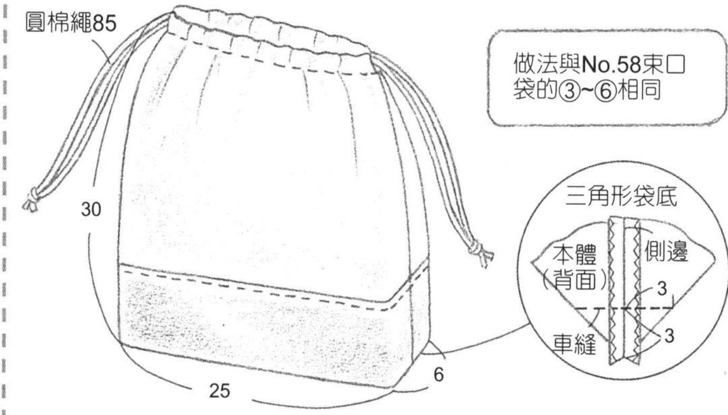

圓棉繩85
做法與No.58束口袋的③~⑥相同
30
三角形袋底
本體(背面)
側邊
3
車縫
3
6
25

70~72 第28頁 面紙包(大)

【材料】

布(棉布)…長30cm寬20cm
膠布襯…各長30cm寬20cm

No.71・72做法

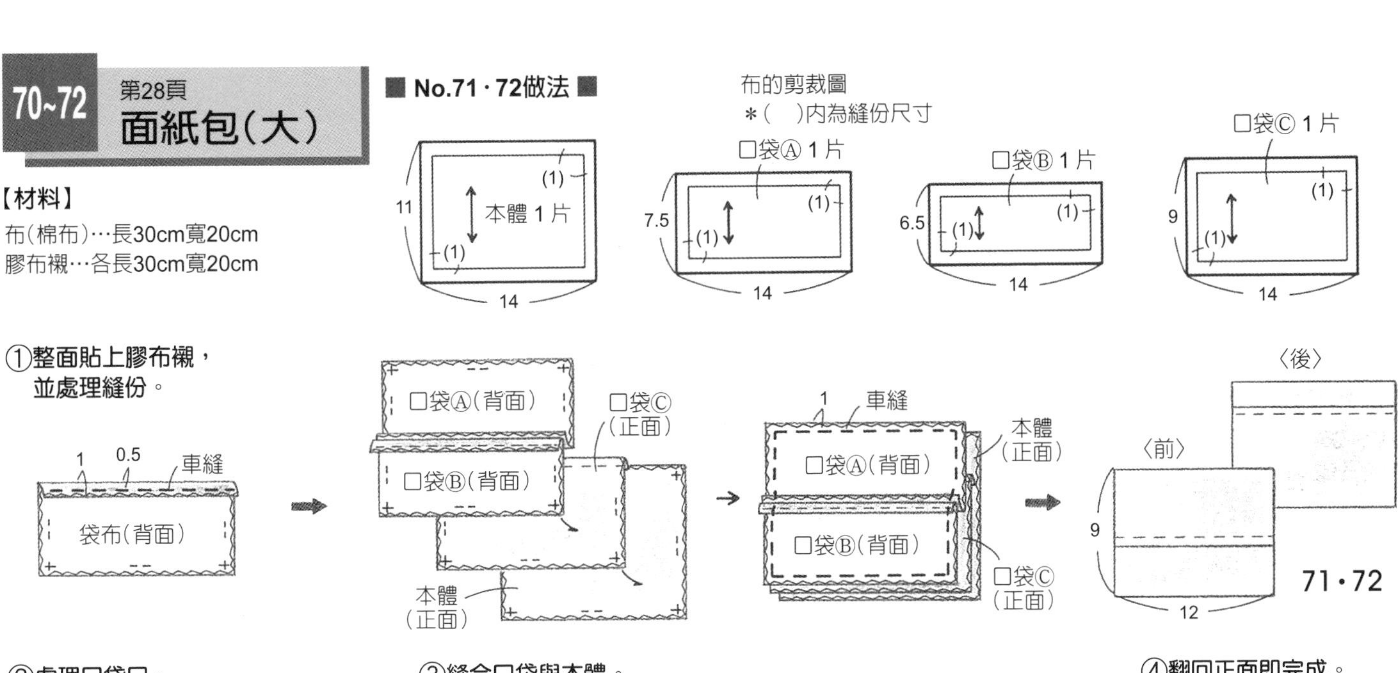

布的剪裁圖
＊( )內為縫份尺寸
本體 1 片
(1)
11
14
口袋Ⓐ 1 片
7.5
口袋Ⓑ 1 片
6.5
口袋Ⓒ 1 片
9
①整面貼上膠布襯，並處理縫份。
1
0.5
車縫
袋布(背面)
口袋Ⓐ(背面)
口袋Ⓑ(背面)
口袋Ⓒ(正面)
本體(正面)
〈後〉
〈前〉
12
71・72
②處理口袋口。
③縫合口袋與本體。
④翻回正面即完成。

No.70做法

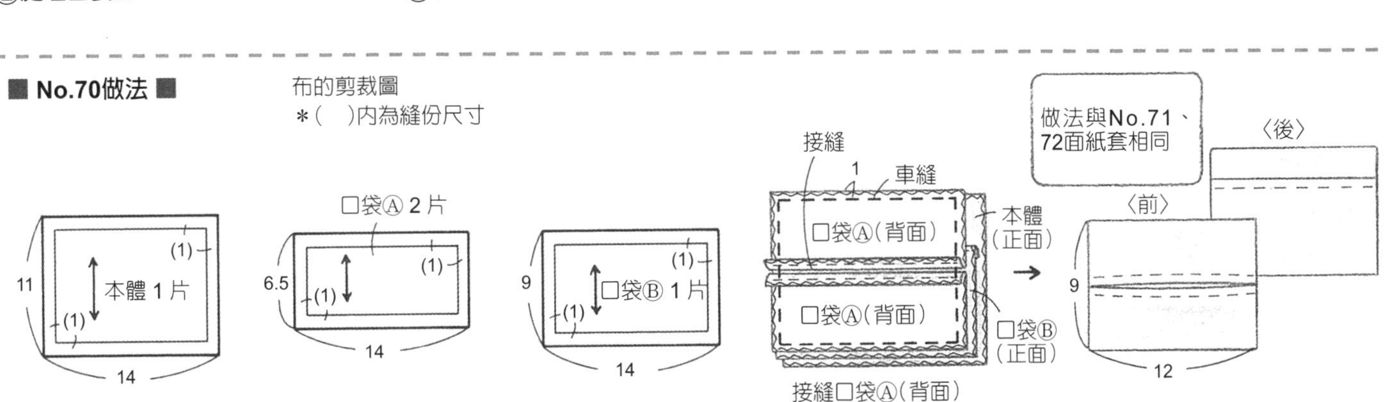

布的剪裁圖
＊( )內為縫份尺寸
本體 1 片
11
14
(1)
口袋Ⓐ 2 片
6.5
口袋Ⓑ 1 片
9
接縫
1
車縫
口袋Ⓐ(背面)
本體(正面)
口袋Ⓑ(正面)
接縫口袋Ⓐ(背面)
做法與No.71、72面紙套相同
〈後〉
〈前〉
12

73 190~192 第28・64頁 面紙包(小)

【材料】

■ No.73
布(棉布)…各長25cm寬15cm
膠布襯…各25cm15cm

■ No.190~192
手帕…各 1 條
膠布襯…各長25cm寬15cm

No. 190~192做法

布的剪裁圖
＊( )內為縫份尺寸

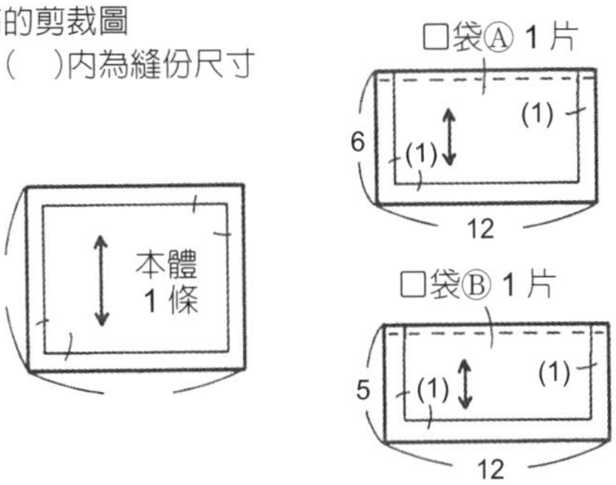

本體 1 條
口袋Ⓐ 1 片
6
12
(1)
口袋Ⓑ 1 片
5
12
※袋口可直接使用手帕的邊緣
①整面貼上膠布襯，並處理縫份。 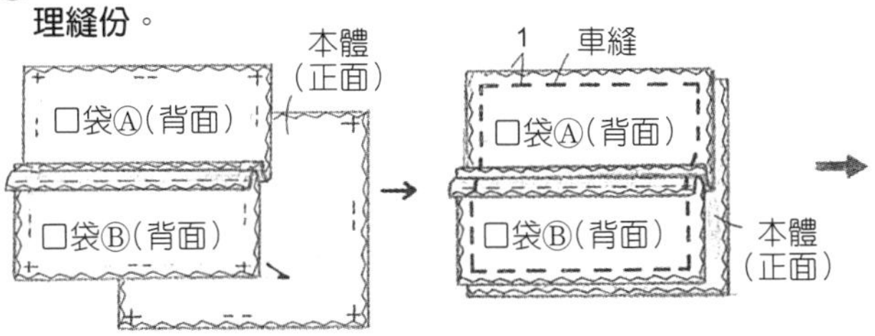
本體(正面)
口袋Ⓐ(背面)
口袋Ⓑ(背面)
1
車縫
190~192
8
10

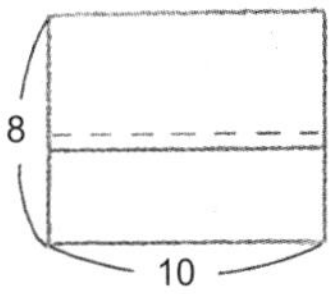

②縫合口袋與本體。

③翻回正面即完成。

No.73做法

布的剪裁圖
＊( )內為縫份尺寸

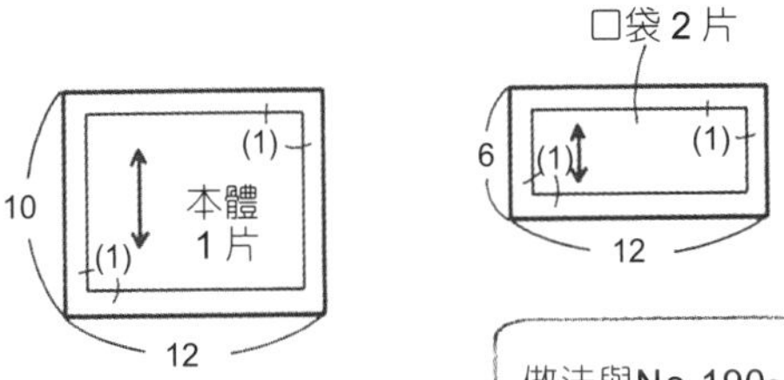

本體 1 片
10
12
(1)
口袋 2 片
6
12
做法與No.190~192面紙套(小)相同
接縫
車縫
本體(正面)
1
口袋(背面)
接縫口袋Ⓐ(背面)
8
10

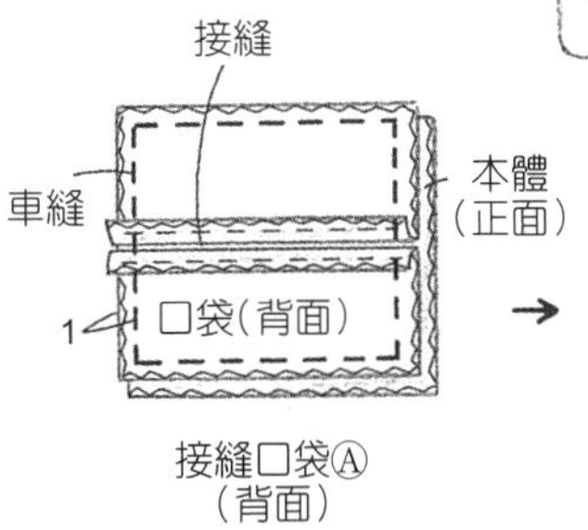

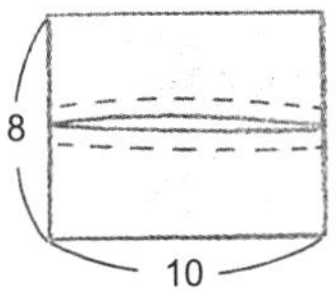

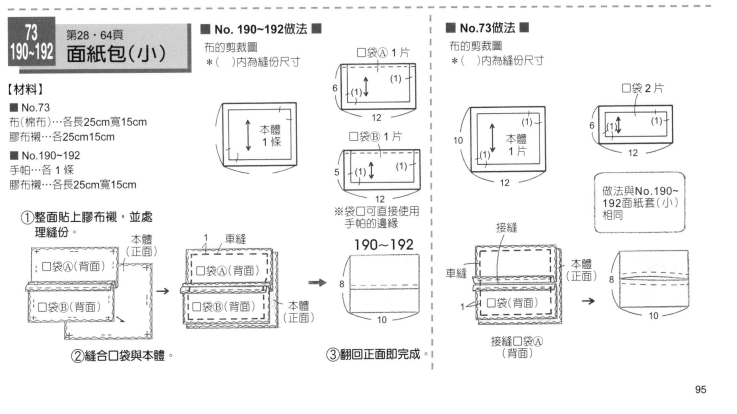

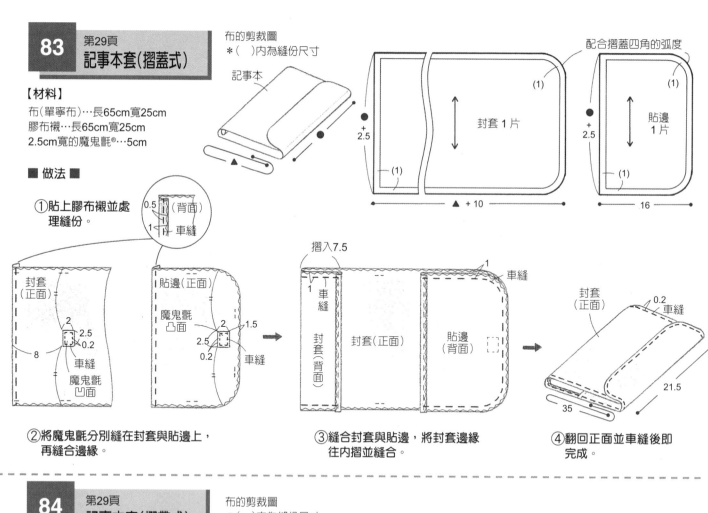

83 第29頁 記事本套(摺蓋式)

【材料】

布(單寧布)…長65cm寬25cm

膠布襯…長65cm寬25cm

2.5cm寬的魔鬼氈®…5cm

布的剪裁圖

＊(　)內為縫份尺寸

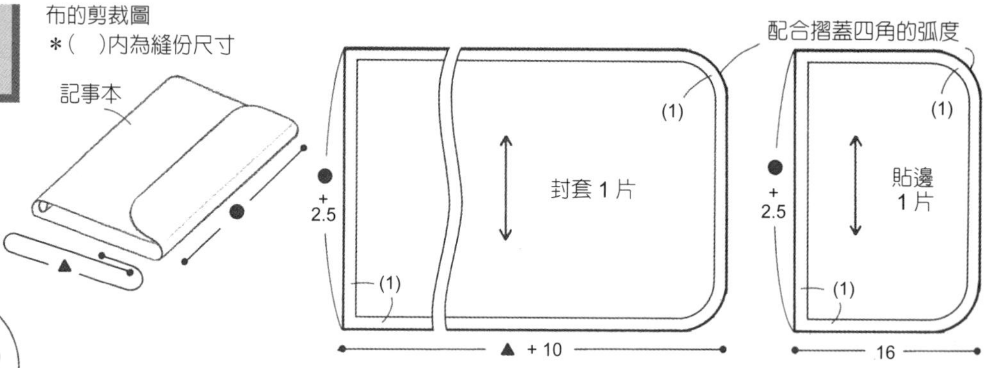

記事本

封套 1 片

貼邊 1 片

配合摺蓋四角的弧度

● + 2.5

▲ + 10

16

■ 做法 ■

①貼上膠布襯並處理縫份。

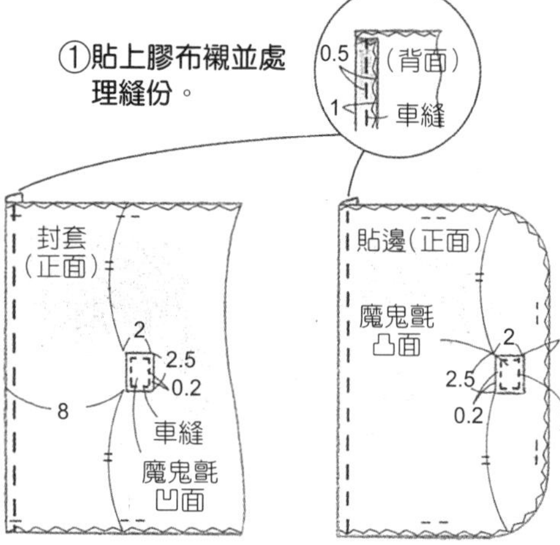

0.5 (背面) 1 車縫

封套(正面) 2 2.5 0.2 8 車縫 魔鬼氈凹面

貼邊(正面) 魔鬼氈凸面 2 1.5 2.5 0.2 車縫

摺入7.5 1 車縫 封套(背面) 封套(正面) 貼邊(背面) 1 車縫

封套(正面) 0.2 車縫 21.5 35

②將魔鬼氈分別縫在封套與貼邊上，再縫合邊緣。

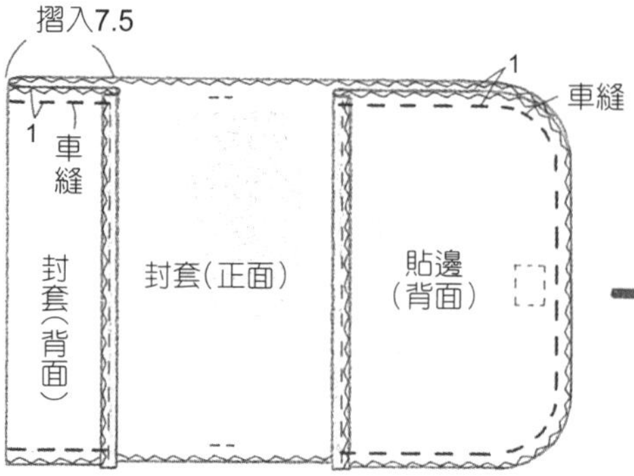

③縫合封套與貼邊，將封套邊緣往內摺並縫合。

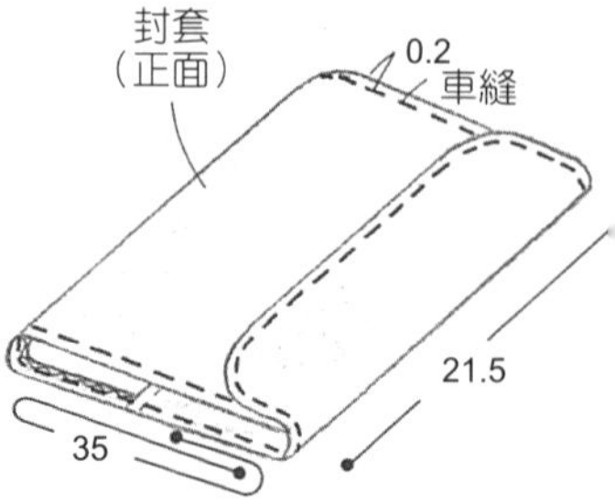

④翻回正面並車縫後即完成。

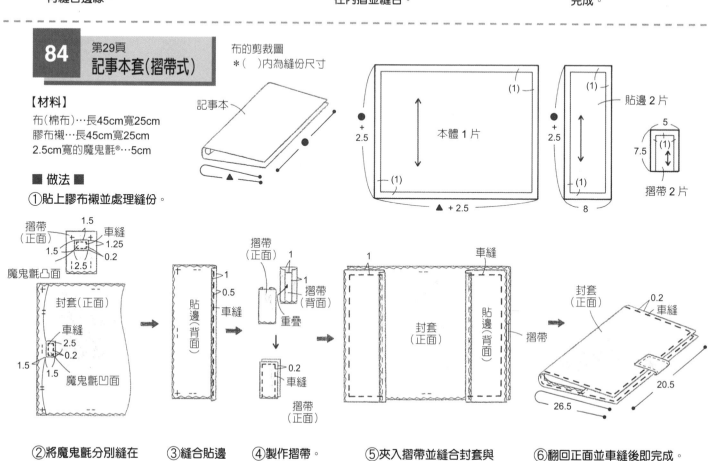

84 第29頁 記事本套(摺帶式)

【材料】

布(棉布)…長45cm寬25cm

膠布襯…長45cm寬25cm

2.5cm寬的魔鬼氈®…5cm

布的剪裁圖

＊(　)內為縫份尺寸

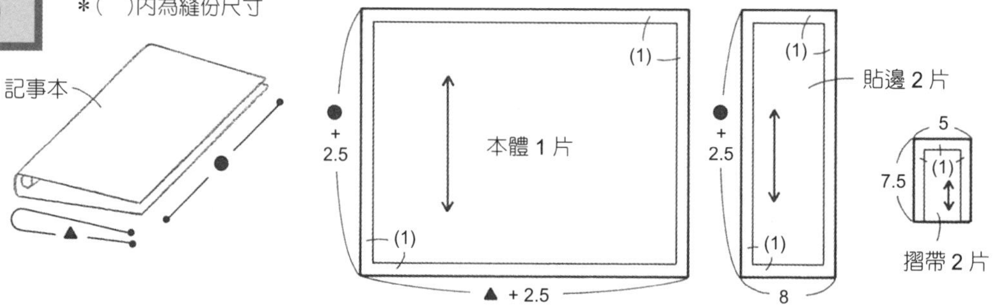

記事本

本體 1 片

貼邊 2 片

摺帶 2 片

● + 2.5

▲ + 2.5

8

5 7.5 (1)

■ 做法 ■

①貼上膠布襯並處理縫份。

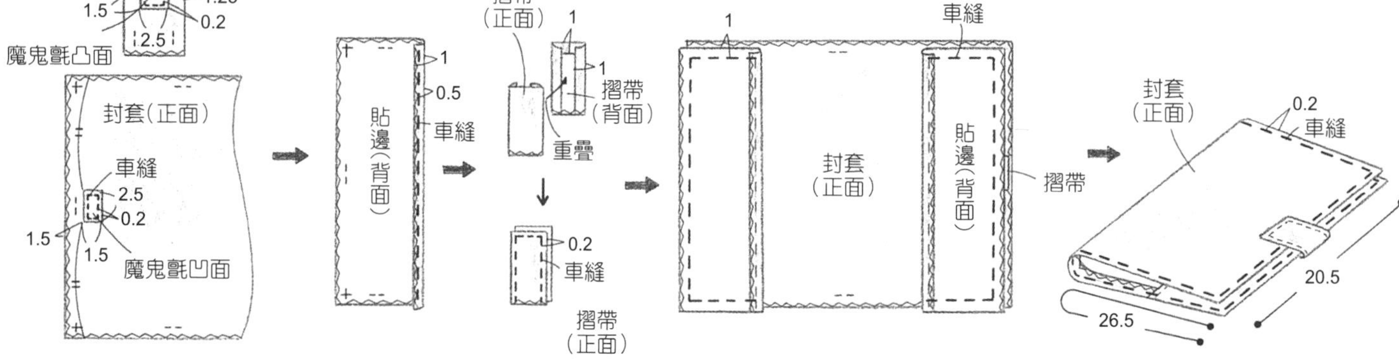

摺帶(正面)
1.5
車縫
1.25
0.2
2.5
魔鬼氈凸面
封套(正面)
車縫
2.5
0.2
1.5
魔鬼氈凹面
貼邊(背面)
1
0.5
車縫
摺帶(正面)
摺帶(背面)
重疊
0.2
車縫
封套(正面)
貼邊(背面)
摺帶
封套(正面)
0.2
車縫
20.5
26.5

②將魔鬼氈分別縫在封套與摺帶上。

③縫合貼邊邊緣。

④製作摺帶。

⑤夾入摺帶並縫合封套與貼邊。

⑥翻回正面並車縫後即完成。

90 第32頁 手提書包

【材料】

布A（棉布）…長30cm寬40cm
布B（棉布）…長30cm寬40cm
布C（棉布）…長30cm寬40cm
膠布襯…長90cm寬40cm
2.5cm寬的織帶…85cm

布的剪裁圖
＊（　）內為縫份尺寸

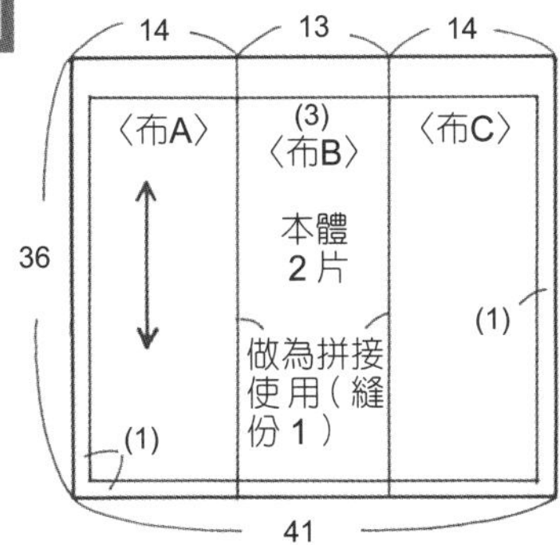

14
13
14
〈布A〉
(3)
〈布B〉
〈布C〉
36
本體
2片
(1)
做為拼接使用（縫份1）
(1)
41

■ 做法 ■

①貼上膠布襯並處理縫份。

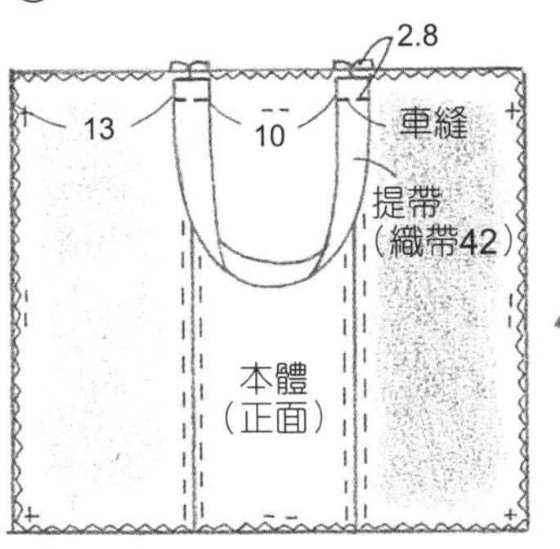

2.8
13
10
車縫
提帶
（織帶42）
本體
（正面）

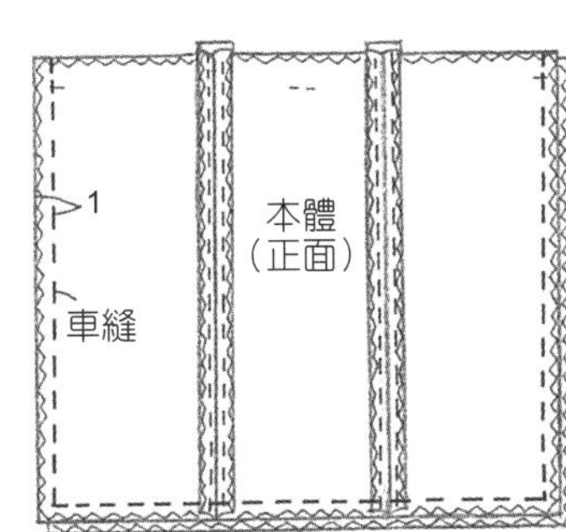

1
車縫
本體
（正面）

②拼接本體，並縫上提帶（※拼接方法見第113頁）。

③縫合本體。

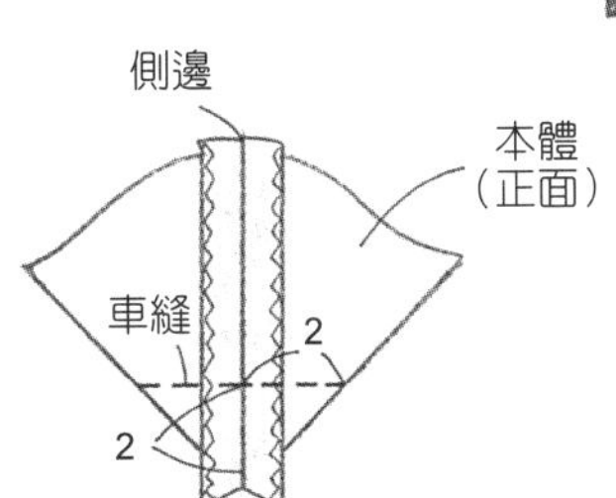

側邊
本體
（正面）
車縫
2
2

④縫三角形袋底。

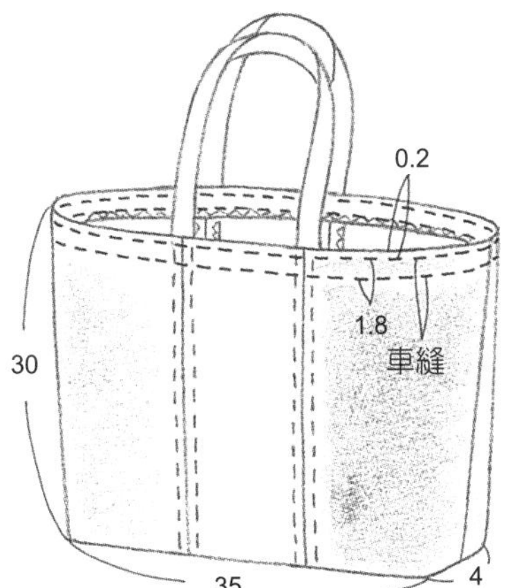

0.2
1.8
車縫
30
35
4

⑤袋口處理好即完成。

89 第32頁 資料袋

【材料】

布A（棉布）…長25cm寬25cm
布B（棉布）…長25cm寬25cm
布C（棉布）…長25cm寬30cm
膠布襯…長50cm寬40cm
2.5cm寬的織帶…60cm

布的剪裁圖
＊（　）內為縫份尺寸

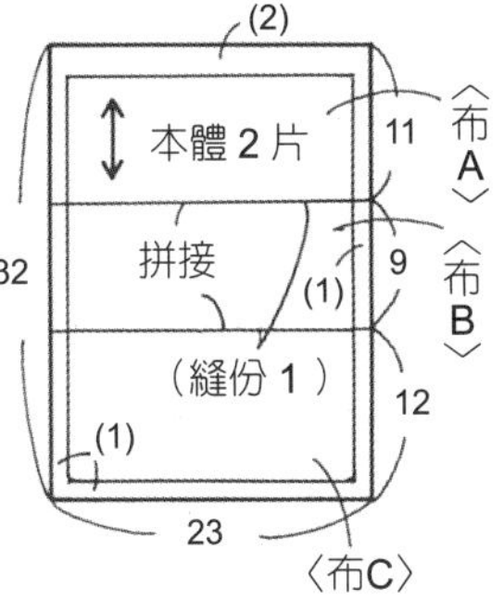

(2)
本體2片
11
〈布A〉
拼接
9
(1)
〈布B〉
32
（縫份1）
12
(1)
23
〈布C〉

■ 做法 ■

①貼上膠布襯並處理縫份。

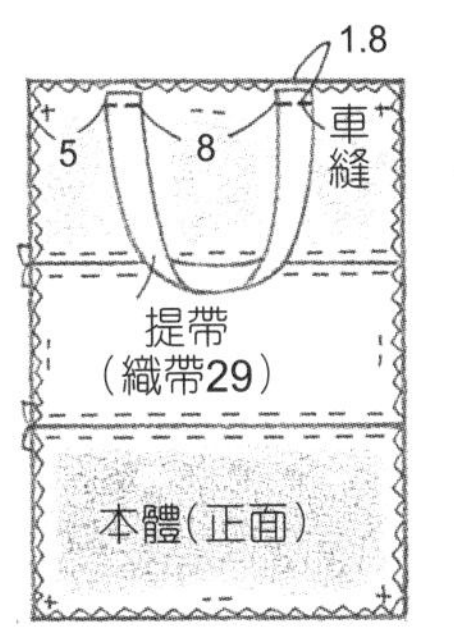

1.8
5
8
車縫
提帶
（織帶29）
本體（正面）

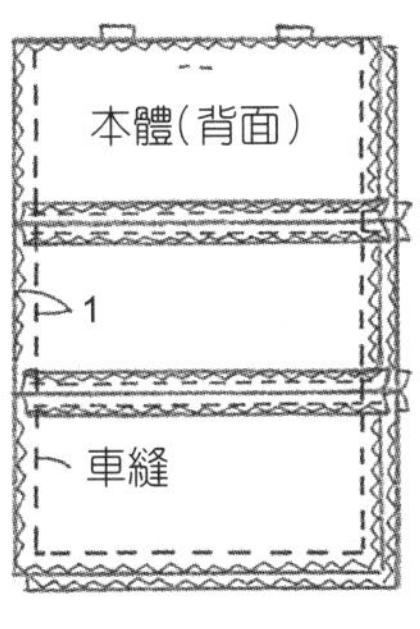

本體（背面）
1
車縫

②拼接本體，並縫上提帶。（※拼接方法見第113頁）

③縫合本體。

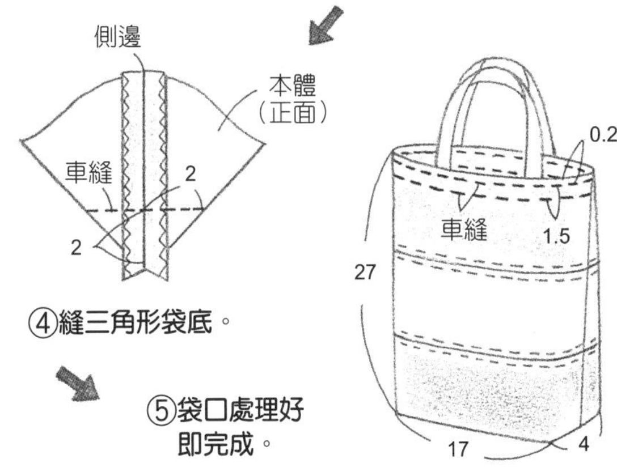

側邊
本體
（正面）
車縫
2
2
0.2
車縫
1.5
27
17
4

④縫三角形袋底。

⑤袋口處理好即完成。

80 第29頁 眼鏡袋

【材料】

布（舖棉布）…長25cm寬25cm
0.5cm寬的圓棉繩…35cm
飾扣… 1 個

布的剪裁圖
＊（　）內為縫份尺寸

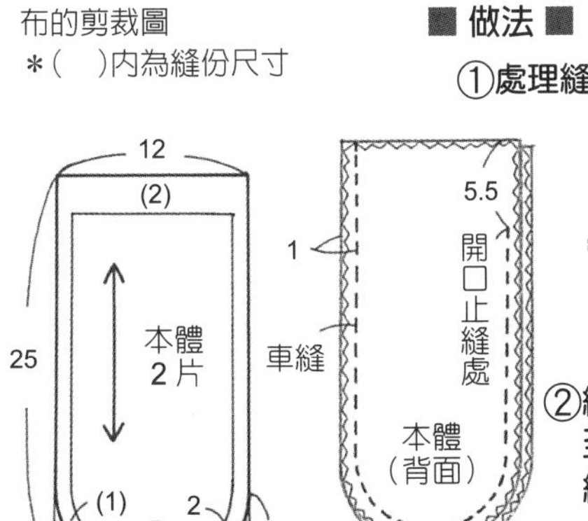

12
(2)
25
本體
2片
(1)
2
5
5
1
5.5
開口止縫處
車縫
本體
（背面）

■ 做法 ■

①處理縫份。

本體（背面）
0.5
車縫
側邊

②縫合本體至開口止縫處。

1.5
2
本體（背面）
車縫
側邊

③處理開口與袋口。

圓棉繩35
飾扣
22
10

④將圓棉繩穿過飾扣，在前端打結後即完成。

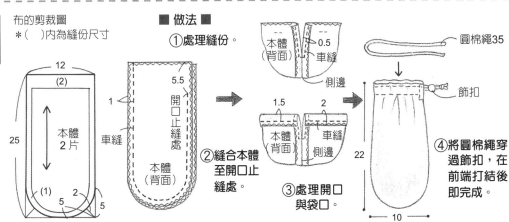

第32頁
書包

【材料】

布A(鋪棉布)…各長80cm寬30cm
布B(棉布)…各長60cm寬35cm
膠布襯…各長60cm寬35cm
2.5cm寬的織帶…各130cm
2.5cm寬的口型環…各 1 個
2.5cm寬的日型環…各 1 個
2.5cm寬的魔鬼氈®…各5cm

布的剪裁圖
＊(　)內為縫份尺寸

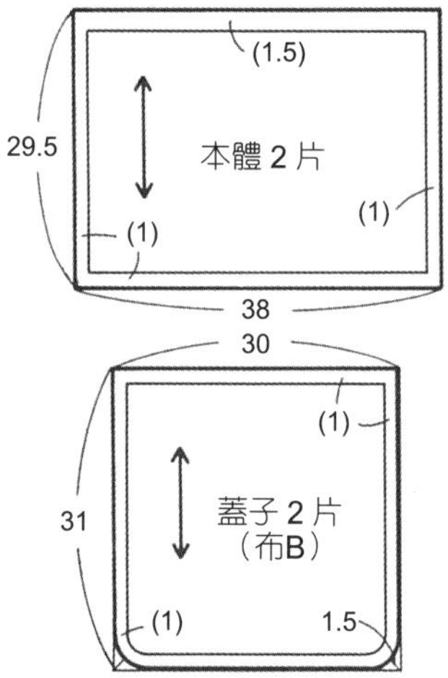

(1.5)
29.5
本體 2 片
(1)
(1)
38
30
(1)
31
蓋子 2 片
(布B)
(1)
1.5

■ 做法 ■

①只在蓋子貼上膠布襯，並處理縫份。

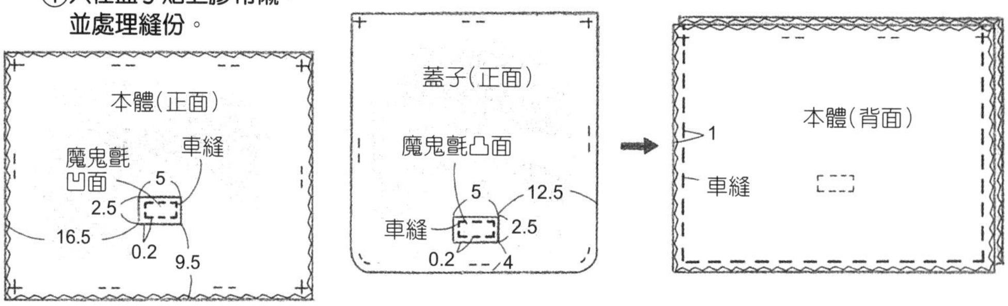

本體(正面)
魔鬼氈
凹面
車縫
5
2.5
16.5
0.2
9.5
蓋子(正面)
魔鬼氈凸面
5
12.5
車縫
2.5
0.2
4
本體(背面)
1
車縫

②將魔鬼氈分別縫在本體與蓋子上。

③縫合本體。

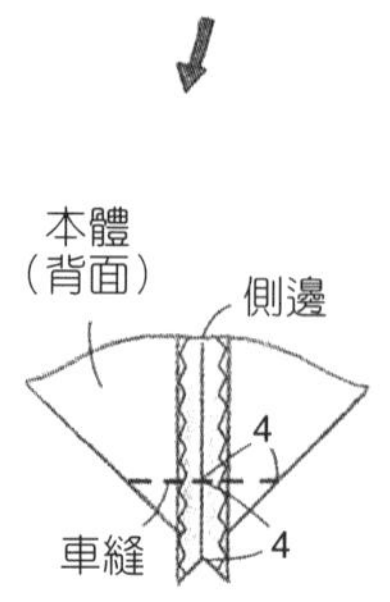

本體
(背面)
側邊
4
車縫
4
肩帶(織帶120)
掛耳(織帶8)
0.5
車縫
4
口型環
0.5
日型環
車縫
3.5
穿過日形環
側邊
1.2
車縫
本體
(正面)
肩帶

④縫三角形袋底。

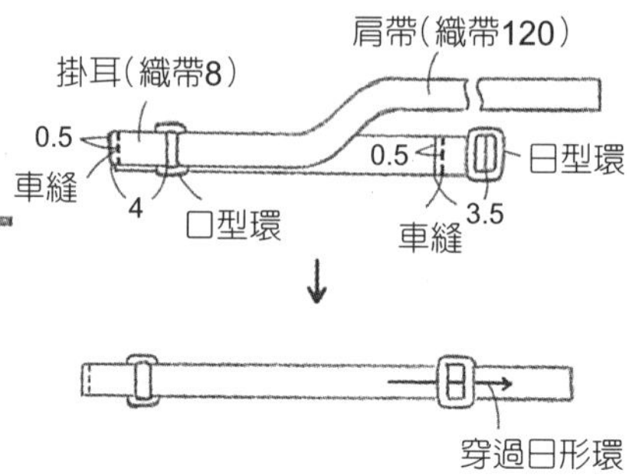

⑤製作肩帶。

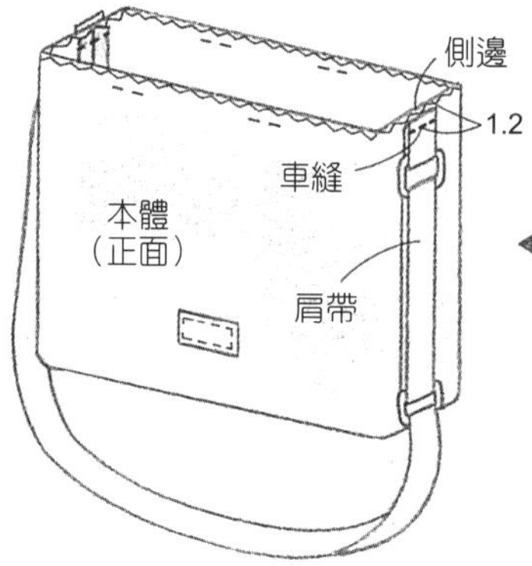

⑥縫上肩帶。

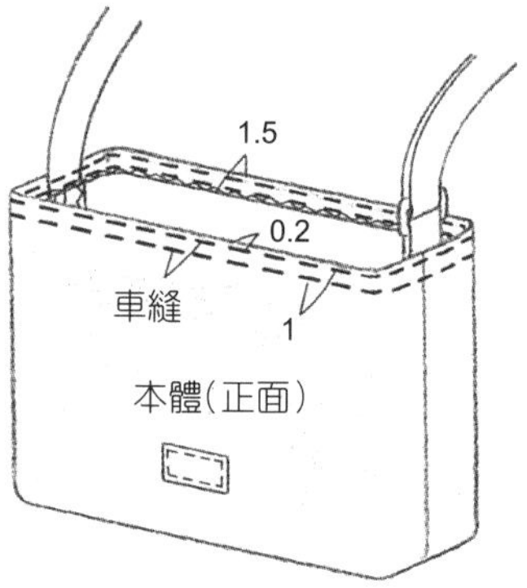

1.5
0.2
車縫
1
本體(正面)
車縫
蓋子(背面)
1
蓋子(正面)
車縫
0.2
1.5
1
車縫
蓋子(正面)
本體
(正面)

⑦處理袋口。

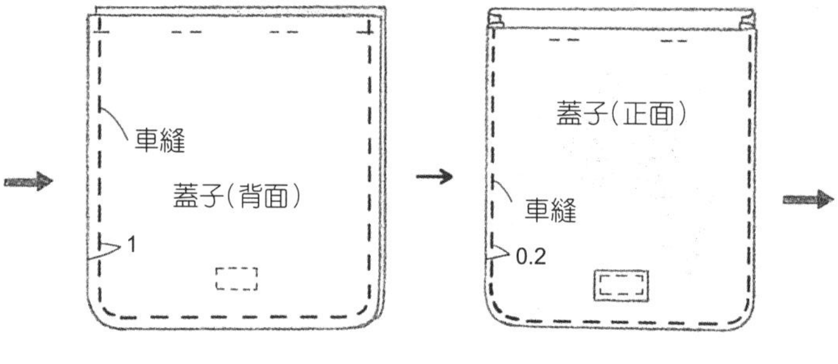

⑧製作蓋子。

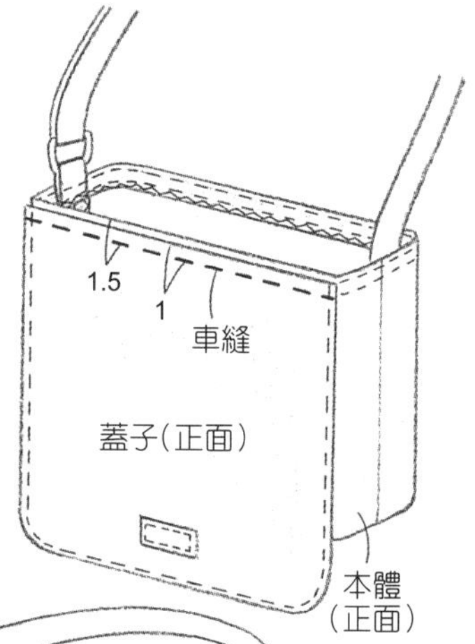

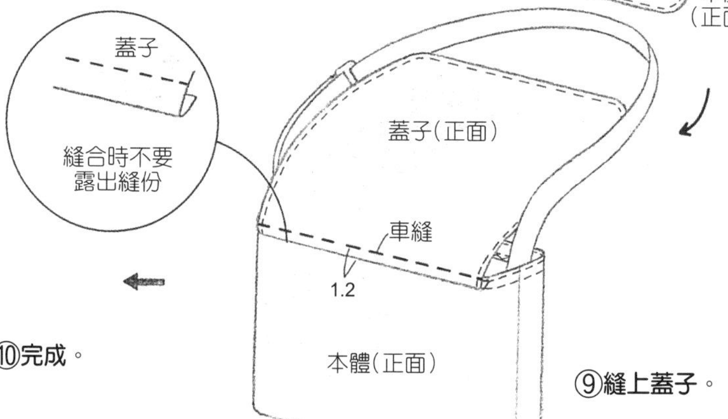

蓋子
縫合時不要
露出縫份
蓋子(正面)
車縫
1.2
本體(正面)
92
91
23
28
8

⑨縫上蓋子。

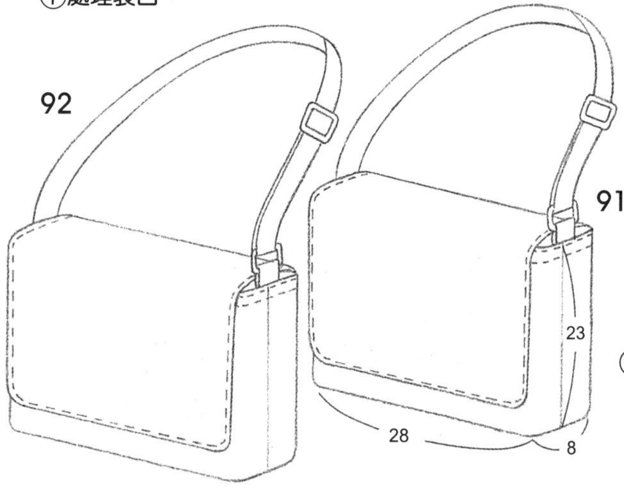

⑩完成。

105·106 第33頁 筆袋・工具袋

【材料】

■ No.105
布(單寧布)…長50cm寬20cm
膠布襯…長50cm寬20cm
貼花用布…適量
20cm的拉鍊 … 1 條

■ No.106
布(單寧布)…長50cm寬15cm
膠布襯…長50cm寬15cm
貼花用布…適量
20cm的拉鍊 … 1 條

■ No.106做法 ■

布的剪裁圖
＊( )內為縫份尺寸

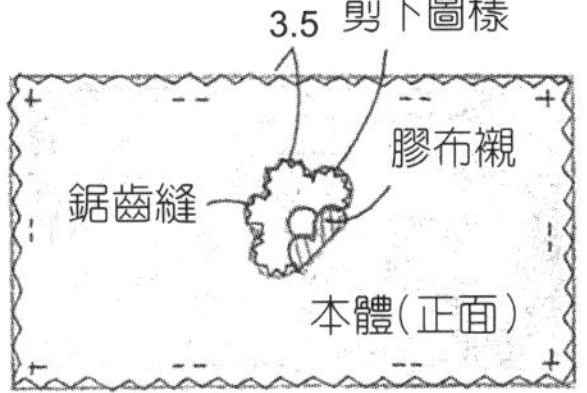

(1)
本體 2 片
12
(1)
23

①貼上膠布襯並處理縫份。

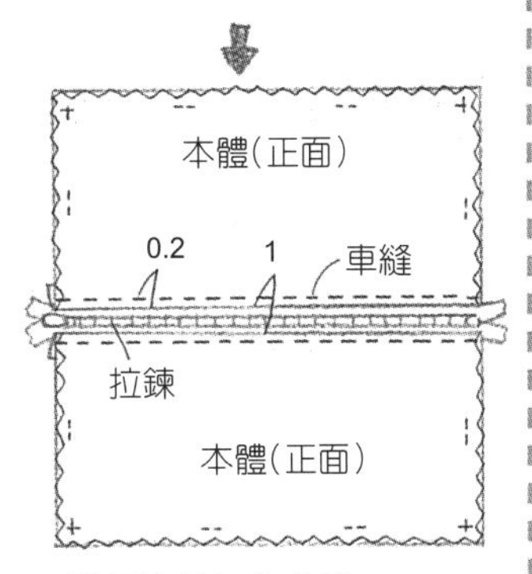

3.5
剪下圖樣
膠布襯
鋸齒縫
本體(正面)
本體(正面)
0.2
1
車縫
拉鍊
本體(正面)

②縫上貼花。

③將拉鍊縫上本體。

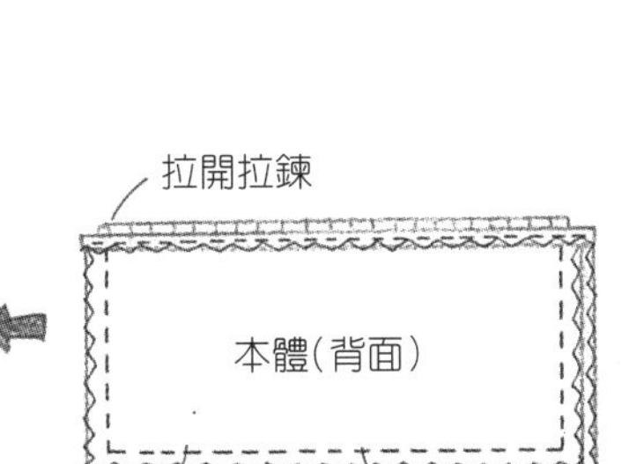

拉開拉鍊
本體(背面)
1
車縫

④縫合本體。

⑤翻回正面後即完成。

■ No.105做法 ■

布的剪裁圖
＊( )內為縫份尺寸

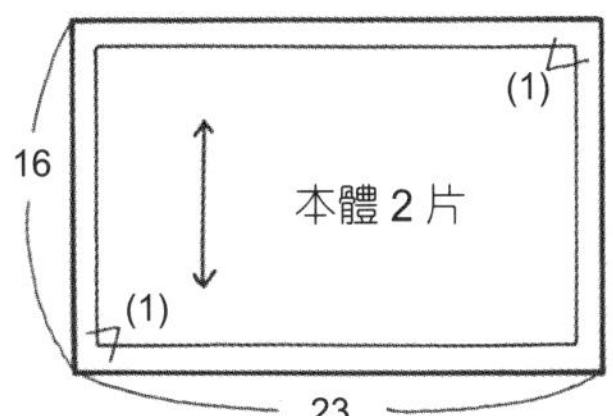

(1)
16
本體 2 片
(1)
23

做法與No.106工具袋相同

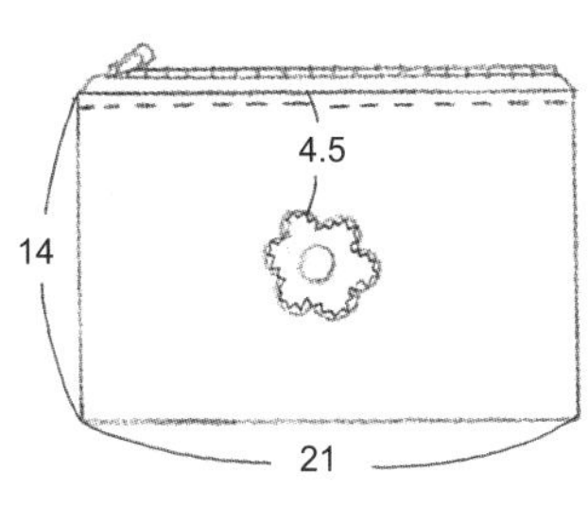

4.5
14
21

108 第33頁 響板袋

【材料】
布(棉布)…長30cm寬20cm
0.5cm粗的圓棉繩…70cm

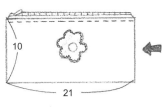

■ 做法 ■

布的剪裁圖
＊( )內為縫份尺寸

(2)
18
本體 2 片
(1)
(1)
15

①處理縫份。

5
開口止縫處
1
車縫
本體(背面)

②縫合本體至開口止縫處。

本體(背面)
0.5
車縫
側邊

③處理開口與袋口。

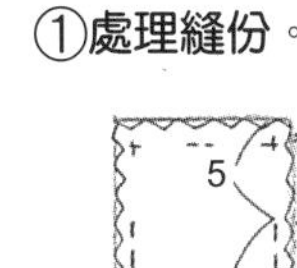

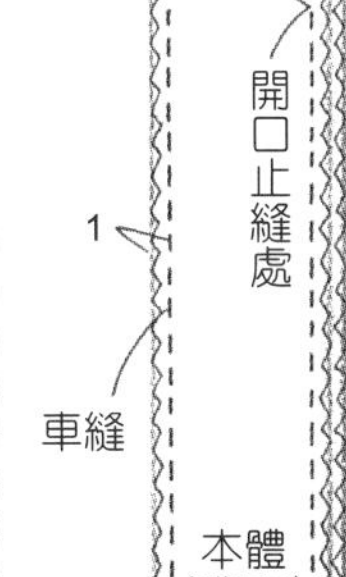

1.5
2
車縫
本體(背面)
側邊

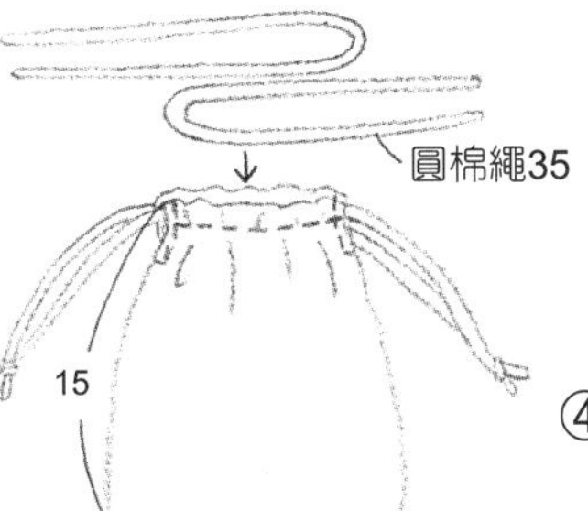

圓棉繩35
15
13

④將圓棉繩依圖示穿過袋口，前端打結後即完成。

107 第33頁 笛子袋

【材料】
布(棉布)…長20cm寬45cm
0.5cm粗的圓棉繩…60cm

■ 做法 ■

布的剪裁圖
＊( )內為縫份尺寸

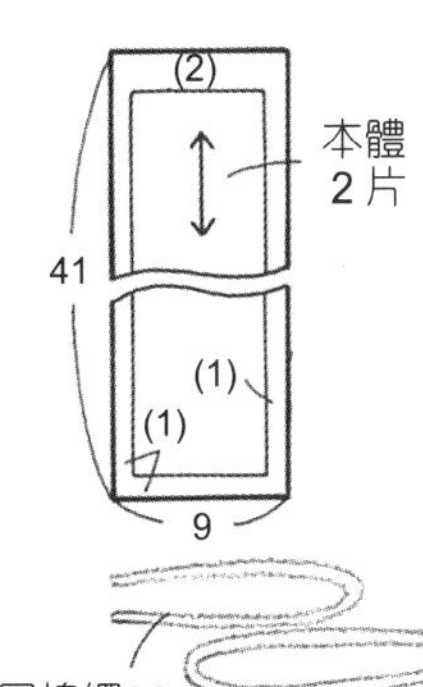

(2)
本體 2片
41
(1)
(1)
9
圓棉繩26

①處理縫份。

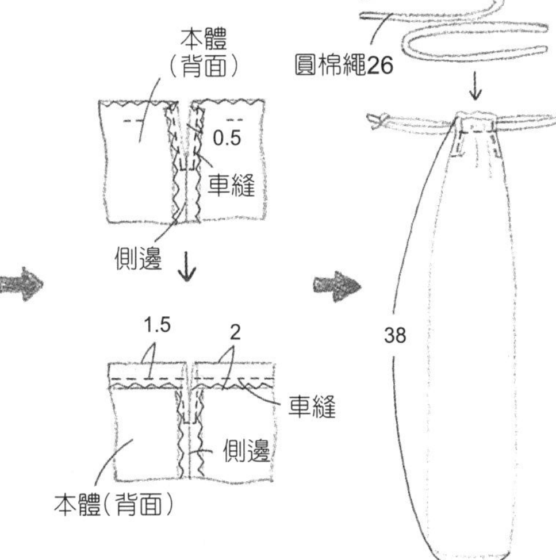

5
開口止縫處
1
車縫
本體(背面)
本體(背面)
0.5
車縫
側邊
1.5
2
車縫
側邊
本體(背面)
38
7

②縫合本體至開口止縫處。 ③處理開口與袋口。 ④將圓棉繩依圖示穿過袋口，前端打結後即完成。

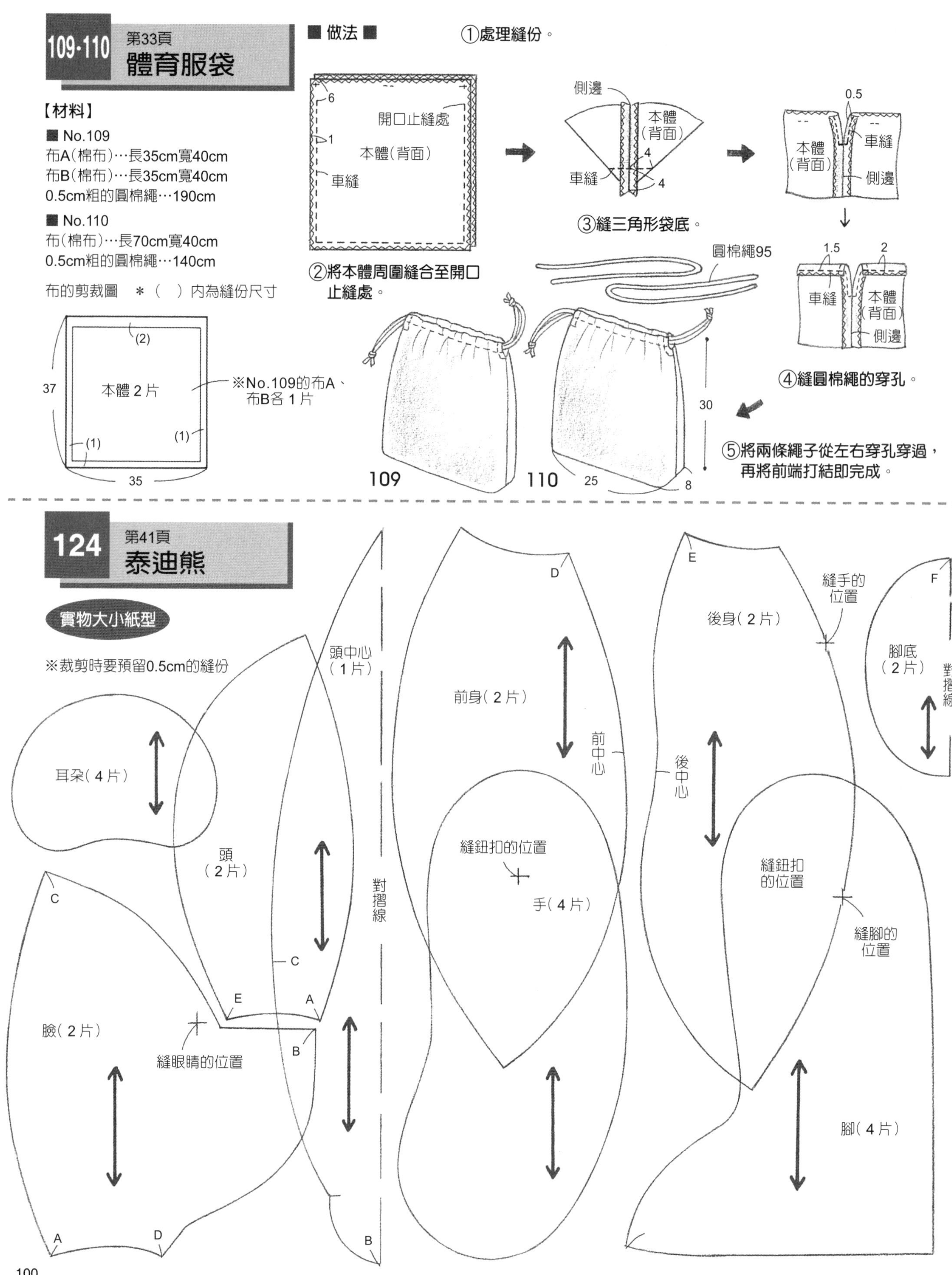
109‧110
第33頁
體育服袋
【材料】
■ No.109
布A（棉布）…長35cm寬40cm
布B（棉布）…長35cm寬40cm
0.5cm粗的圓棉繩…190cm
■ No.110
布（棉布）…長70cm寬40cm
0.5cm粗的圓棉繩…140cm
布的剪裁圖 ＊（ ）內為縫份尺寸
(2)
37
本體 2 片
※No.109的布A、布B各 1 片
(1)
(1)
35
■ 做法 ■
①處理縫份。
6
開口止縫處
1
本體（背面）
車縫
②將本體周圍縫合至開口止縫處。
側邊
本體（背面）
4
車縫
4
③縫三角形袋底。
0.5
本體（背面）
車縫
側邊
1.5
2
車縫
本體（背面）
側邊
④縫圓棉繩的穿孔。
圓棉繩95
30
109
110
25
8
⑤將兩條繩子從左右穿孔穿過，再將前端打結即完成。
124
第41頁
泰迪熊
實物大小紙型
※裁剪時要預留0.5cm的縫份
耳朵（4片）
頭中心（1片）
頭（2片）
對摺線
C
E
A
B
臉（2片）
縫眼睛的位置
D
前身（2片）
前中心
縫鈕扣的位置
手（4片）
E
後身（2片）
縫手的位置
後中心
縫鈕扣的位置
縫腳的位置
腳（4片）
F
腳底（2片）
對摺線

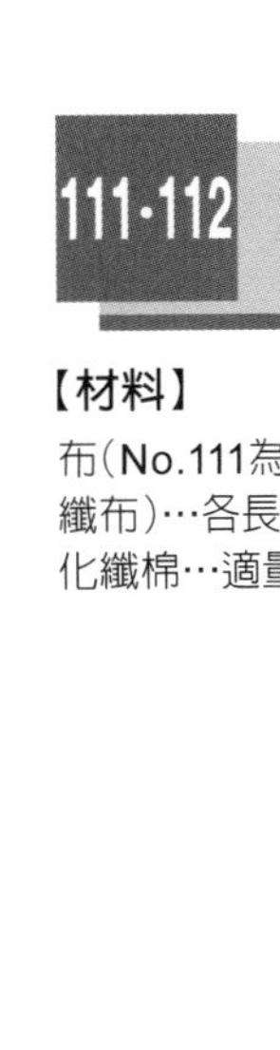

111·112 第36頁 玩具球

【材料】

布(No.111為毛巾布，No.112為化纖布)…各長20cm寬15cm
化纖棉…適量

■ 做法 ■

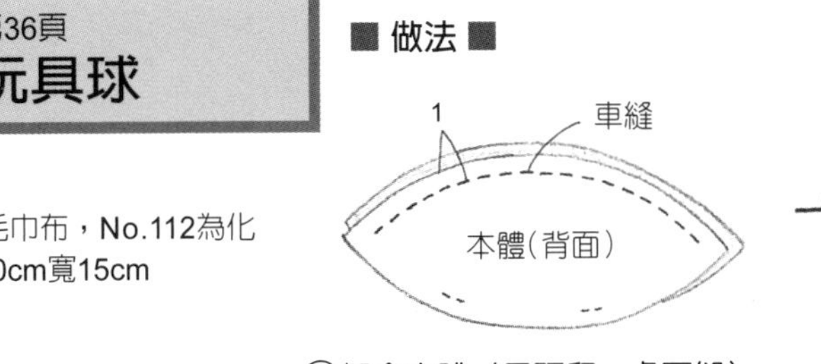

1
車縫
本體(背面)

①縫合本體（只預留一處不縫）。

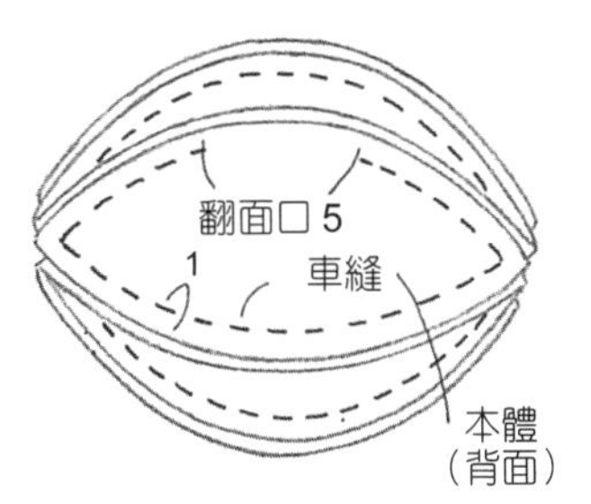

翻面口 5
1
車縫
本體
(背面)

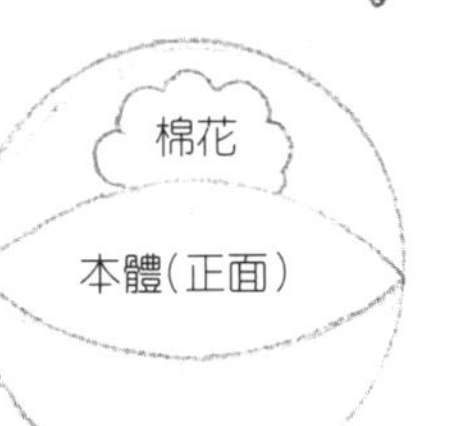

棉花
本體(正面)

②翻回正面後塞入棉花。

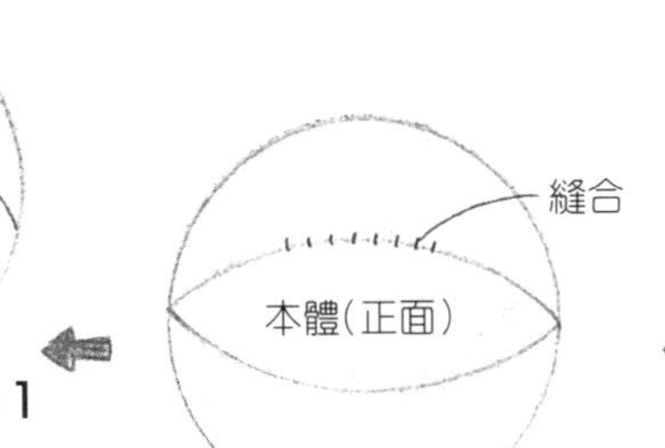

縫合
本體(正面)

③縫合翻面口。

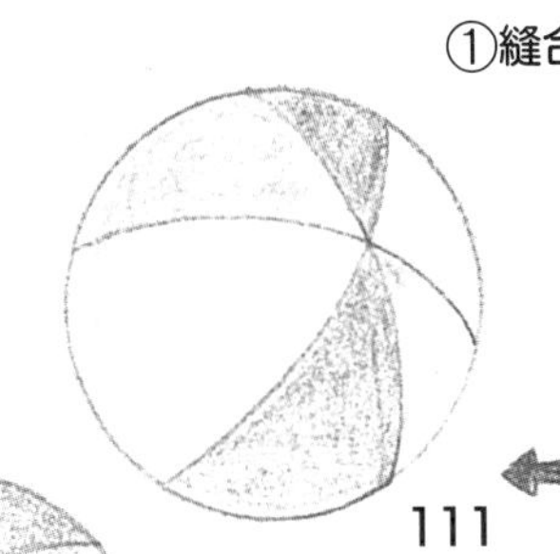

111

112

④完成。

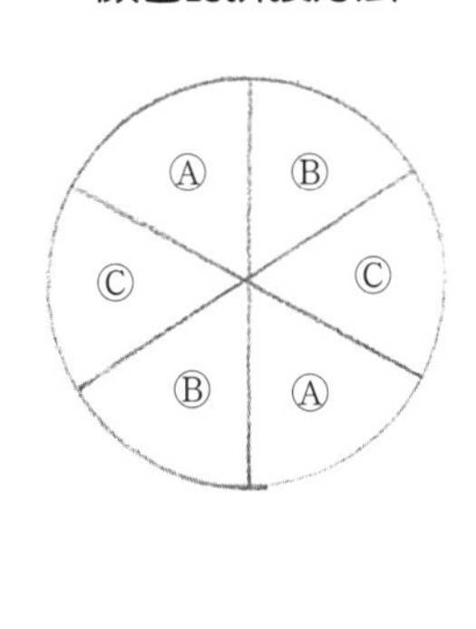

顏色的拼接方法
Ⓐ
Ⓑ
Ⓒ
Ⓒ
Ⓑ
Ⓐ

No.112
Ⓐ－紅色
Ⓑ－藏青色
Ⓒ－白色

No.111
Ⓐ－黃色
Ⓑ－粉紅色
Ⓒ－翠綠色

實物大小紙型

※裁剪時要預留1cm的縫份

本體

(No.112——紅色、藏青色、白色
No.111——黃色、粉紅色、翠綠色　各2片)

114·115 第36頁 袖套

【材料】

布(棉布)…各長80cm寬30cm
1cm寬的鬆緊帶…各95cm

布的剪裁圖
※(　)內為縫份尺寸

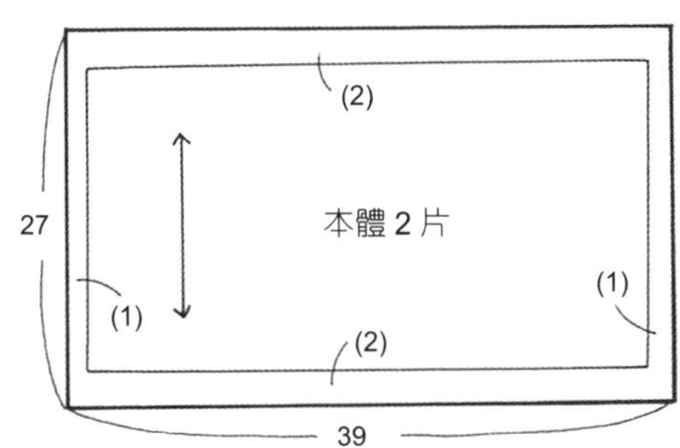

(2)
27
本體 2 片
(1)
(1)
(2)
39

■ 做法 ■

①處理縫份。

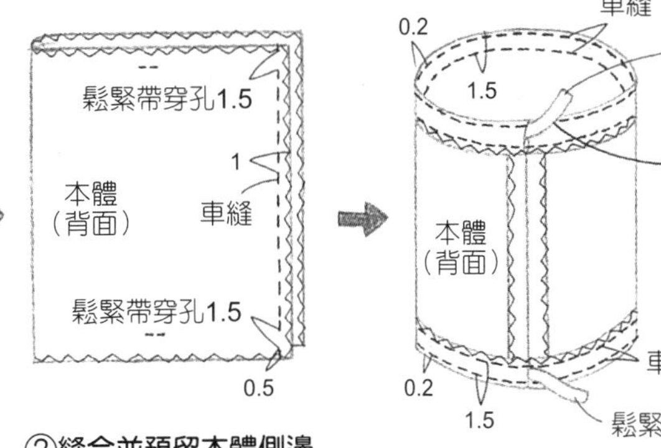

鬆緊帶穿孔1.5
1
本體
(背面)
車縫
鬆緊帶穿孔1.5
0.5
0.2
車縫
1.5
鬆緊帶25
車縫
0.5
重疊1cm
本體
(背面)
車縫
0.2
1.5
鬆緊帶22

②縫合並預留本體側邊的鬆緊帶穿孔。

③將鬆緊帶穿過穿孔。

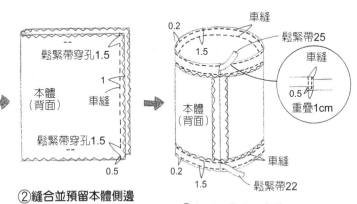

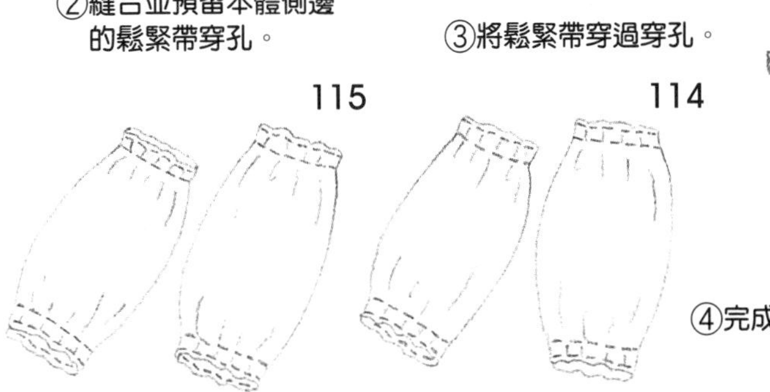

115
114

④完成。

119 第37頁 嬰兒圍兜

【材料】

毛巾(24cm×64cm)⋯ 1 條
滾邊⋯長150cm

布的剪裁圖
※( )內為縫份尺寸

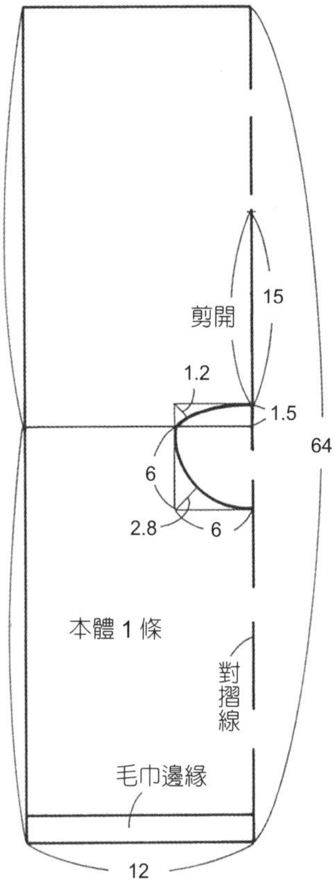

剪開 15 1.2 1.5 6 2.8 6 64 本體 1 條 對摺線 毛巾邊緣 12

■ 做法 ■

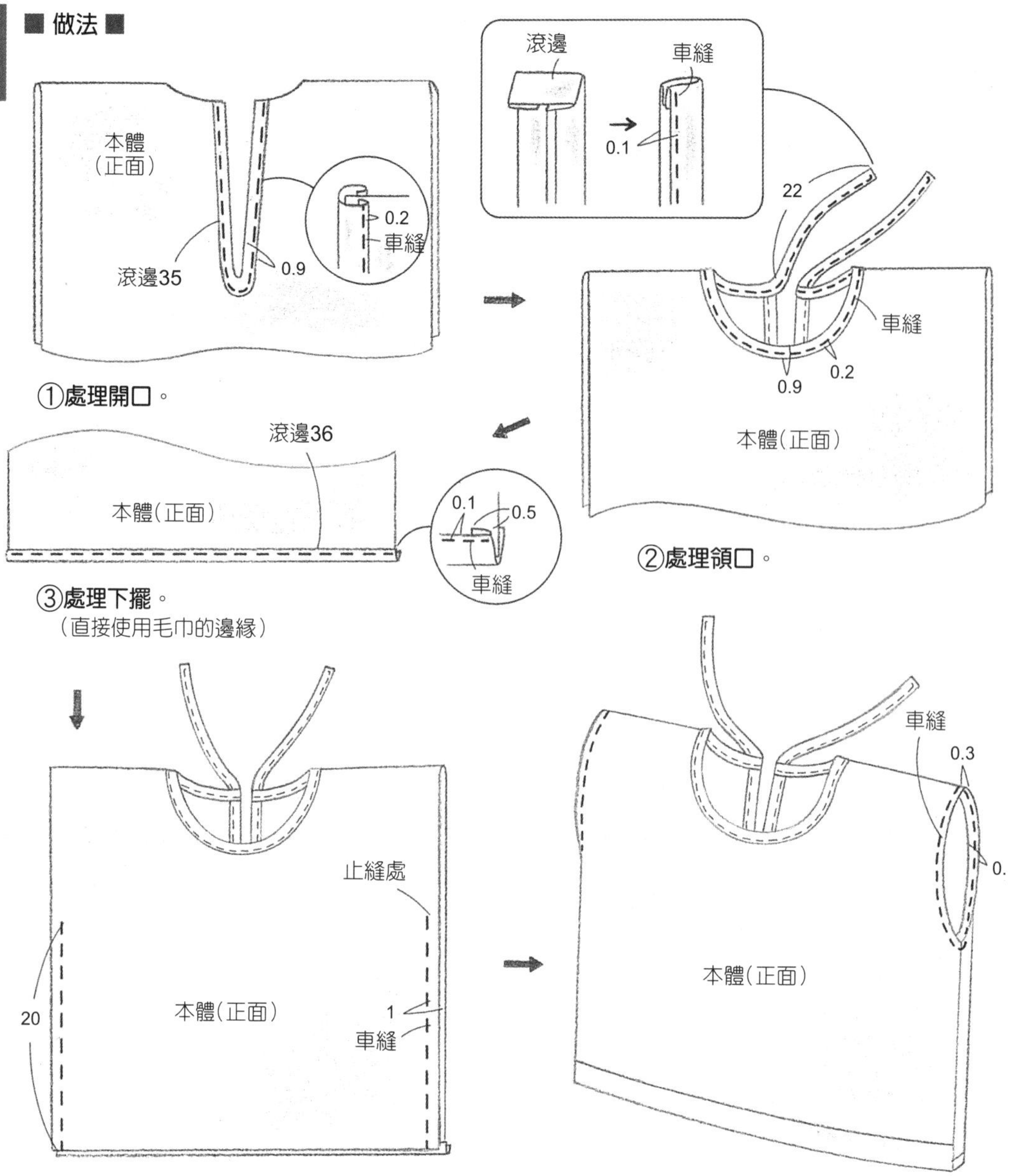

本體（正面） 滾邊35 0.9 0.2 車縫

①處理開口。

滾邊 車縫 0.1 22 車縫 0.2 0.9 本體（正面）

②處理領口。

滾邊36 本體（正面） 0.1 0.5 車縫

③處理下擺。
（直接使用毛巾的邊緣）

止縫處 20 本體（正面） 1 車縫

④將兩邊的腋下部分車縫至止縫處。

車縫 0.3 0. 本體（正面）

⑤處理好袖孔即完成。

118 第37頁 口水巾

【材料】

毛巾⋯ 1 條
1.8cm寬的滾邊⋯長180cm
魔鬼氈®⋯5cm

★實物大小紙型
見第109頁

■ 做法 ■

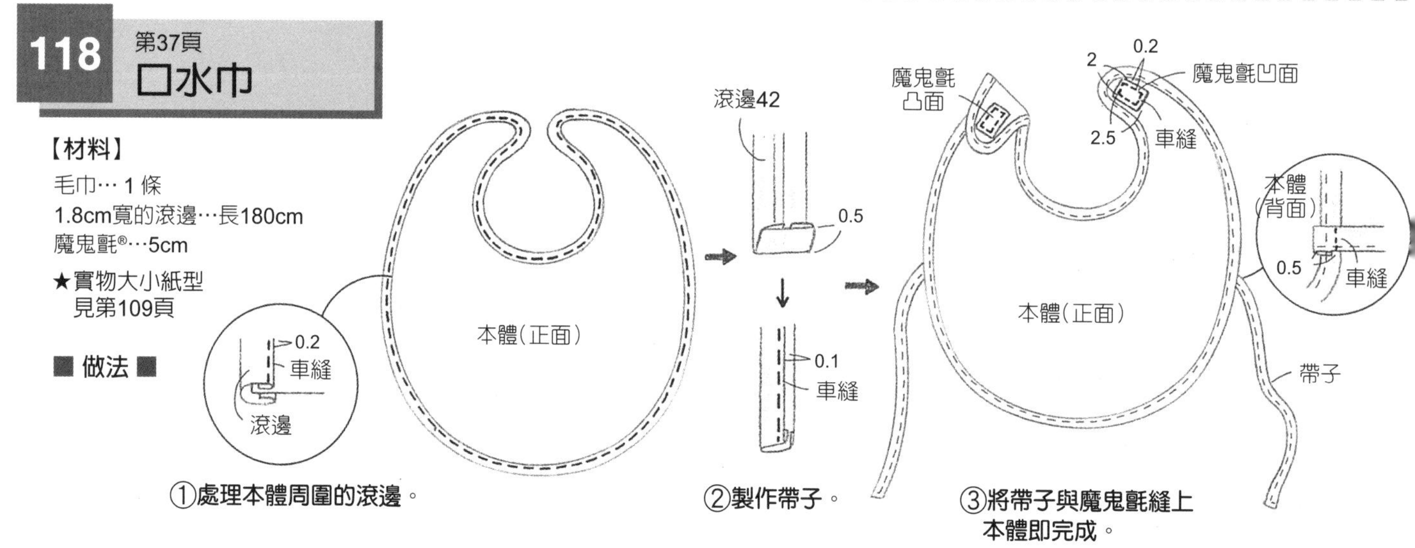

0.2
車縫
滾邊
本體（正面）
滾邊42
0.5
0.1
車縫
魔鬼氈
凸面
2
0.2
魔鬼氈凹面
2.5
車縫
本體
（背面）
0.5
車縫
本體（正面）
帶子

①處理本體周圍的滾邊。

②製作帶子。

③將帶子與魔鬼氈縫上
本體即完成。

125~129 第41頁 毛巾小熊

【材料】

布（No.125・127・128是棉布，No.126是毛巾布，No.129是厚棉布）…各長35cm寬20cm
貼花用可洗式不織布…棕色各5cm×5cm
25號繡線…棕色、紅色，適量
化纖棉…適量

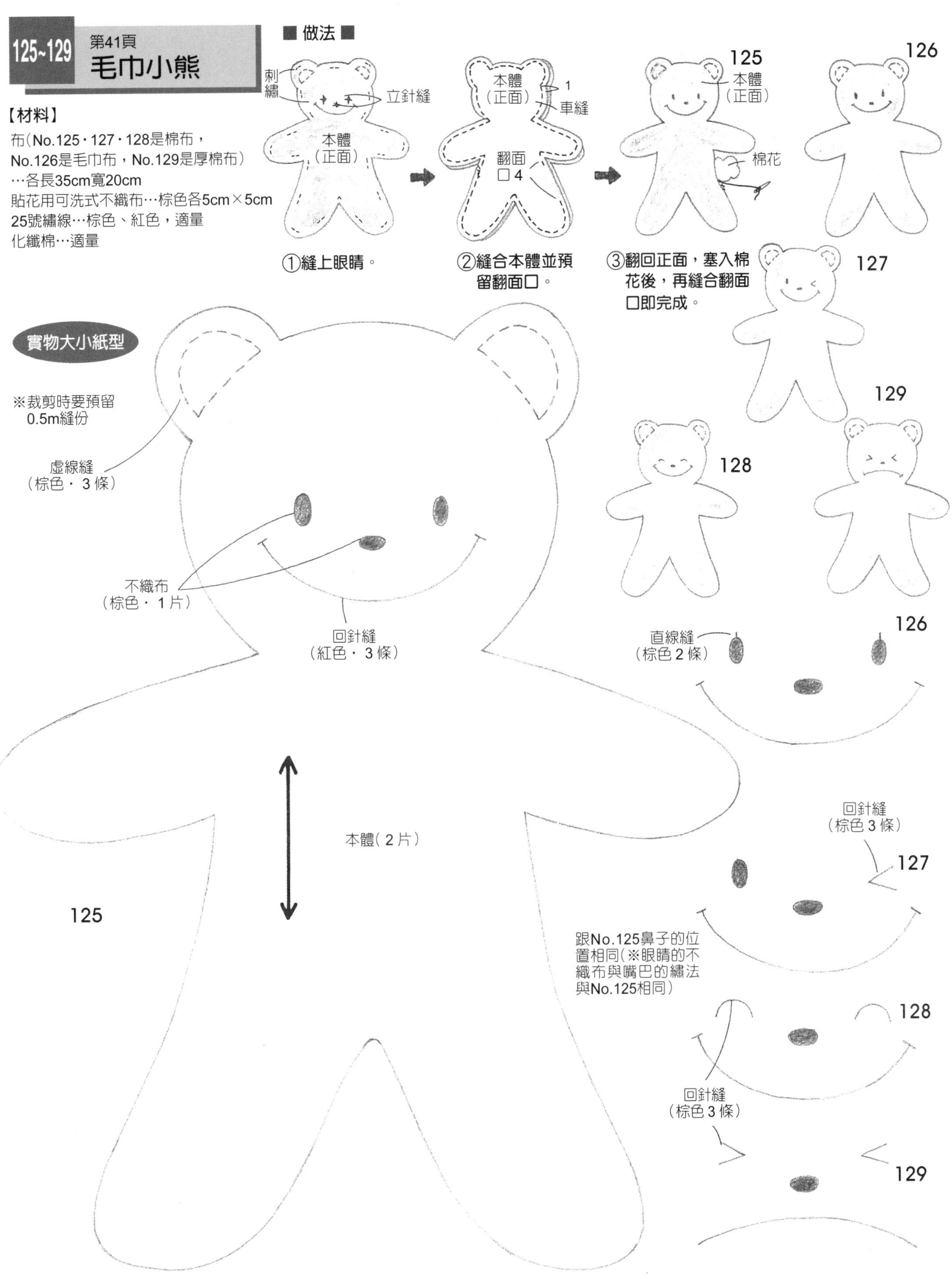

■ 做法 ■
刺繡
立針縫
本體（正面）
①縫上眼睛。
本體（正面）
1
車縫
翻面口4
②縫合本體並預留翻面口。
125
本體（正面）
棉花
③翻回正面，塞入棉花後，再縫合翻面口即完成。
126
127
129
128
實物大小紙型
※裁剪時要預留0.5m縫份
虛線縫（棕色・3條）
不織布（棕色・1片）
回針縫（紅色・3條）
本體（2片）
125
126
直線縫（棕色2條）
回針縫（棕色3條）
127
跟No.125鼻子的位置相同（※眼睛的不織布與嘴巴的繡法與No.125相同）
128
回針縫（棕色3條）
129

139 第45頁 髮帶(抓皺)

布的剪裁圖
※( )內為縫份尺寸

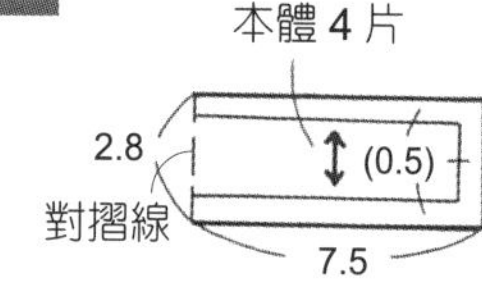

本體 4 片
2.8
(0.5)
對摺線
7.5

【材料】

布(棉布)…長15cm寬15cm
25號繡線…紅色，適量
髮夾… 2 個

■ 做法 ■

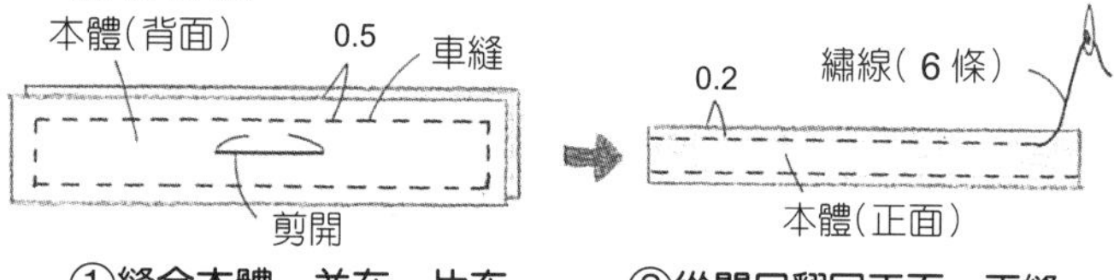

本體(背面)
0.5
車縫
剪開

①縫合本體，並在一片布上剪開一個口。

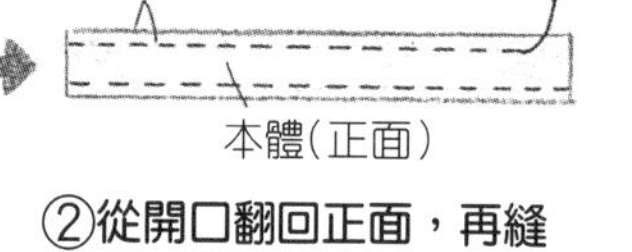

0.2
繡線(6 條)
本體(正面)

②從開口翻回正面，再縫合兩端並拉緊。

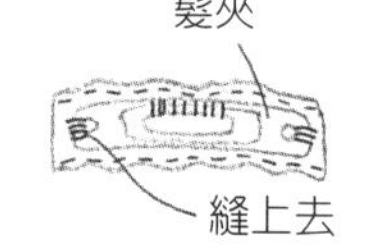

髮夾
縫上去

③縫上髮夾。

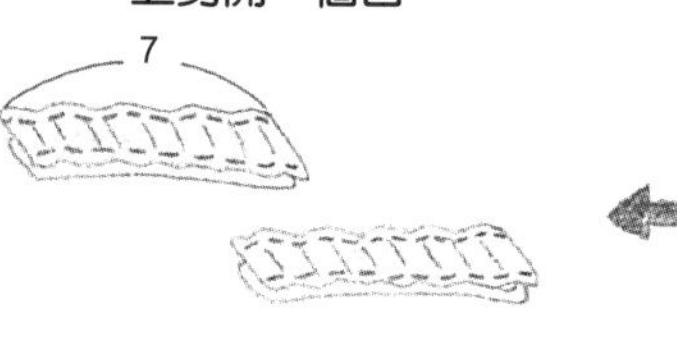

7

④完成。

140 第45頁 髮插

布的剪裁圖
※( )內為縫份尺寸

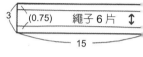

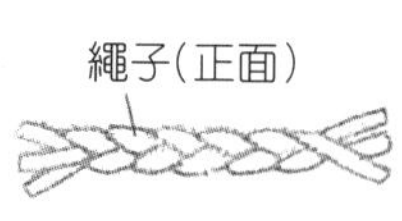

3
(0.75)
繩子 6 片
15

【材料】

布(棉布)…長15cm寬20cm
髮插… 2 個

■ 做法 ■

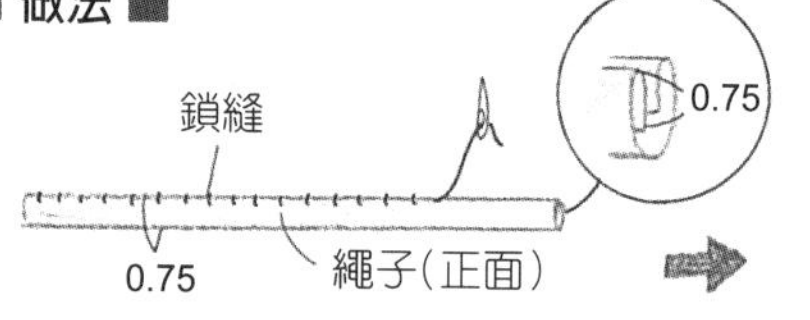

鎖縫
0.75
0.75
繩子(正面)
繩子(正面)

①縫合繩子。
※製作 3 條。

②將繩子編成三股辮。

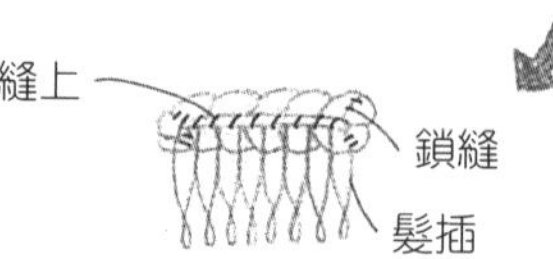

縫上
鎖縫
髮插

③縫上髮插，並配合髮插的長度將兩端往內摺。

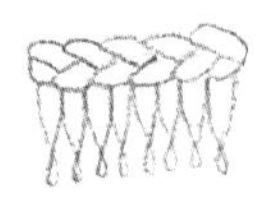

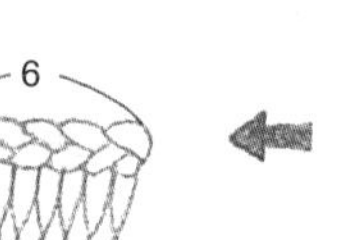

6

④完成。

141 第45頁 髮夾(小緞帶)

布的剪裁圖
※( )內為縫份尺寸

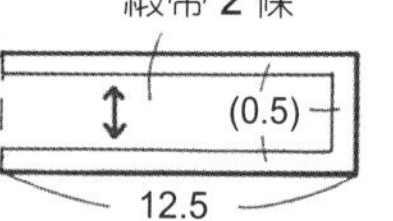

緞帶 2 條
3.4
(0.5)
對摺線
12.5

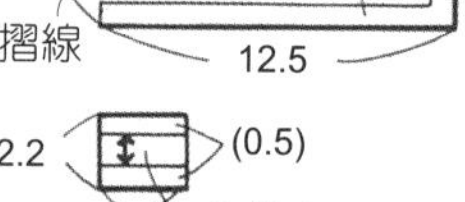

2.2
(0.5)
3
緞帶中心布 2 條

【材料】

布(棉布)…長25cm寬10cm
髮夾… 2 個

■ 做法 ■

緞帶(正面) 車縫 0.2 1.2 0.5 0.5

①縫合緞帶。

緞帶中心布(正面) 0.5 (後面) 鎖縫

②做出蝴蝶結的形狀，並將中心布縫在緞帶中央。

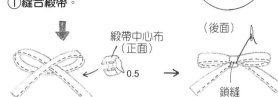

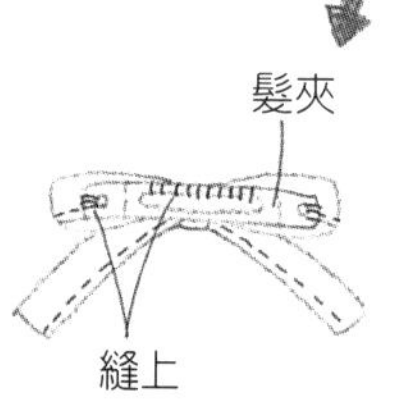

髮夾
縫上

③縫上髮夾。

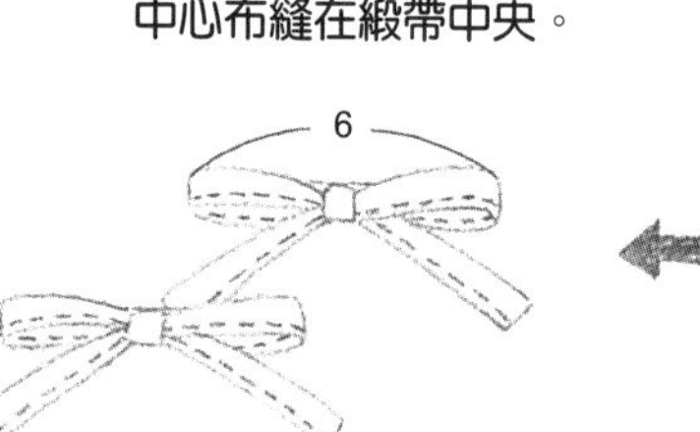

6

④完成。

142・143 第45頁 髮夾(大緞帶)

布的剪裁圖
※( )內為縫份尺寸

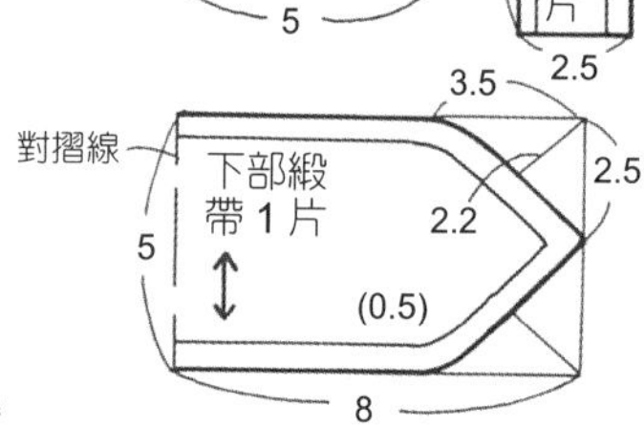

1.5
7
1.5
對摺線
上部緞帶 2 片
6
(0.5)
5
7
(0.5)
緞帶中心布 1 片
2.5

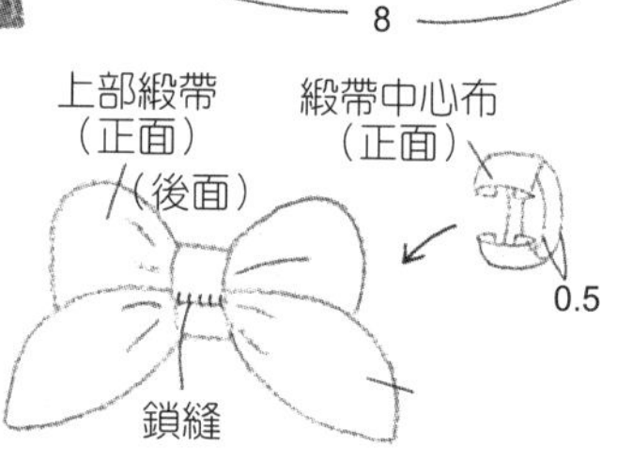

3.5
對摺線
下部緞帶 1 片
2.5
2.2
5
(0.5)
8

【材料】

布(142是單寧布，143是棉布)
…各長30cm寬15cm
髮夾…各 1 個

■ 做法 ■

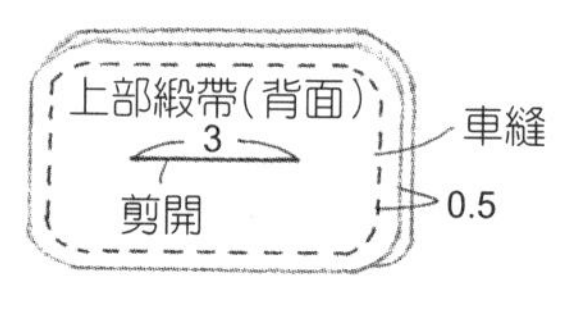

上部緞帶(背面)
3
車縫
剪開
0.5

①縫合上部的緞帶，並在一片緞帶上剪一個開口。
※下部的緞帶也用相同方式製作

上部緞帶(正面) (後面) 緞帶中心布(正面) 0.5 鎖縫

②從開口處翻回正面，將中心收攏後縫上緞帶中心布。

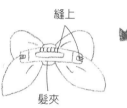

縫上 髮夾

③縫上髮夾。

142・143

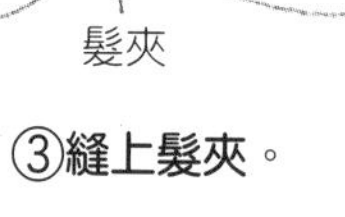

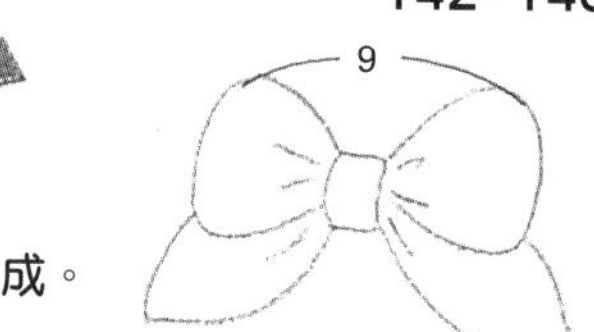

9

④完成。

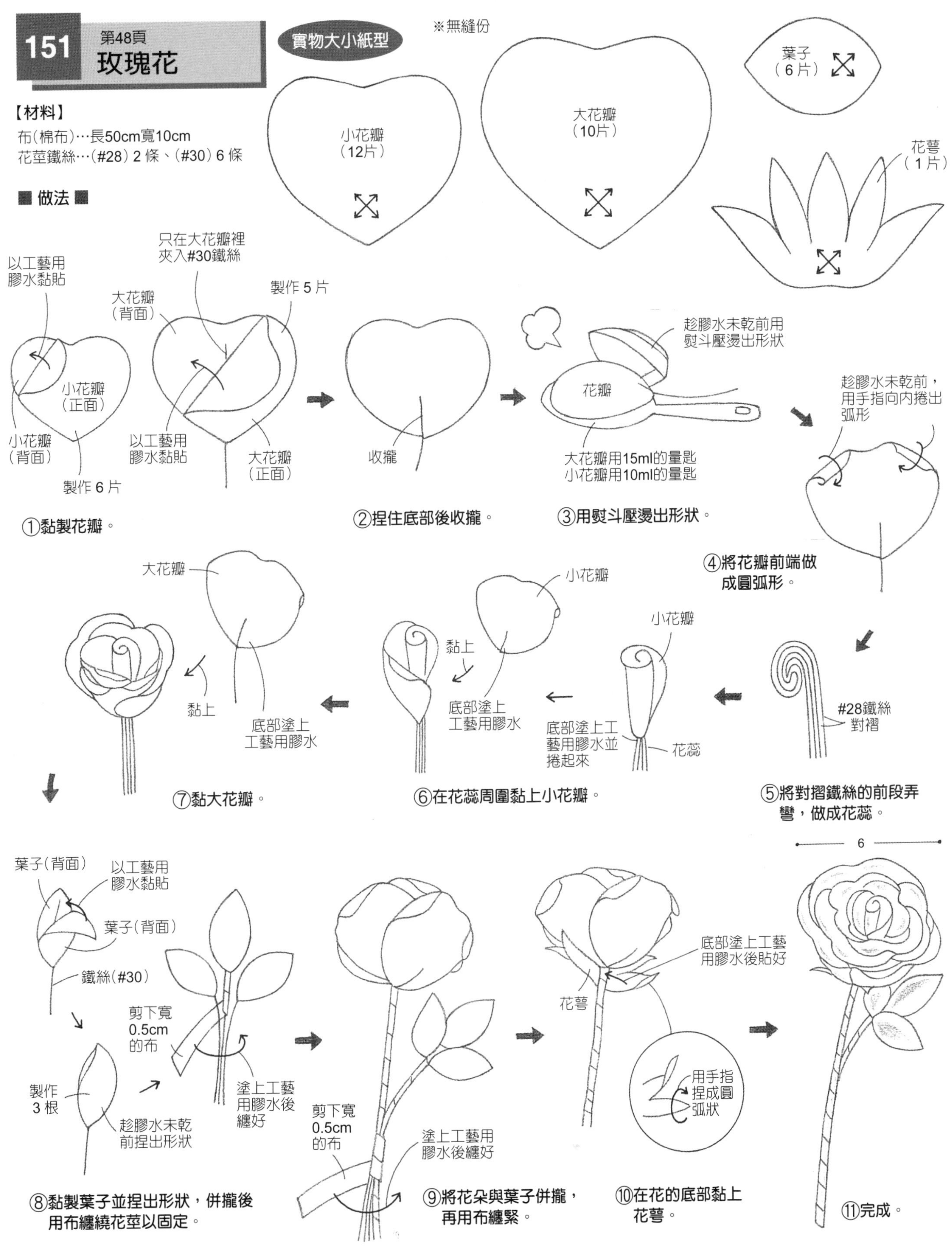
151
第48頁
玫瑰花
實物大小紙型
※無縫份
小花瓣
(12片)
大花瓣
(10片)
葉子
(6片)
花萼
(1片)
【材料】
布(棉布)…長50cm寬10cm
花莖鐵絲…(#28) 2 條、(#30) 6 條
■ 做法 ■
以工藝用
膠水黏貼
只在大花瓣裡
夾入#30鐵絲
製作 5 片
大花瓣
(背面)
小花瓣
(正面)
小花瓣
(背面)
以工藝用
膠水黏貼
大花瓣
(正面)
製作 6 片
①黏製花瓣。
收攏
②捏住底部後收攏。
趁膠水未乾前用
熨斗壓燙出形狀
花瓣
大花瓣用15ml的量匙
小花瓣用10ml的量匙
③用熨斗壓燙出形狀。
趁膠水未乾前,
用手指向內捲出
弧形
④將花瓣前端做
成圓弧形。
#28鐵絲
對摺
⑤將對摺鐵絲的前段弄
彎,做成花蕊。
小花瓣
底部塗上工
藝用膠水並
捲起來
花蕊
小花瓣
黏上
底部塗上
工藝用膠水
⑥在花蕊周圍黏上小花瓣。
大花瓣
黏上
底部塗上
工藝用膠水
⑦黏大花瓣。
6
葉子(背面)
以工藝用
膠水黏貼
葉子(背面)
鐵絲(#30)
製作
3 根
趁膠水未乾
前捏出形狀
剪下寬
0.5cm
的布
塗上工藝
用膠水後
纏好
⑧黏製葉子並捏出形狀,併攏後
用布纏繞花莖以固定。
剪下寬
0.5cm
的布
塗上工藝用
膠水後纏好
⑨將花朵與葉子併攏,
再用布纏緊。
底部塗上工藝
用膠水後貼好
花萼
用手指
捏成圓
弧狀
⑩在花的底部黏上
花萼。
⑪完成。

150 第48頁 雛菊

【材料】（1朵的份量）

布（棉布）…長20cm寬5cm
含羞草花蕊… 3 根
花莖鐵絲…（#28）2 根

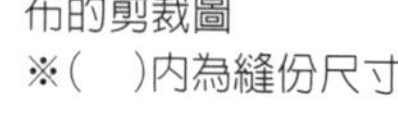

布的剪裁圖
※（　）內為縫份尺寸

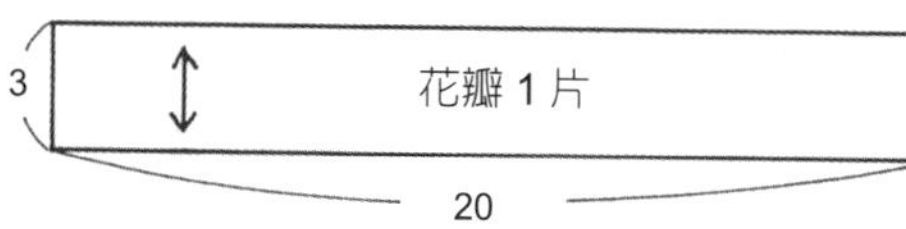

3
花瓣 1 片
20

■ 做法 ■

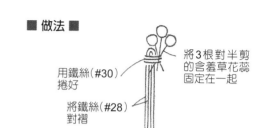

將3根對半剪的含羞草花蕊固定在一起
用鐵絲（#30）捲好
將鐵絲（#28）對摺

①將花蕊綁在已對摺的鐵絲上。

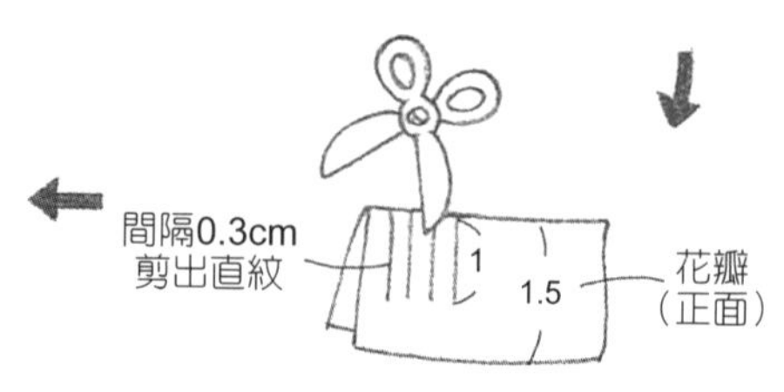

間隔0.3cm剪出直紋
1
1.5
花瓣（正面）

②將花瓣對摺後，剪出直紋。

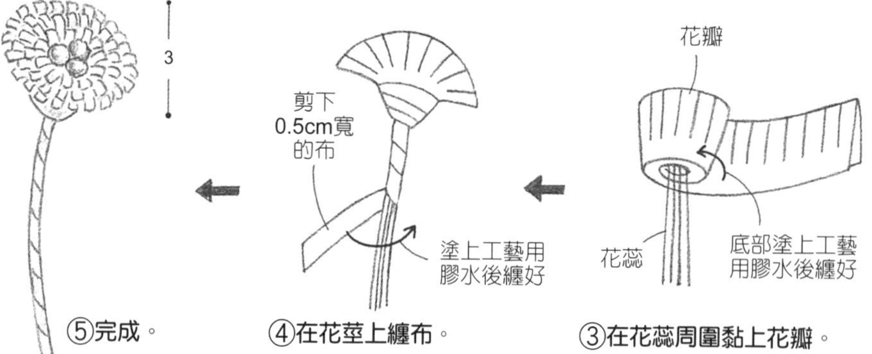

花瓣
花蕊
底部塗上工藝用膠水後纏好
剪下0.5cm寬的布
塗上工藝用膠水後纏好
3

③在花蕊周圍黏上花瓣。

④在花莖上纏布。

⑤完成。

158 第49頁 玫瑰胸針

【材料】

布A（棉布）…長60cm寬10cm
布B（棉布）…長60cm寬10cm
花莖鐵絲…（#28）2 根、（#30）2 根
別針… 1 個

■ 做法 ■

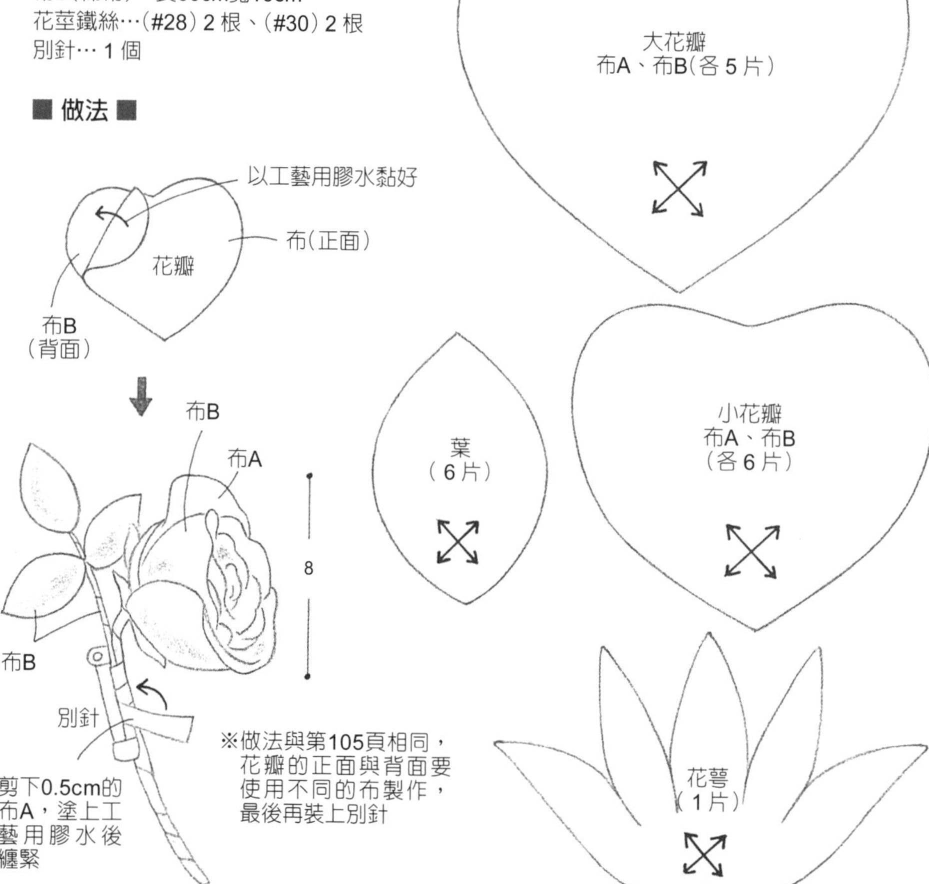

實物大小紙型
大花瓣
布A、布B（各 5 片）
葉
（6 片）
小花瓣
布A、布B
（各 6 片）
花萼
（1 片）
以工藝用膠水黏好
布（正面）
花瓣
布B
（背面）
布B
布A
8
布B
別針
剪下0.5cm的布A，塗上工藝用膠水後纏緊

※做法與第105頁相同，花瓣的正面與背面要使用不同的布製作，最後再裝上別針

156·157 第49頁 胸針

【材料】

布（棉布）…各長60cm寬5cm
含羞草花蕊…各 3 根
花莖鐵絲…（#28）各 6 根
別針… 1 個

※布的剪裁圖與No.150雛菊的相同

■ 做法 ■

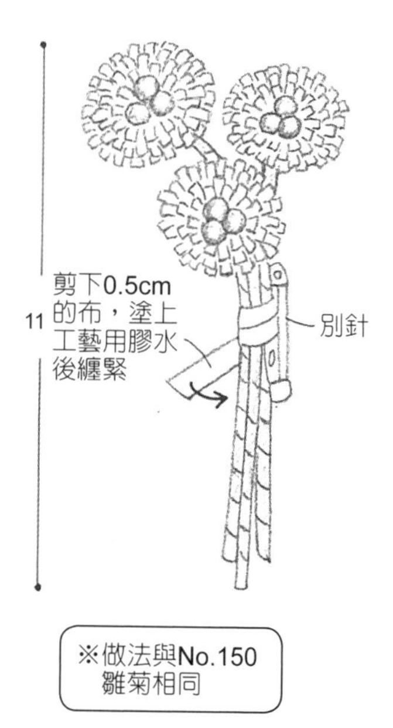

11
剪下0.5cm的布，塗上工藝用膠水後纏緊
別針

※做法與No.150雛菊相同

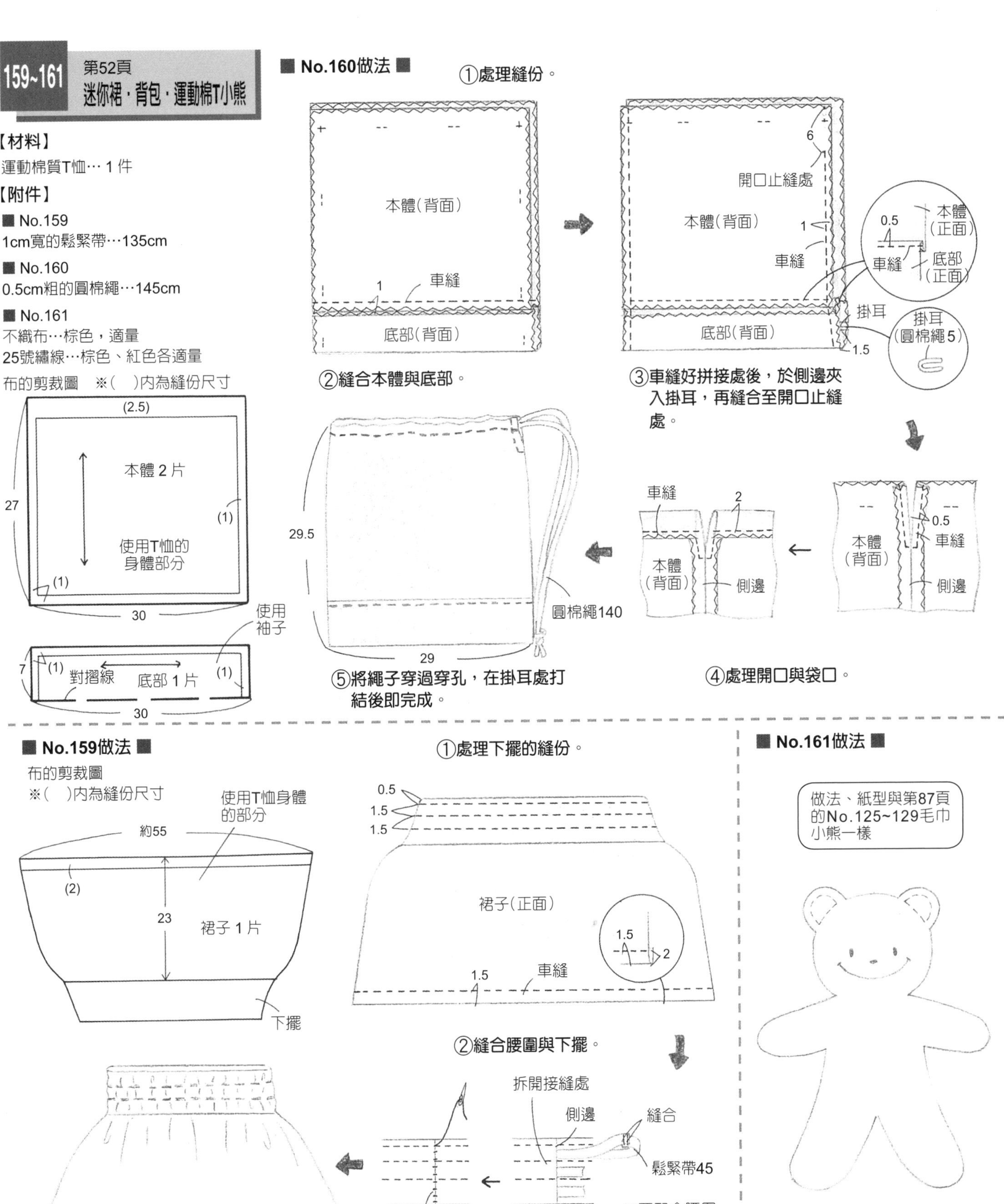
159~161
第52頁
迷你裙・背包・運動棉T小熊
【材料】
運動棉質T恤…1件
【附件】
■ No.159
1cm寬的鬆緊帶…135cm
■ No.160
0.5cm粗的圓棉繩…145cm
■ No.161
不織布…棕色，適量
25號繡線…棕色、紅色各適量
布的剪裁圖 ※( )內為縫份尺寸
(2.5)
本體 2 片
27
(1)
使用T恤的
身體部分
(1)
30
使用
袖子
7
(1)
對摺線
底部 1 片
(1)
30
■ No.160做法 ■
①處理縫份。
本體(背面)
1
車縫
底部(背面)
②縫合本體與底部。
6
1
開口止縫處
本體(背面)
1
車縫
底部(背面)
0.5
本體
(正面)
車縫
底部
(正面)
掛耳
掛耳
(圓棉繩5)
1.5
③車縫好拼接處後，於側邊夾入掛耳，再縫合至開口止縫處。
29.5
圓棉繩140
29
⑤將繩子穿過穿孔，在掛耳處打結後即完成。
車縫
2
本體
(背面)
側邊
0.5
本體
(背面)
車縫
側邊
④處理開口與袋口。
■ No.159做法 ■
布的剪裁圖
※( )內為縫份尺寸
使用T恤身體
的部分
約55
(2)
23
裙子 1 片
下擺
①處理下擺的縫份。
0.5
1.5
1.5
裙子(正面)
1.5
2
1.5
車縫
②縫合腰圍與下擺。
拆開接縫處
側邊
縫合
鬆緊帶45
縫合
裙子
(背面)
※要配合腰圍
尺寸
③拆開側邊的接縫處，再將鬆緊帶穿過去，並縫合。
④完成。
■ No.161做法 ■
做法、紙型與第87頁
的No.125~129毛巾
小熊一樣
使用運動棉T的袖子，將
背面作為小熊的正面。

164~166 第53頁 襯衫包・面紙包・A4袋

【材料】

Y領衫…1件

【附件】

■ No.164
膠布襯…長60cm寬25cm
20cm的拉鍊…1條

■ No.165
膠布襯…長45cm寬75cm

布的剪裁圖
※( )内為縫份尺寸

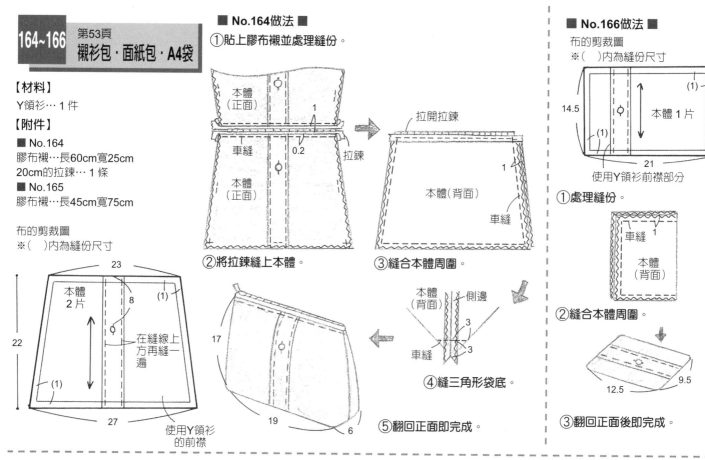

23
22
本體
2片
8
(1)
在縫線上方再縫一遍
(1)
27
使用Y領衫的前襟

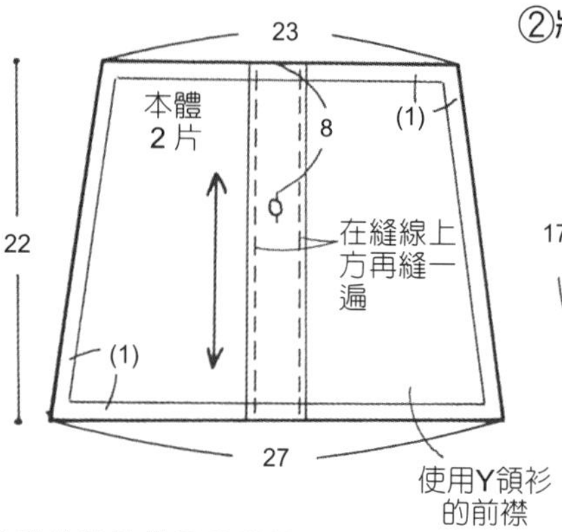

■ No.164做法 ■

①貼上膠布襯並處理縫份。

本體(正面)
1
車縫
0.2
拉鍊
本體(正面)
拉開拉鍊
1
本體(背面)
車縫

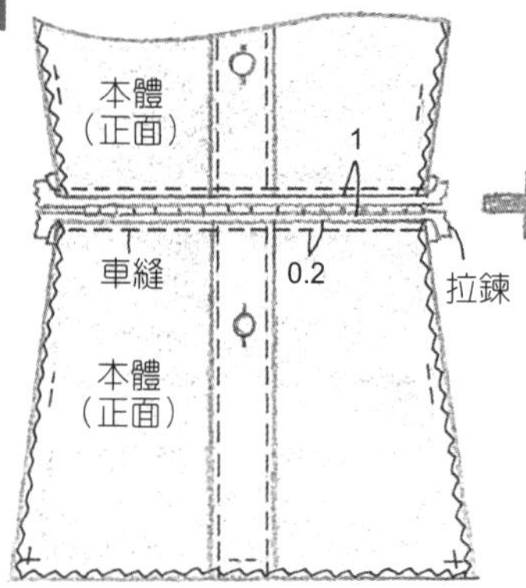

②將拉鍊縫上本體。

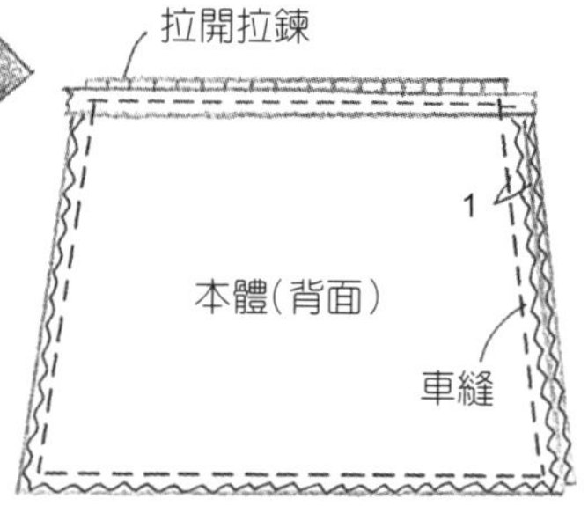

③縫合本體周圍。

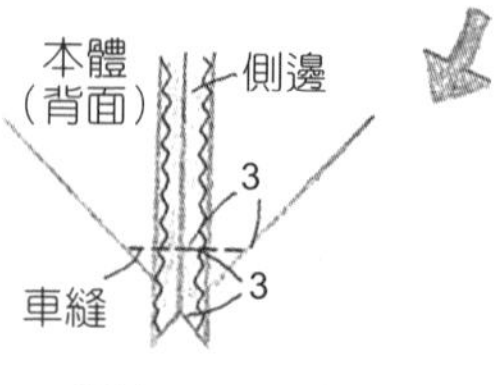

本體(背面)
側邊
3
車縫
3

④縫三角形袋底。

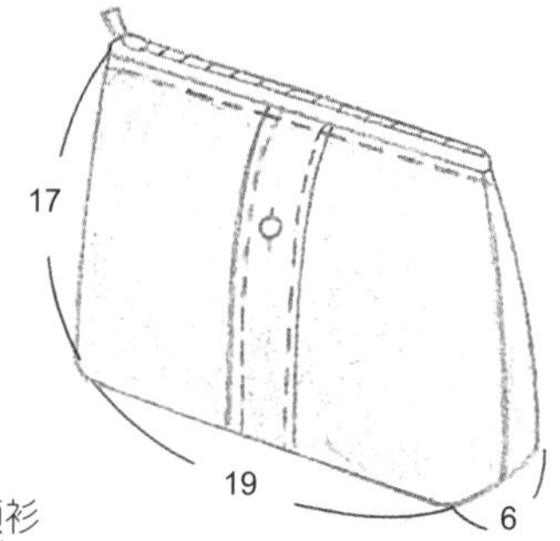

17
19
6

⑤翻回正面即完成。

■ No.166做法 ■

布的剪裁圖
※( )内為縫份尺寸

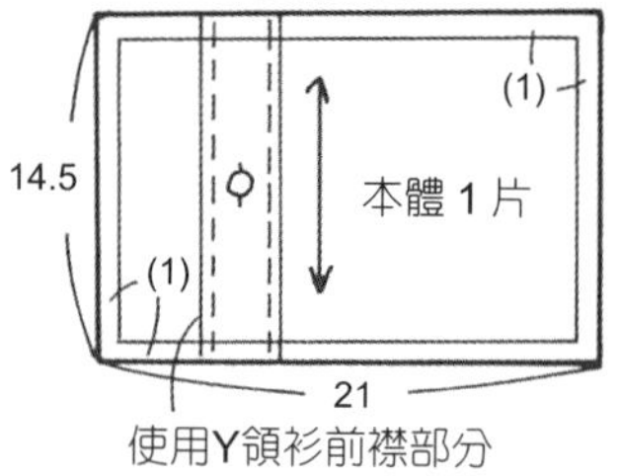

(1)
14.5
本體1片
(1)
21
使用Y領衫前襟部分

①處理縫份。

車縫
1
本體(背面)

②縫合本體周圍。

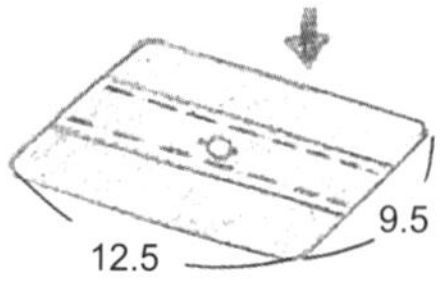

9.5
12.5

③翻回正面後即完成。

■ No.165做法 ■

布的剪裁圖
※( )内為縫份尺寸

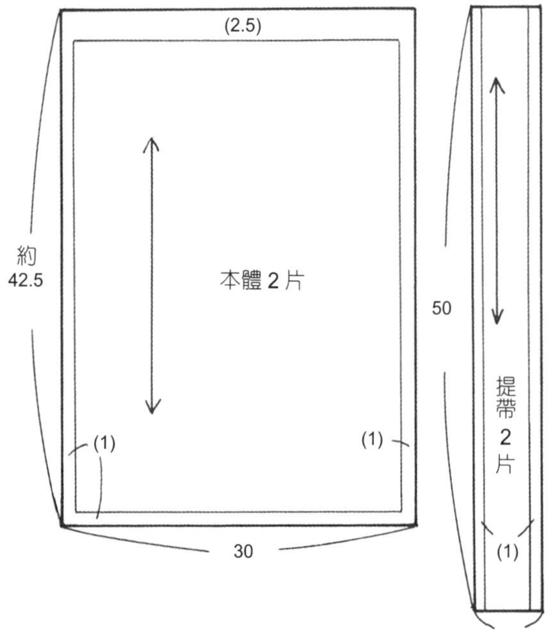

(2.5)
約42.5
本體2片
(1)
(1)
30
50
提帶2片
(1)

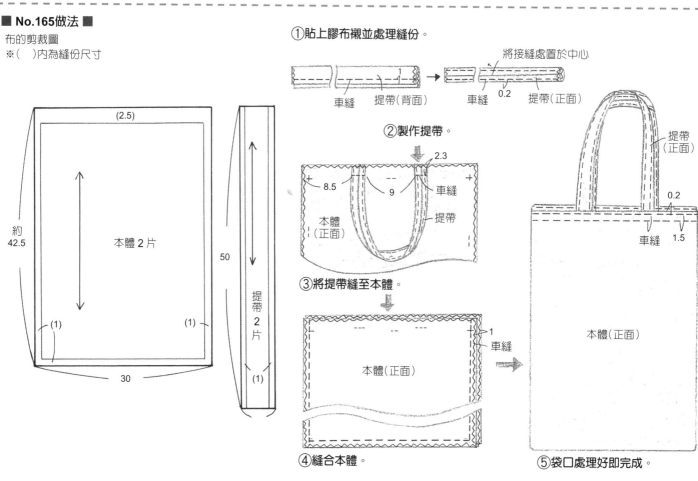

①貼上膠布襯並處理縫份。

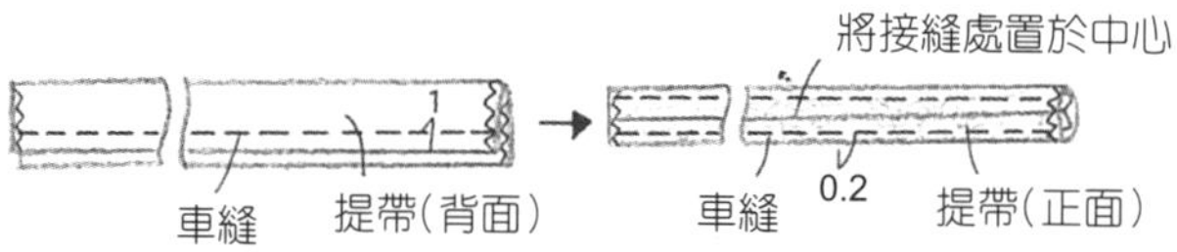

1
車縫
提帶(背面)
將接縫處置於中心
車縫
0.2
提帶(正面)

②製作提帶。

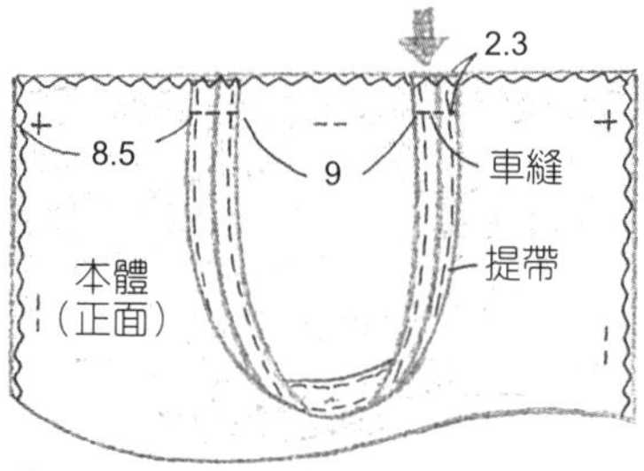

2.3
8.5
9
車縫
提帶
本體(正面)

③將提帶縫至本體。

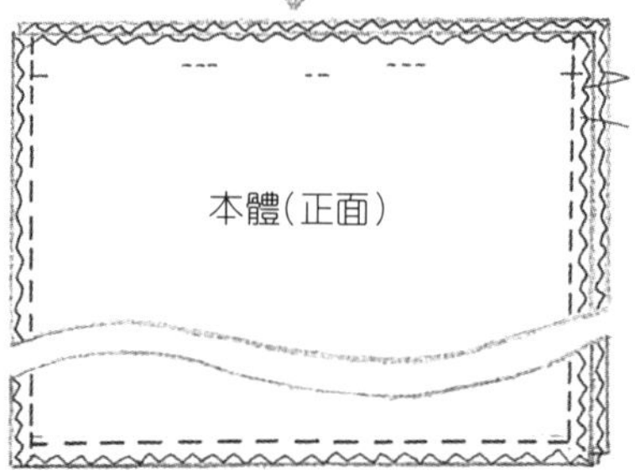

1
車縫
本體(正面)

④縫合本體。

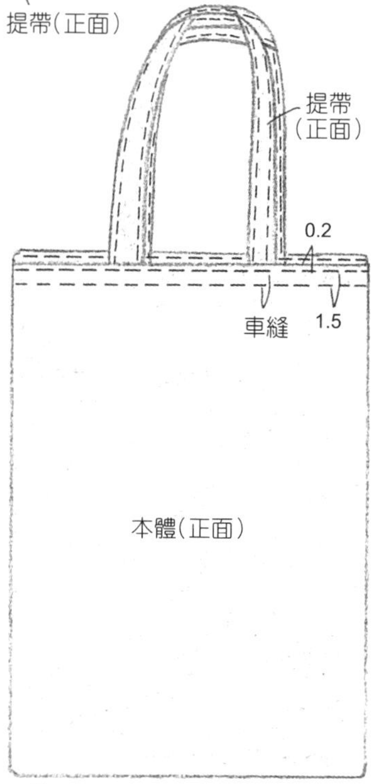

提帶(正面)
0.2
車縫
1.5
本體(正面)

⑤袋口處理好即完成。

172·173 第56頁 斜背包・束口袋

【材料】

T恤…1件

【附件】

■ No.172

0.5cm粗的圓棉繩…100cm

布的剪裁圖

*(　)內為縫份尺寸

24
(2)
24
本體2片
3
8
(1)
6.5

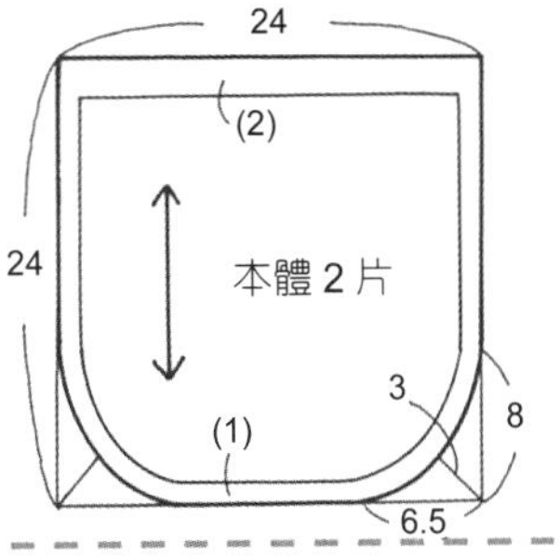

■ No.172做法 ■

做法與第77頁的No.63小包包相同

做法與第77頁的No.63小包包相同

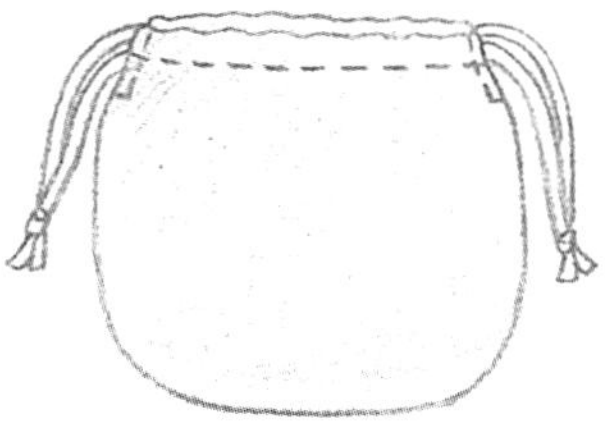

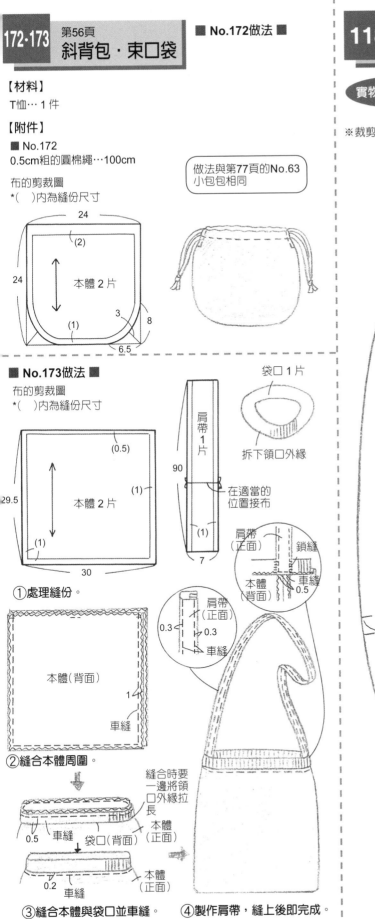

■ No.173做法 ■

布的剪裁圖

*(　)內為縫份尺寸

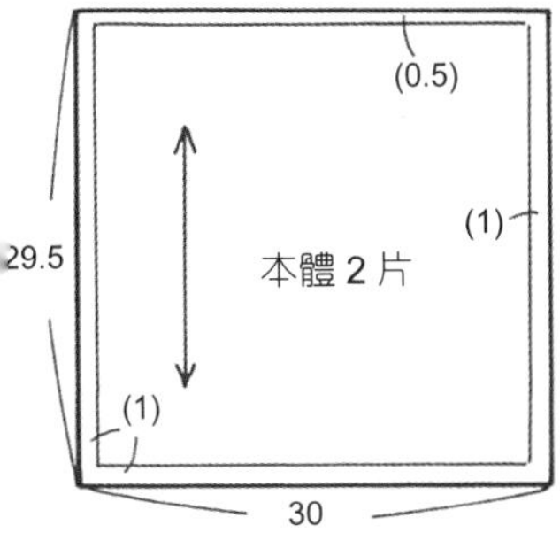

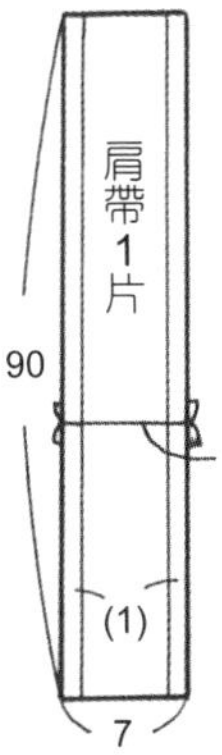

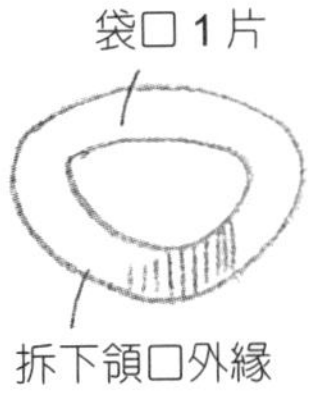

(0.5)
29.5
本體2片
(1)
(1)
30
肩帶1片
90
在適當的位置接布
(1)
7
袋口1片
拆下領口外緣

①處理縫份。

本體(背面)
1
車縫
肩帶(正面)
鎖縫
車縫
本體(背面)
0.5
肩帶(正面)
0.3
0.3
車縫

②縫合本體周圍。

縫合時要一邊將領口外緣拉長
0.5
車縫
袋口(背面)
本體(正面)
0.2
車縫
本體(正面)

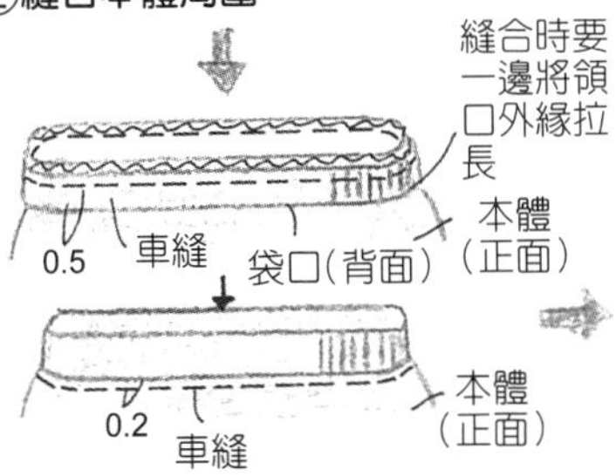

③縫合本體與袋口並車縫。

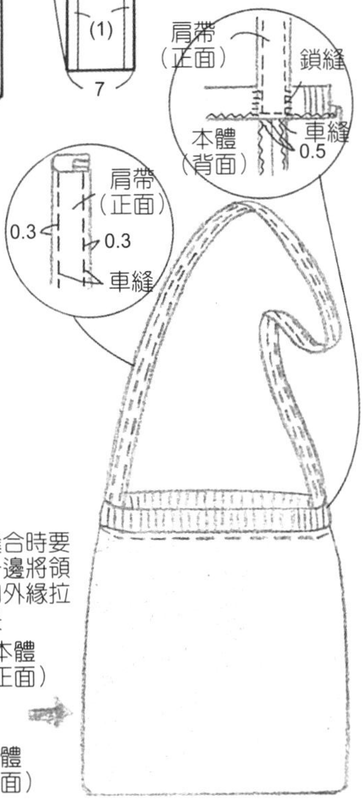

④製作肩帶，縫上後即完成。

118 第37頁 口水巾

實物大小紙型

※裁剪時要預留1cm的縫份

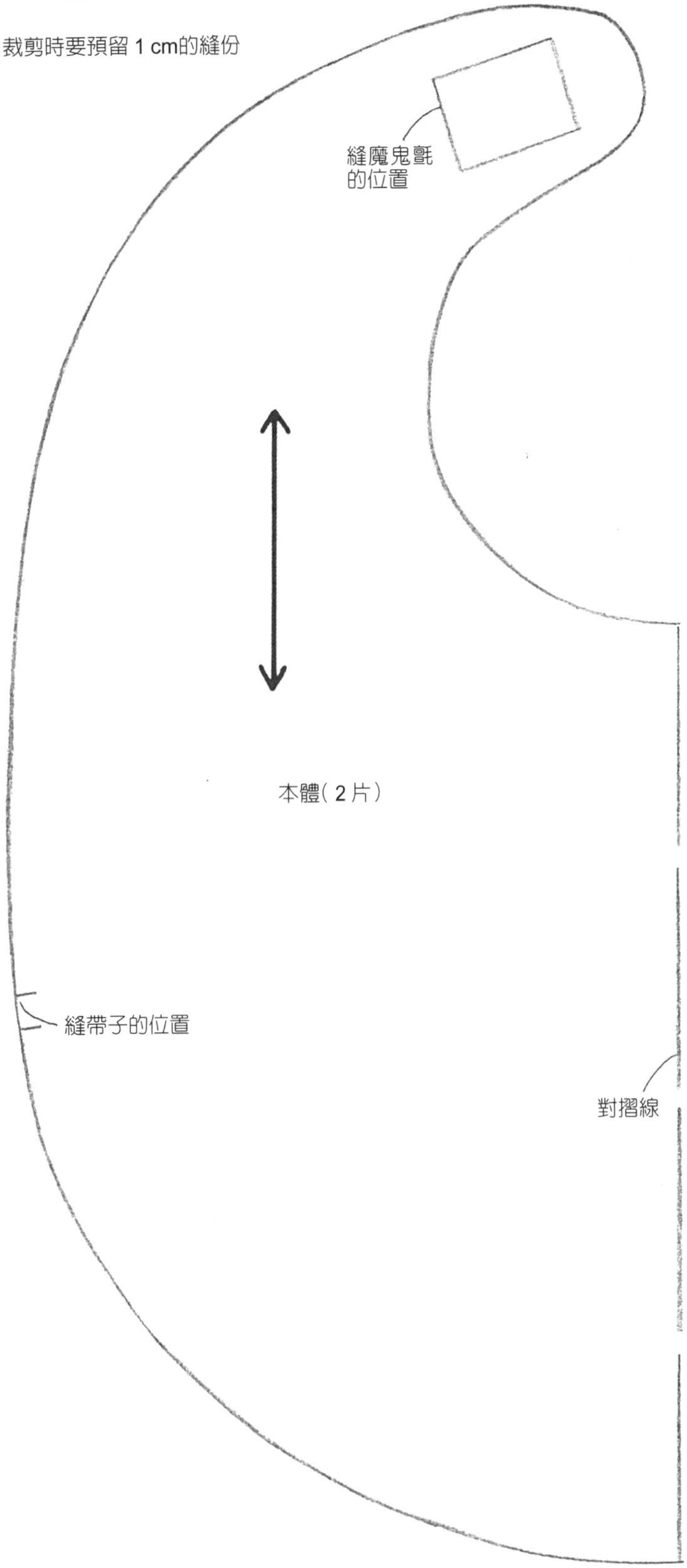

縫魔鬼氈的位置
本體(2片)
縫帶子的位置
對摺線

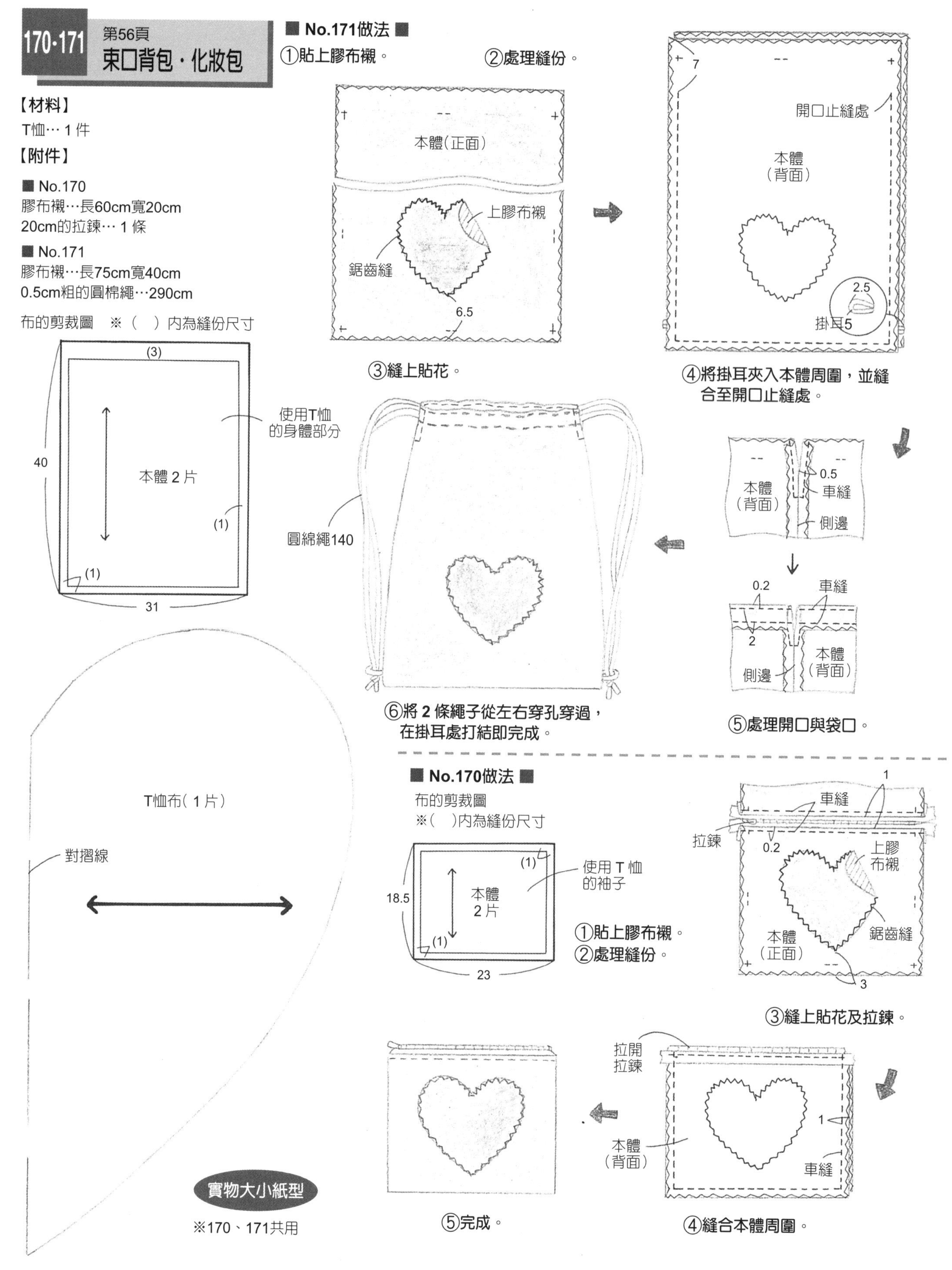
170·171
第56頁
束口背包・化妝包
【材料】
T恤…1件
【附件】
■ No.170
膠布襯…長60cm寬20cm
20cm的拉鍊…1條
■ No.171
膠布襯…長75cm寬40cm
0.5cm粗的圓棉繩…290cm
布的剪裁圖 ※（ ）內為縫份尺寸
(3)
40
本體 2 片
使用T恤的身體部分
(1)
(1)
31
T恤布（1片）
對摺線
實物大小紙型
※170、171共用
■ No.171做法 ■
①貼上膠布襯。
②處理縫份。
本體(正面)
上膠布襯
鋸齒縫
6.5
③縫上貼花。
7
開口止縫處
本體（背面）
2.5
掛耳5
④將掛耳夾入本體周圍，並縫合至開口止縫處。
0.5
車縫
本體（背面）
側邊
0.2
車縫
2
本體（背面）
側邊
⑤處理開口與袋口。
圓綿繩140
⑥將2條繩子從左右穿孔穿過，在掛耳處打結即完成。
■ No.170做法 ■
布的剪裁圖
※（ ）內為縫份尺寸
(1)
18.5
本體 2片
使用T恤的袖子
(1)
23
①貼上膠布襯。
②處理縫份。
1
車縫
拉鍊
0.2
上膠布襯
鋸齒縫
本體（正面）
3
③縫上貼花及拉鍊。
拉開拉鍊
1
本體（背面）
車縫
④縫合本體周圍。
⑤完成。

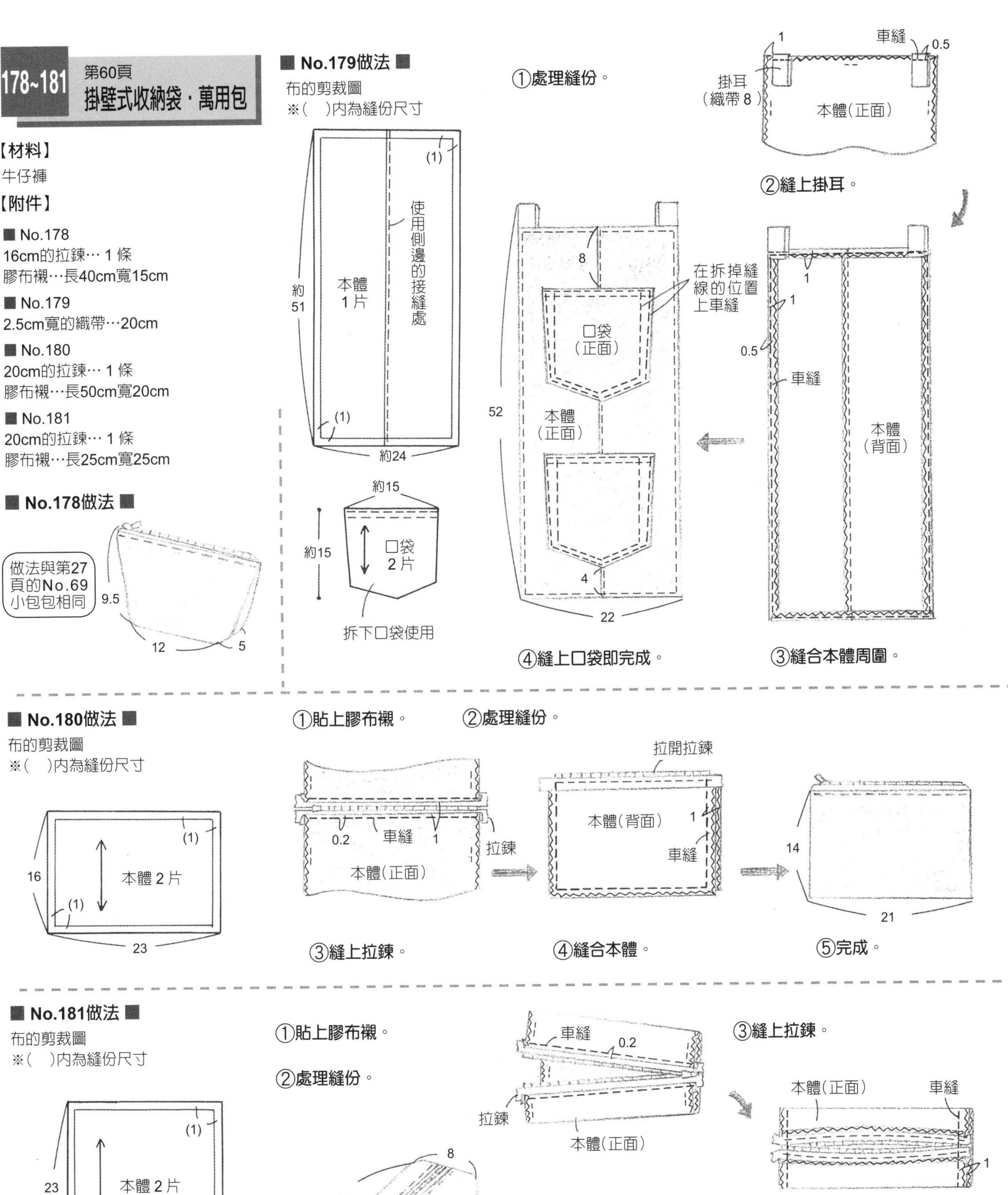

178~181
第60頁
掛壁式收納袋・萬用包
【材料】
牛仔褲
【附件】
■ No.178
16cm的拉鍊… 1 條
膠布襯…長40cm寬15cm
■ No.179
2.5cm寬的織帶…20cm
■ No.180
20cm的拉鍊… 1 條
膠布襯…長50cm寬20cm
■ No.181
20cm的拉鍊… 1 條
膠布襯…長25cm寬25cm
■ No.178做法 ■
做法與第27頁的No.69小包包相同
9.5
12
5
■ No.179做法 ■
布的剪裁圖
※( )內為縫份尺寸
(1)
使用側邊的接縫處
本體 1片
約51
約24
約15
約15
口袋 2片
拆下口袋使用
①處理縫份。
1
車縫
0.5
掛耳(織帶 8)
本體(正面)
②縫上掛耳。
8
在拆掉縫線的位置上車縫
口袋(正面)
52
本體(正面)
4
22
④縫上口袋即完成。
1
1
0.5
車縫
本體(背面)
③縫合本體周圍。
■ No.180做法 ■
布的剪裁圖
※( )內為縫份尺寸
(1)
16
本體 2片
23
①貼上膠布襯。
②處理縫份。
0.2
車縫
1
拉鍊
本體(正面)
③縫上拉鍊。
拉開拉鍊
本體(背面)
1
車縫
④縫合本體。
14
21
⑤完成。
■ No.181做法 ■
布的剪裁圖
※( )內為縫份尺寸
(1)
23
本體 2片
23
①貼上膠布襯。
②處理縫份。
車縫
0.2
拉鍊
本體(正面)
③縫上拉鍊。
本體(正面)
車縫
1
④縫合本體側邊。

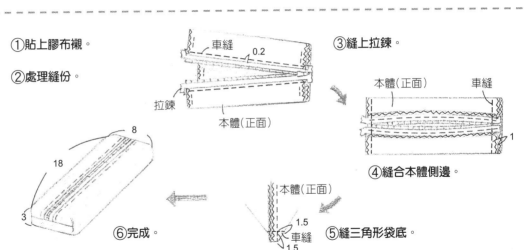

8
18
3
⑥完成。
本體(正面)
1.5
車縫
1.5
⑤縫三角形袋底。

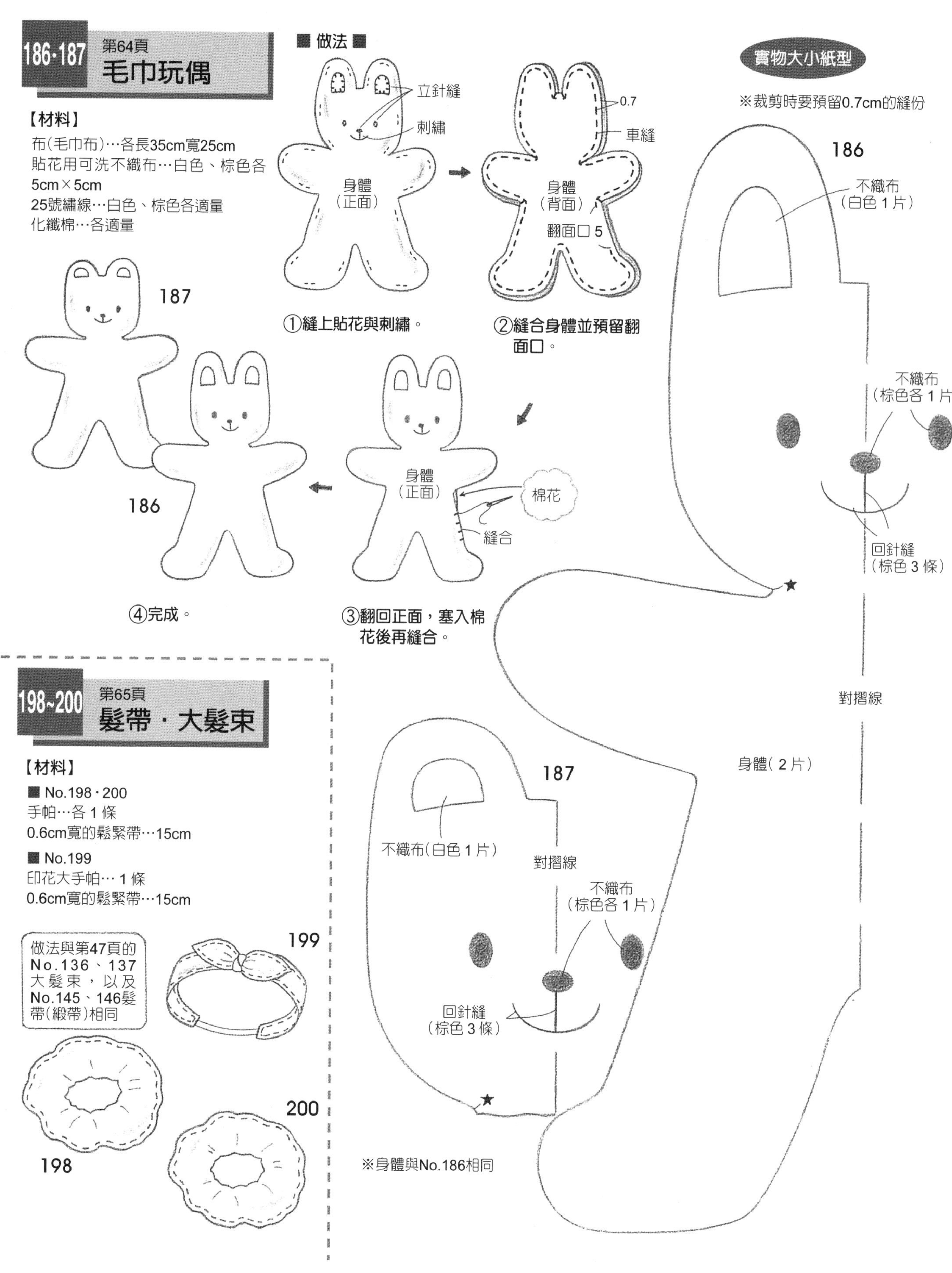
186·187
第64頁
毛巾玩偶
【材料】
布(毛巾布)…各長35cm寬25cm
貼花用可洗不織布…白色、棕色各5cm×5cm
25號繡線…白色、棕色各適量
化纖棉…各適量
■ 做法 ■
立針縫
刺繡
身體
(正面)
0.7
車縫
身體
(背面)
翻面口 5
①縫上貼花與刺繡。
②縫合身體並預留翻面口。
187
186
身體
(正面)
棉花
縫合
④完成。
③翻回正面，塞入棉花後再縫合。
實物大小紙型
※裁剪時要預留0.7cm的縫份
186
不織布
(白色 1 片)
不織布
(棕色各 1 片)
回針縫
(棕色 3 條)
對摺線
身體(2片)
187
不織布(白色 1 片)
對摺線
不織布
(棕色各 1 片)
回針縫
(棕色 3 條)
※身體與No.186相同
198~200
第65頁
髮帶・大髮束
【材料】
■ No.198・200
手帕…各 1 條
0.6cm寬的鬆緊帶…15cm
■ No.199
印花大手帕… 1 條
0.6cm寬的鬆緊帶…15cm
做法與第47頁的No.136、137大髮束，以及No.145、146髮帶(緞帶)相同
199
200
198

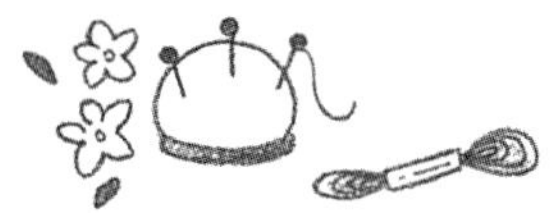

基本的製作方法

上膠布襯的方法

◆ 為了加強布的耐用性所使用

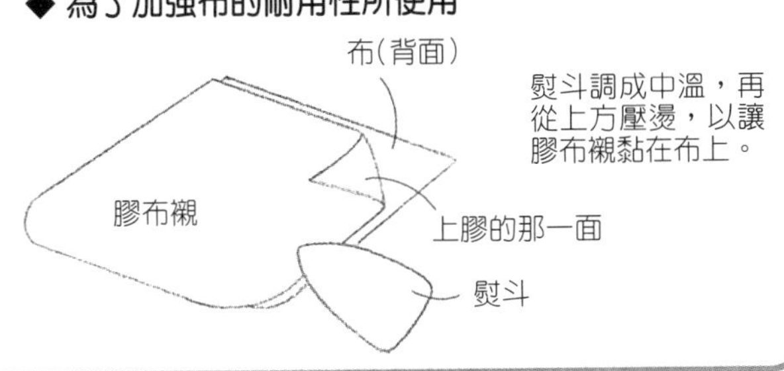

布(背面)
熨斗調成中溫，再從上方壓燙，以讓膠布襯黏在布上。
膠布襯
上膠的那一面
熨斗

處理布邊的方法

◆ 可防止裁剪後的布綻開

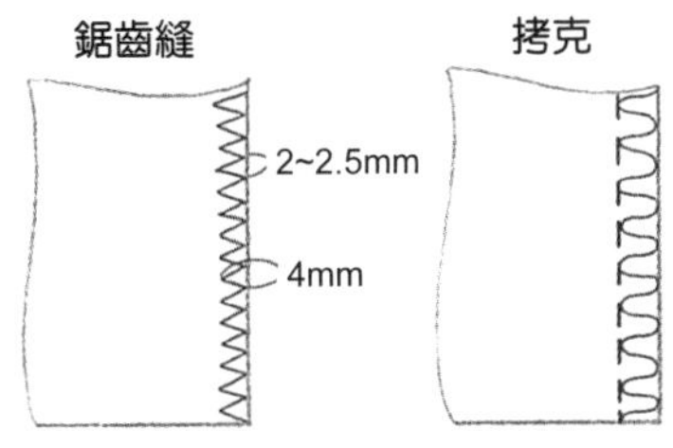

鋸齒縫
拷克
2~2.5mm
4mm

車縫前若先處理縫份，之後的作業就會很順暢。

(用拷克或鋸齒縫等方式處理布邊)

刺繡針法

◆ 書中所使用的刺繡針法

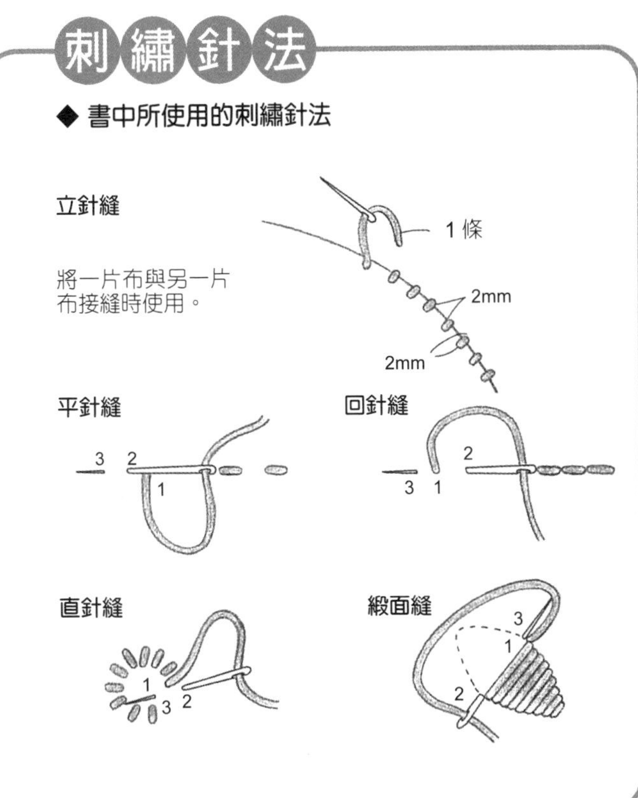

立針縫
1條
將一片布與另一片布接縫時使用。
2mm
2mm
平針縫
3
2
1
回針縫
2
3
1
直針縫
1
3
2
緞面縫
3
1
2

拼接方法

◆ 拼接少量的布，就能變成大塊的布……也可享受搭配花色的樂趣。

剪裁方法

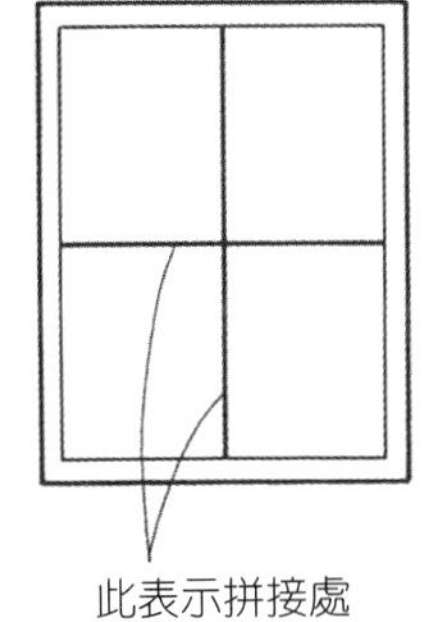

此表示拼接處

在拼接處預留1cm的縫份後，再將每塊布裁剪下來。

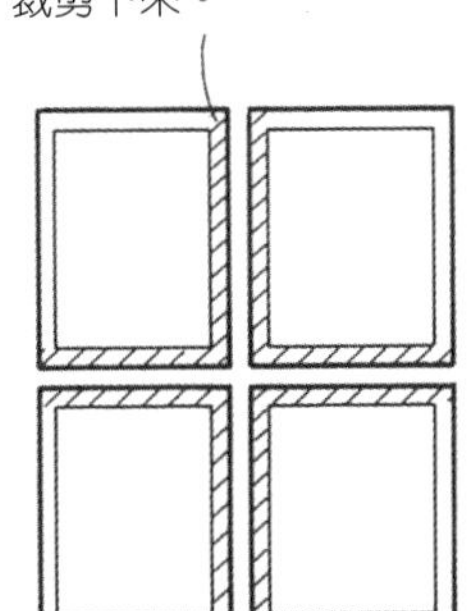

縫合方法

(背面)

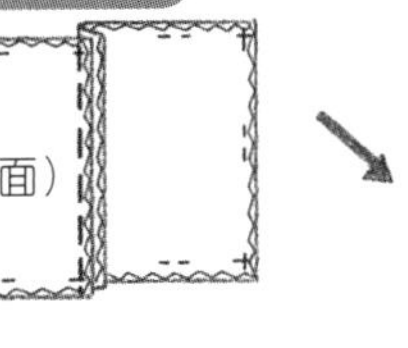

縫合布塊。

剪掉多餘的縫份。

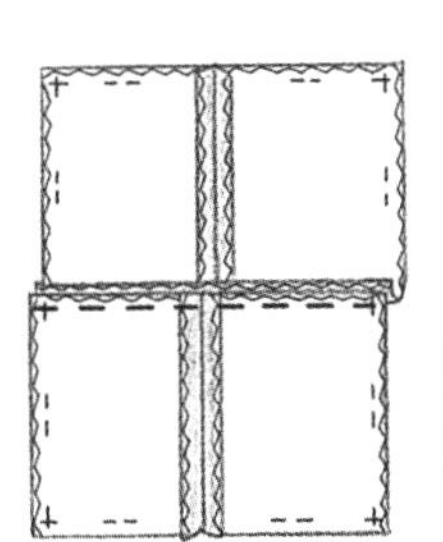

將剩下的布縫合起來，剪掉多餘的縫份。

(正面)
0.2

從正面車縫。

布的貼法

◆ 重點在於，在一邊塗上膠水以及使用熨斗。

裁法

■ 使用美工刀時 ■

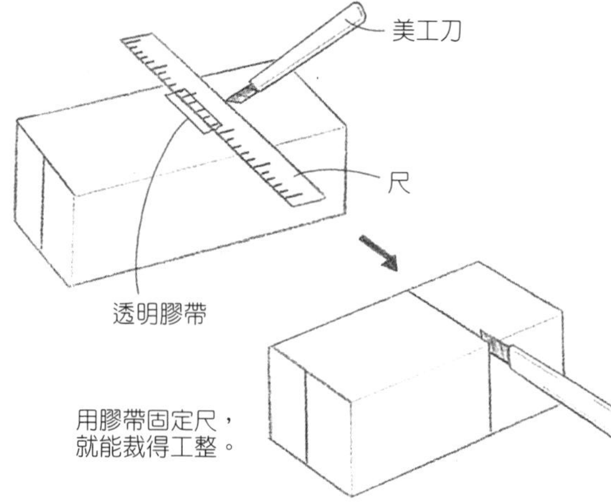

美工刀
尺
透明膠帶

用膠帶固定尺，
就能裁得工整。

■ 使用剪刀時 ■

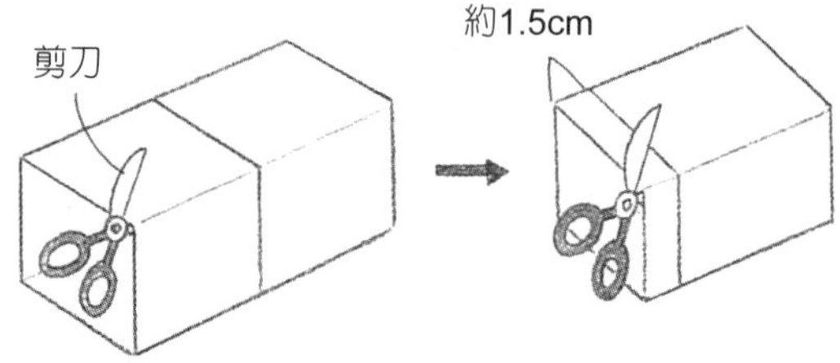

剪刀
約1.5cm

並凡一開始就沿著線剪，而是先大約剪掉一部分後，
再剪成指定的尺寸。

盒子是透明的時候…

如果盒子是透明的，
先用白色圖畫紙包住

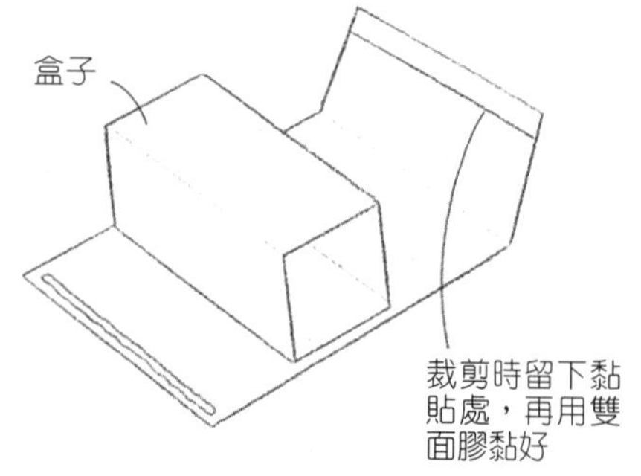

盒子
裁剪時留下黏貼處，再用雙面膠黏好

貼法

■ 裁剪高度相同的盒子 ■

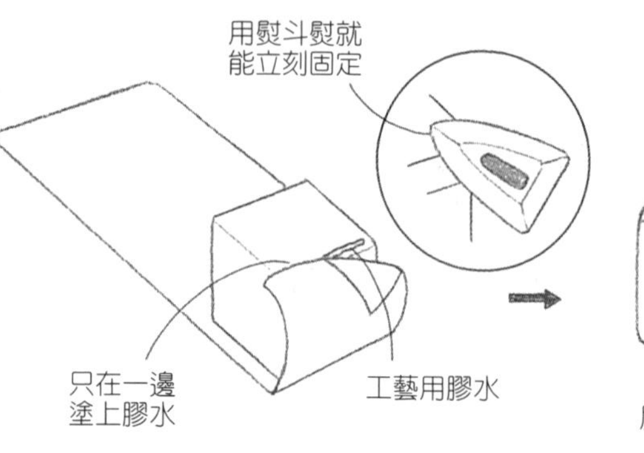

用熨斗熨就
能立刻固定
只在一邊
塗上膠水
工藝用膠水

①將布貼在一處邊緣上。

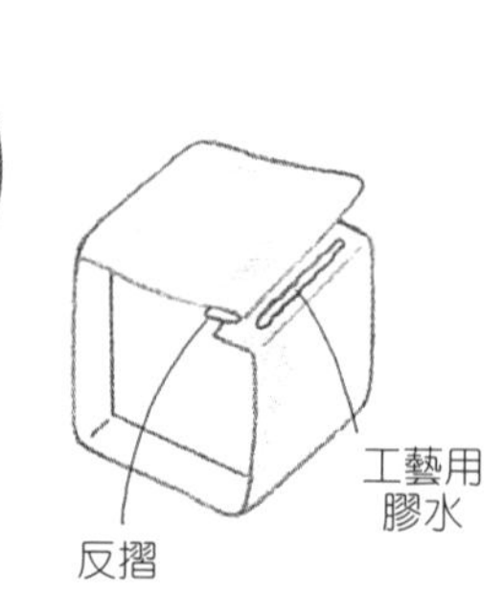

工藝用
膠水
反摺

②將布捲上去，並貼在同一邊。

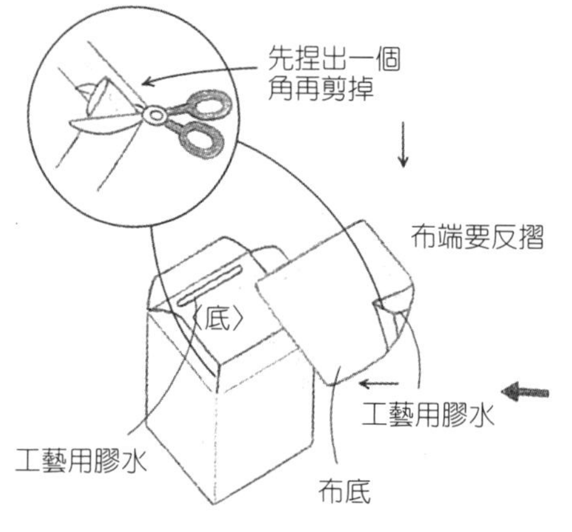

先捏出一個
角再剪掉
布端要反摺
〈底〉
工藝用膠水
工藝用膠水
布底

工藝用膠水

④將布貼至底部。

③將盒口往內摺並黏好。

■ 斜裁布的貼法 ■

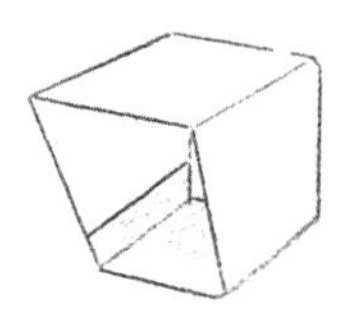

①將布貼至牛奶盒的內側。

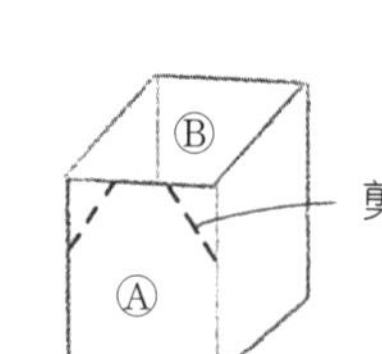

Ⓑ
Ⓐ
剪開

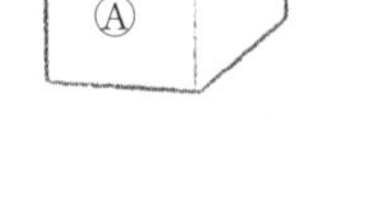

②外側捲上布後，先將Ⓐ的
兩角剪開。

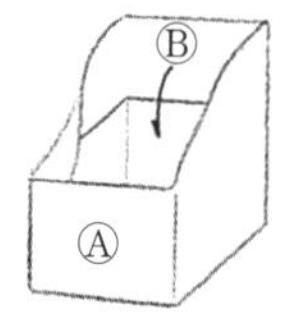

Ⓑ
Ⓐ

③將Ⓑ摺進內側再黏好。